国家社会科学基金项目“马克思世界交往理论视域
下弘扬丝路精神研究”（19BKS129）的阶段性成果

中国传统生态伦理观与美丽中国建设研究

许士密 

中国海洋大学出版社
·青岛·

图书在版编目（CIP）数据

中国传统生态伦理观与美丽中国建设研究 / 许士密著 . —青岛：中国海洋大学出版社 , 2020.8

ISBN 978-7-5670-2570-7

Ⅰ . ①中… Ⅱ . ①许… Ⅲ . ①生态伦理学—关系—生态环境建设—研究—中国 Ⅳ . ① B82-058 ② X321.2

中国版本图书馆 CIP 数据核字 (2020) 第 167561 号

中国传统生态伦理观与美丽中国建设研究

出 版 人	杨立敏		
出版发行	中国海洋大学出版社有限公司		
社　　址	青岛市香港东路 23 号	邮政编码	266071
网　　址	http://pub.ouc.edu.cn		
责任编辑	张跃飞	电　　话	0532-85901040
电子邮箱	dengzhike@sohu.com		
图片统筹	河北优盛文化传播有限公司		
装帧设计	河北优盛文化传播有限公司		
印　　制	三河市华晨印务有限公司		
版　　次	2020 年 8 月第 1 版		
印　　次	2020 年 8 月第 1 次印刷		
成品尺寸	170 mm × 240 mm	印　　张	18.25
字　　数	320 千	印　　数	1 ~ 1 000
书　　号	ISBN 978-7-5670-2570-7	定　　价	72.00 元
订购电话	0532-82032573（传真） 18133833353		

发现印刷质量问题，请致电 18133833353 进行调换。

序

当今世界正处于大发展、大变革、大调整时期，我国也正经历增长速度换挡期、结构调整阵痛期叠加阶段。我们用几十年的时间走过了西方国家几百年的发展历程，在经济社会发展取得巨大成就的同时，各种矛盾和问题也开始集中显现。推进生态文明、建设美丽中国，是我党把握发展规律、审时度势做出的战略决策，对建设中国特色社会主义具有重大现实意义。一方面，这是对中国特色社会主义事业“五位一体”总体布局的有益补充和中国特色社会主义理论体系的丰富完善，是中华民族伟大复兴的中国梦的重要组成部分。另一方面，这是推动绿色发展、循环发展、低碳发展，加快我国发展战略转型的迫切需要，是对人民群众希望喝上干净的水、呼吸上清新的空气、吃上安全放心的食品，拥有天蓝、地绿、水净的美好家园的强力回应，也是实现中华民族永续发展的必然选择，具有划时代意义。基于此，我们需要进一步加强对中国特色社会主义生态文明理论的研究与创新，拓展研究领域、确定理论内核、搭建理论体系，进一步把建设美丽中国的重大意义阐释好、把主要内容梳理好、把建设路径设计好，为加快推进生态文明，建设美丽中国贡献力量。

以“天人合一”为基调的中国传统生态伦理思想日益得到西方学者的认同。这一思想在数千年中一直影响着人与自然的物质实践关系，对于解决人们的物质生存和维护人类必需的自然环境发挥着积极的作用，其在人与自然关系上的基本价值取向，在今天看来也是正确的，对解决当代人与自然冲突有着重大的价值。当然，中国传统生态伦理思想也存在一些时代局限性，如过分强调人与自然和谐的一面，忽视人与自然有冲突的一面；过分强调价值理性，忽视人在物质生产实践中对生态环境的关切和保护；等等。虽然存在一些不足，但中国传统生态伦理思想作为东方农业文明的实践经验和生存方式的总结，其对待人与自然关系的基本态度，是正确的和可取的。与西方“天人对立”的思想相比，中国的“天人合一”思想更符合这个复杂世界的真实情况，也更有利于人类正确地对待自然。从这个角度看，中国传统生态伦理观有着重大的当代价值，深入挖掘其中的宝贵思想资源，并结合时代特点，进行创造性地转化与创新，势必能为现代生态伦理体系的建立提供精神养分，为实现人类可持续发展的目标提供思想启示，推动美丽中国建设的进程。

许士密

2019 年 2 月 15 日

前　言

进入 21 世纪以来，随着全球工业化进程的加快，人们在享受工业化成果的同时，也面临着资源能源短缺、气候变暖、环境污染、土地匮乏、自然灾害频发等一系列生态环境问题。中国共产党第十七次全国代表大会首次将生态文明写入中国共产党全国代表大会报告中，中国共产党第十八次全国代表大会首次将生态文明建设写入《中国共产党章程（修正案）》，把生态文明建设提升到了前所未有的高度，上升到了国家战略的层面。中国共产党第十八届中央委员会第三次全体会议提出紧紧围绕建设美丽中国，深化生态文明体制改革，加快建立生态文明制度，推动形成人与自然和谐发展的现代化建设新格局。可以说，建设美丽中国，走向生态文明是我们的伟大梦想和光荣使命。

中华民族有着宏深的生态智慧，在思想上历来崇尚“天人合一”的思想，把热爱土地和保护自然融入传统文化，成为我国传统文化的一部分。以儒、道、佛等为代表的中国传统生态伦理观所蕴含的基本价值和道德取向，对保护中国古代生态环境，维持自然生态平衡起到了重要作用，对今天我们建设生态文明、实现人与自然的和谐发展具有重要的理论和实践意义。

本书内容共分为七章。第一章从中国传统生态伦理观的生态文明底蕴入手，介绍了生态伦理思想的基本理论，分析了中国传统生态伦理观的文化底蕴及其现实意义。第二章分别揭示了道家、儒家及佛教生态伦理观所蕴含的生态智慧。第三章则梳理了中国传统生态伦理观及西方生态伦理观的发展脉络，并对中西方生态伦理观进行了多方面的比较分析。第四、第五章阐述了美丽中国建设的相关问题。第六章从深化生态文明体制改革、加速促进国内产业升级以及加强生态法治建设三个方面论述了中国传统生态伦理观在美丽中国建设上的现实应用。第七章则从精神文明、物质文明、政治文明以及社会文明四个层面探讨了美丽中国建设的路径。

由于笔者学识水平有限，本书难免存在疏漏与不足之处，欢迎广大读者批评指正！

目录

第一章　中国传统生态伦理观的生态文明底蕴　001

第一节　生态伦理的基本理论　002
第二节　中国传统生态伦理观的文化底蕴　023
第三节　中国传统生态伦理观的现实意义　037

第二章　中国传统生态伦理观的生态智慧　043

第一节　“道法自然”——道家的生态伦理观　044
第二节　“参赞化育”——儒家的生态伦理观　068
第三节　“慈悲利他”——佛教对生命及其生存环境的关切　080

第三章　中国传统生态伦理观与西方生态伦理观的跨文化比较　087

第一节　中国传统生态伦理观的发展　088
第二节　西方生态伦理观的发展　093
第三节　中国传统生态伦理观与西方生态伦理观的异同　097

第四章　中国传统生态伦理观引领下的美丽中国建设　115

第一节　美丽中国提出的时代背景与内涵　116
第二节　美丽中国建设的生态伦理价值　127
第三节　中国传统生态伦理观在美丽中国建设中的意义　131

第五章　美丽中国建设与实现中华民族伟大复兴的中国梦　137

第一节　美丽中国建设与和谐社会　138
第二节　美丽中国建设与小康社会　143
第三节　美丽中国建设与中国梦　146

第六章　中国传统生态伦理观在美丽中国建设上的现实应用　151

第一节　深化生态文明体制改革　152
第二节　加速促进国内产业升级　164
第三节　加强生态法治建设　187

第七章　"五位一体"总体布局中美丽中国建设的实践路径　197

第一节　美丽中国在生态精神文明建设方面的实践路径　198
第二节　美丽中国在生态物质文明建设方面的实践路径　218
第三节　美丽中国在生态政治文明建设方面的实践路径　240
第四节　美丽中国在生态社会文明建设方面的实践路径　263

参考文献　277

后　　记　281

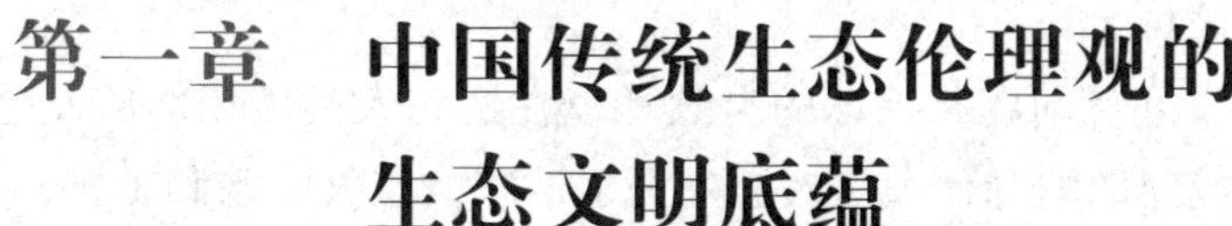

第一章　中国传统生态伦理观的生态文明底蕴

中国古代思想家将保护自然的思想融入了传统文化中，形成了中国传统生态伦理观。其基本价值和道德取向对保护中国古代生态环境、维持自然生态平衡起到了重大的作用，对当今我国建设生态文明、实现人与自然的和谐相处具有极大的指导意义。

第一节　生态伦理的基本理论

环境问题是地球的自然环境在遭到人类破坏之后发生系统性病变的表现。环境问题的恶化，使人类失去了洁净的空气、水和土壤，干扰和破坏了生态系统中各个要素之间的内在联系，破坏了自然环境固有的结构和状态，引起地球生态呈现失调、不稳定状态，导致自然界的自净能力已不能净化人类所造成的环境污染，再生能力已不能补充人类对资源的大量消耗，由此引发了严重的生态危机并导致严重的社会危机。面对如此严峻的现实，人类开始关注环境、关注生态，反思自己的行为。

一、生态伦理产生的背景

生态伦理的产生和发展，与生态环境的恶化密切相关，建立在人类对自身生存状态严重关切这一现实基础之上。它不只是抽象的理论探讨，而是有着明确的价值目标和实践取向，体现出生态伦理现实性的一面。生态伦理来源于对现实环境问题的反思，为经济社会持续发展和环境保护实践提供道义支撑。它以人类与大自然的高度统一性作为出发点，要求人们明确对自然的责任和义务，成为环境保护强有力的思想武器。

（一）生态危机

进入工业文明时代以后，特别是20世纪以来，人类的科学技术水平突飞猛进，人口数量急剧膨胀，经济实力空前提高，人类文明空前繁荣。但是，繁荣的背后是以牺牲环境为代价的。传统工业在为人类带来物质财富的同时，也把人类带入了生存与发展的困境。在追求经济增长动机的驱使下，人类对自然环境展开了大规模的前所未有的开发利用，地球生态环境和自然资源惨遭破坏。从20世纪五六十年代起，全球环境污染日趋严重，人类生存和发展的总体环境严重恶化，人与自然的关系第一次出现了总体性的危机，即出现了全球性的资源短缺、环境污染以及生态破坏等生态危机。

1. 全球性生态危机的爆发

生态危机是指人类在经济活动中对地球生态系统中的物质和能量的不合理开发、利用和改造给人类自身的生存和发展带来的灾难性危害。其主要表现为公害事件层出不穷、环境污染现象屡禁不止、能源危机咄咄逼人、地球大气圈中的臭氧层损耗日益严重、全球气候变暖、生物多样性迅速消失以及人类生活质量普遍下降等等。

局部性生态危机可以追溯到18世纪末19世纪初的英国和美国。英国工业化的兴起为本国带来了无与伦比的经济增长速度和物质财富，使其在短短几十年内由一个偏僻而狭小的岛国一跃成为世界头号强国。英国的工业化不但推动了本土的经济发展，而且对世界经济发展发挥了特殊的引导作用。然而，我们必须看到，英国的工业化也开了人类严重破坏自然环境的先河。当时，以煤炭为主要燃料的工业生产排放出大量二氧化碳、烟尘及其他有害物质。到19世纪末，英国工业区的污染已经非常严重。美国的工业化过程也出现了大量环境问题。在美国进行工业化的早期，自然资源的不合理开发和浪费现象非常严重。工业化早期的美国，采取掠夺性、破坏性、浪费性的方式疯狂地开采煤、石油、铁等矿产资源，滥砍滥伐森林，对自然环境造成了巨大破坏。

面对日渐加剧的环境问题，德国思想家恩格斯和美国著名小说家梅尔维尔是较早洞察到了生态危机的人士，并向人类发出了严重警告。恩格斯曾在《自然辩证法》中发出这样的警告："但我们不要过于陶醉于我们对自然界的胜利，对于每一次这样的胜利，自然界都报复了我们。"梅尔维尔在代表作《白鲸》中也用象征的艺术手法向我们警示，人对自然盲目而无情的掠夺将最终导致人类文明的毁灭。但他们的警告在当时并没有受到应有的重视，其原因是当时的人们正普遍陶醉于编织工业文明的美梦，有关环境问题的警告被认为是无病呻吟、杞人忧天。

20世纪70年代，世界各国经历了第二次世界大战后大约20年的经济发展"黄金时期"后，突然发现一种让人恐惧的危机开始制约经济的进一步发展。无论是在发达国家还是在发展中国家，与日新月异的经济指标相伴相随的是人口膨胀给环境带来的不堪重负的压力，是水、耕地、森林、矿产等自然资源出现的短缺或枯竭的可怕状况，是温室效应、臭氧层空洞、酸雨、土地沙漠化等给人带来的威胁。总之，人类突然发现自己在自然大家庭中受到了来自海、陆、空全方位的威胁，陷入了一种四面楚歌的尴尬境地。一场前所未有的危机——生态危机——就这样爆发了。生态危机还有一个最显著特征是它对人类的危害具有潜伏性。它可以在一定的生态系统中神秘地长期传递下去，使人类在几十年、几百年，甚至更长时间后，不知不觉地深受其害。

2. 全球性生态危机的表现

第一，环境污染日益严重。一是水体污染。当前，全世界绝大部分淡水水源已遭到不同程度的污染。全世界每年排放污水为 6 000 亿～ 7 000 亿吨，破坏了沿海地区的水产养殖业和捕捞业，使近一半人口喝不上安全卫生的饮用水。全世界患病人口的 1/4 是由水污染造成的；发展中国家的 80% 的疾病和 30% 以上的死亡率是由饮用水污染造成的。二是大气污染。据统计，全世界每年排入大气的颗粒物约 5 亿吨，而且吸附着许多有毒有害的重金属元素。大气层中的二氧化碳的浓度越来越高，导致严重的温室效应，引发一系列环境问题。而大气污染及其形成的酸雨对生态系统造成严重破坏。世界上先后发生了十大公害事件：马斯河谷烟雾事件（比利时）、洛杉矶光化学烟雾事件（美国）、多诺拉烟雾事件（美国）、伦敦烟雾事件（英国）、四日市哮喘事件（日本）、水俣病事件（日本）、骨痛病事件（日本）、米糠油事件（日本）、博帕尔事件（印度）、切尔诺贝利核泄漏事件（苏联），其中六起由大气污染引起。三是固体废弃物污染。与废水、废气相比，固体废弃物具有极大的稳定性，不易被环境分解、吸纳，难以重新进入地球系统的物质循环。固体废弃物来自自然资源，因此其形成量越大、形成速度越快，自然资源的消耗量也越大，消耗速度也越快。不能被环境消纳的固体废弃物越多，对地球系统物质循环的破坏也越严重。而且，固体废弃物的弃置也有很多危害：侵占土地；污染土壤和水体；固体废弃物中的“有毒”“危险”废物直接危害生物健康，导致人类和其他生物死亡率的上升。

第二，全球环境状况急剧恶化。一是温室效应引起全球气候变暖。现代工业制造出大量的二氧化碳、甲烷等温室气体，造成了全球气候异常。全世界二氧化碳年排放量超过亿吨，其中约有一半滞留在大气中，不仅严重污染了环境，更重要的是促进了气候变暖。二是臭氧层破坏危害人类健康。近 20 年来，臭氧层正以每 10 年 2% ～ 3% 的速度减少，南北极已出现了巨大的空洞。臭氧层破坏不仅直接危害地球生物的种种功能，影响其生长繁殖，而且危害人类健康。三是酸雨区域不断扩展。酸雨导致土壤和水体酸化，使森林大面积衰退，使原本生机勃勃的湖泊变成没有生物生存的“死湖”，使建筑物遭到腐蚀，使人体健康受到损害。

第三，能源资源危机和生物多样性减少。一是能源资源危机。全球普遍面临能源资源危机。目前，全球不可再生资源如煤、石油及各种金属和非金属矿物等的存量已接近枯竭；可再生资源在不合理开发利用下，其再生能力也受到严重损害，如土壤的退化、森林覆盖率的锐减、渔业资源的减少等。二是生物多样性减少。近年来，生物多样性面临严重的挑战，物种的人为灭绝速度已超过自然灭绝速度的 1 000 倍。

（二）人类的反思

生态环境的日益恶化及其所带来的危害已成为制约人类发展的羁绊，因此反思生态危机的本质和根源成为人类摆脱困境的必然诉求。

1. 解决环境问题的努力

人类自陷入环境危机的困境之后，就一直努力探索问题的解决途径。从总体上看，迄今为止，人类解决环境问题的过程经历了三个阶段。

第一阶段：污染治理阶段。这一阶段大致从 20 世纪 50 年代末到 20 世纪 70 年代末。人们仅把环境问题看作技术问题，故而以污染治理为主要解决手段。在这个阶段，人们对环境问题的认识只局限于环境污染问题，主要用法律和技术手段具体有效地处理污染问题。

第二阶段：环境管理阶段。这一阶段大致从 20 世纪 70 年代末到 20 世纪 80 年代后期。环境技术的采用以及环境治理措施的进行难以取得预期效果，其他环境问题，诸如生态破坏、资源枯竭等，也凸现出来，人们开始怀疑酿成各种环境问题的原因是否是人们在核算经济成本时未把环境成本计算在内，即所谓的环境成本外部化。人们开始认识到单靠科技手段进行末端治理这种治标不治本的方式不能从根本上解决问题。因此，人们开始采取对自然资源进行核算，运用收费、税收和补贴等经济手段以及法律、行政的手段进行管理。在这一时期，世界各国先后改变了以治理为主的被动政策，形成了“预防为主”“综合防治”这一环境管理思想。

第三阶段：综合决策阶段。从 20 世纪 80 年代后期起，随着可持续发展思想的出现，人们开始把环境问题看作社会发展问题，于是就以协调经济发展与环境保护关系为解决问题的主要手段。人们认识到人类的任何行为均需要考虑对经济、社会与环境的影响，即需要进行综合决策。综合决策是指在决策过程中，事先分析其对经济、社会与环境的影响，并在对上述影响进行综合评价后确定决策内容的过程。在继续加强环境治理的基础上，引进综合决策机制是这一阶段进行环境管理的基本特征。尽管在这一阶段，人们认识到环境问题是人类目前自然观和发展观等人类基本观念所造成的必然结果，但是这种认识是浅层的，是基于从人类自身利益考虑的功利主义的。因此，在这一时期，人类与自然的关系得到了某些缓和，在治理环境问题方面也取得了一些成绩。但总的来说，环境危机没有得到根本改善。

2. 对生态危机的根源的反思

多年的实践并没有真正解决环境问题，环境危机反而呈现愈演愈烈的趋势。人类不得不深入思考导致生态危机的根源。

当代生态环境问题表面看是人的行为失当造成的，但背后蕴含着极其复杂的历史和文化背景。300 年来，发轫于西方的占主导地位的笛卡尔机械论哲学，在指导人类取得工业化和现代化建设的巨大成就的同时，也使得机械论、二元论思维方式扎根于人的头脑。这种主客二分的哲学，过分强调人与自然的对立、人的主体性，确立起人类中心主义的价值观。在这种价值观的指导下，人们把自然环境同人类社会，把客观世界同主观世界形而上学地割裂开来，以改造自然、征服自然为骄傲，没有意识到人类同环境之间存在着协同发展的规律。直到威胁人类生存和发展的环境问题不断地在全球显现，才引起人们的震惊与正视。马克思说："人作为对象性的、感性的存在物，是一个受动的存在物。"即作为主体的人必然要受到客体的制约。在改造自然的过程中，人并不能以纯粹自我规定的活动实现自己的主观愿望，不能对人所具有的能动性无限制地发挥。因此，人类走向不可持续发展的方向，源自自身的世界观和价值观。

人类走向不可持续发展的方向，也与我们对发展的误解有关。生态危机的根本原因就是传统发展观念。传统发展观念以经济增长为发展的主要衡量指标，注重效率而忽视可持续性。在追求眼前利益和高效的情况下无休止地开发利用自然资源，忽视了发展的成本与代价。传统发展观对主体（人）与客体（自然）之间关系的认识存在片面性，过分地强调了两者的对立而没有看到两者具有高度统一性。这种偏激的认识导致了恶性循环：人们越是追求经济发展和效益，对生态环境的破坏越严重，发展也会变得更加困难。这些以资源的浪费和环境的破坏为代价换取来的"发展"，不仅导致了生态环境的恶化、资源的日益短缺和人民实际福利水平的下降，还使人类经济社会失去了进一步发展所依靠的环境基础。

因此，单靠科学技术手段和工业文明的思维定式修补环境无法从根本上解决问题。环境问题既是一个发展问题，也是一个价值观问题。正是传统的主客二分、人与自然二元对立的思维方式和片面地以人类为中心、经济至上的价值观导致了人类的不可持续发展。所以，人类不得不寻找一种新的发展模式——可持续发展模式。而人类要解决生态危机，摆脱困境，走上可持续发展的道路，其根本在于世界观和价值观的变革。正是在这种深层反思的基础上，生态伦理思想得以产生。

（三）生态运动与人类环境意识的觉醒

生态危机的全面爆发让整个世界为之震惊。震惊之余，世界各国人们又不得不紧急谋求缓解危机的有效途径。正是在这种形势下，一场声势浩大的群众性运动——生态运动，在世界各国爆发了。

1. 生态运动的开始

卡逊的《寂静的春天》主要揭露了现代经济发展过程中存在的严重的环境污染问题。该书于 1962 年在美国一经出版，便产生了惊世骇俗的反响。《寂静的春天》播下了新行动主义的种子，并且深深植根于广大民众的思想和实践中。它所表现的生态危机忧患意识和新行动主义思想，重新为人们带回了被现代工业文明社会遗忘的基本价值观念，即以和谐相融的人与自然关系为价值目标的价值观。因此，它成为唤醒人类环境意识和点燃世界生态运动的星星之火，生态运动由此开始。

2. 生态运动的发展壮大

在《寂静的春天》的广泛影响下，从 20 世纪 60 年代末开始，世界各国掀起了一场反思和总结人类经济和社会发展历史以及探讨和展望人类社会未来发展道路的生态运动。由《寂静的春天》拉开序幕的生态运动在全世界很快发展起来。

首先行动起来的是学术界，其最显著的表现是不仅人与环境的关系问题开始成为众多学科关注的热点，而且生态伦理学、生态经济学、环境文学、环境社会学等一批颇有影响的新学科开始涌现。一时间，对人与环境的关系问题进行跨学科研究成为一种时尚。例如，原来只关心人际道德关系的经济伦理学开始研究人类经济活动中发生的人与环境之间的道德关系；产生于 18 世纪的生态学开始从道德的角度探讨人与环境之间的互动关系；新兴的环境文学把环境保护这一崭新的主题引入了神圣的文学殿堂；等等。总之，许多社会科学学科都把人与环境的关系问题作为必须讨论的话题之一。

学术界的宣传和研究在普通民众中产生了非常广泛的影响。西方国家的许多公众怀着深沉的生态危机感走上街头游行、示威、抗议，要求政府当局迅速采取措施治理和控制环境污染，提高环境质量。一场规模空前的、特殊的社会政治运动首先在西方国家如火如荼地开展了起来，这场运动随后很快波及欧美各国，并迅速传到许多发展中国家。

随着运动的不断深入，尤其随着人类本身对环境问题严重性认识的不断加深，生态运动在20世纪70年代开始呈现规模更大、组织更严密和目标多元化的趋势。1970年4月22日，在一些社会名流和环保工作者的组织下，美国爆发了有2 000多万人参加的群众性环境保护运动，它的影响很快波及了整个世界。此后，生态运动此起彼伏，不断发展。至20世纪70年代末，以环境保护为初衷的生态运动演变成一场与新马克思主义思潮、和平运动、女权运动等融为一体的全球性、群众性政治运动。

国际环保组织的迅速发展是生态运动的一个重要成果。20世纪六七十年代，随着环境问题的日益加剧及生态运动的兴起和不断扩大，各种政府性的和非政府性的、全球性的和区域性的、常设性的和临时性的环保组织以惊人的速度发展起来。全球性环保组织是指联合国所创设的专门机构、辅助机构。这些国际环保组织不仅在环境保护领域发挥了巨大作用，而且对全球环境决策产生了不容忽视的影响。他们主要通过制定一些对国家行为和国际关系有重要影响的国际公约发挥作用。仅在20世纪七八十年代，联合国环境规划署登记的国际环境条约和附加议定书就有将近100项。许多重要的国际环境保护条约和附加议定书，如《国际防止船舶造成污染公约》《防止倾倒废物及其他物质污染海洋的公约》《濒危野生动植物物种国际贸易公约》《南极海洋生物资源养护公约》《联合国海洋法公约》《保护臭氧层维也纳公约》《蒙特利尔破坏臭氧层物质管制议定书》《防止陆源物质污染海洋公约》等，都是在此期间制定出台的。这些条约和附加议定书都在一定范围内和一定程度上发挥了作用。

绿党的兴起也为生态运动奏响了新乐章。德国绿党是其中最有影响的绿党之一。此外，比利时、奥地利、英国、意大利、法国、希腊、芬兰、捷克、斯洛伐克、波兰等欧洲主要国家也先后建立了全国性绿党组织。绿党是那些真正关心环境问题的人们力图扩大绿色政治影响的结果。他们希望通过政党组织的活动进一步影响政府的公共决策。他们对环境问题所持的那种强烈的忧患意识和责任意识以及对环境问题的重视，无疑体现了他们对人类切身利益的关心——力图构建政治、经济和环境有机统一的政治新理念，并积极地为缓解生态危机提出各种方案，这些都从根本上符合广大民众的利益。

生态运动的不断发展产生了广泛而深刻的政治影响。一方面，迫于公众的压力，西方各国政府不得不开始重视环境问题的解决，许多专门环保机构、环境法规、污染物排放标准应运而生；另一方面，环保成为一种重要的政治资本，许多政治家把环保承诺和推行环保政策当成获取民众政治支持的重要手段。

3. 生态运动兴起的现实意义

生态运动是一场特殊社会运动，它的特殊性至少体现在两个方面。一方面，生态运动是一种集政治运动、经济变革、文化运动性质于一身的综合性运动，更是一场重新规划人类文明历史进程的运动。也就是说，生态运动波及人类政治、经济和文化生活的方方面面，其目的不局限于对人类社会生活某一个方面的变革，而要从整体上调整全人类的生活方式以及与之密切相关的生产方式，使它们有利于维护人与自然关系的持久和谐。另一方面，生态运动的矛头表面上指向环境问题，但它的爆发从根本上暴露了人类在理解和处理其自身与环境的关系问题时严重存在的利益矛盾。妥善处理人际利益矛盾是缓解人与环境矛盾的唯一途径。

生态运动的兴起与发展壮大不仅标志人类环境意识的普遍觉醒，而且在很大程度上增强了人类的环境意识。生态运动开始于学术界，然后延伸到普通民众，最后引起了各种国际组织及各国政府的注意。这一过程说明，环境问题最终成为人类社会各个阶层共同关注的焦点。目前，越来越多的人已经或正在认识到环境问题的严重性、人本身对环境的依赖性以及环境保护的紧迫性。环境史学者梅雪芹指出："人类文明的乐章不外乎两大主题的交响、变奏，一是人与自然的关系，一是人与人的关系；人类文明史也是一部人类与自然并存、交流、共生的发展史。"[1]在生态运动如火如荼的今天，环境问题已经与人们的经济、政治和文化生活紧密地联系在一起，人们对环境问题的关心和重视达到了前所未有的程度，人们的环境意识已经从根本上觉醒了。不仅如此，生态运动的不断发展还发挥了显著的宣传和教育作用，这对推动人类环境意识的不断增强无疑是十分有利的。

由于生态运动的兴起及其所具有的巨大推动作用，越来越多的人开始认识到实现人类活动，特别是经济活动，与环境的和谐相融对自然和人类本身的根本意义和价值。当代人类要求从思想上和实践上协调人类活动与环境关系的自觉性、主动性和积极性都在不断增强，这与生态运动的影响和作用是分不开的。从根本上讲，生态运动不仅表达了人类要求改善环境状况、提高生活质量的呼声，而且表明人类对其生存和发展意义的认识和理解开始真正走向成熟。伴随

---

[1] 梅雪芹．环境史学与环境问题[M]．北京：人民出版社，2004：21.

着生态运动的脚步，人类跨入了一个以追求经济、社会和环境全面可持续发展为基本特征的新时代。

二、生态伦理观的内涵

生态伦理，又叫环境伦理，是研究人与环境关系、环境道德的理论和实践，是环境道德基本原则和行为规范的总和。生态伦理是人类可持续生活、保护环境和保护地球的道德。就其研究的本质而言，它属于马克思自然哲学——生态哲学的门类。生态伦理试图从哲学的世界观和方法论层次上研究人与自然之间的关系。它把道德这一调整人与人利益关系的行为规范和准则，延伸到调整人与自然的关系，从整体上、本质上重新审视“人—社会—自然”系统的复杂关系，以全新的生态哲学思维方式重新调整人类与自然的行为模式和实践方式。

生态伦理的研究对象从表面上看是人与自然之间的关系，实质上仍然是人与人之间的关系，是被自然生态环境问题掩盖着的人与人之间的伦理关系，是自然道德在人们之间、这一部分人与那一部分人之间、当代人与后代人之间进行分配的原则问题。

生态伦理作为新的伦理学和生态哲学，有其独特的研究内容和理论内涵。自然的价值、自然的权利、“人类中心主义”和“非人类中心主义”问题、环境公正问题、环境道德的基本原则与规范问题即是生态伦理的基本理论内涵。生态伦理的基本理论内涵包括以下五个方面。

（一）自然的价值

自然的价值问题，属于生态伦理理论研究的基本范畴。正如罗尔斯顿所说，在生态伦理学中，“价值是一个关键性的词汇……对我们最有帮助且具有导向作用的基本词汇是价值”。一般情况下，从主体与客体的实践关系理解价值问题，把价值看作客体的属性与主体需要之间的关系，是客体对主体的某种意义。自然价值反映且概括了人与自然间特殊的实践—认识关系，具有特定内涵。罗尔斯顿将自然价值分为八类：经济价值、消遣价值、科学价值、审美价值、历史价值、文化象征价值、塑造性格价值、宗教价值。这些价值又可分为两类：内在价值与工具价值。我国学者一般把自然价值分为四类：资源价值、科研价值、审美价值、生态价值。总之，所谓自然价值是指自然存在的内在属性及对人类来说具有某种有用性的描述，从自然具有内在价值和外在价值中我们都能得出一个结论：自然是必须受到尊重与保护的。

（二）自然的权利

这是生态伦理得以提出的又一因素。“权利”与“价值”是紧密相连的，对自然界价值的确认，也就是对它的权利的确认。一般认为，自然界的权利是指生命和自然界的生存权，是自然界的利益与自然界的权力的统一。也有学者认为，自然界的权利是指生物和自然界的其他事物有权按生态规律持续生存，并进而提出“非人类的生态权利”，主要表现在生物生存权利、生物自主权利与生物生态安全权利三个方面。正如罗德曼所说：“所有事物和自然系统都拥有‘它们自己的目的或目标，因而都拥有内在价值和存在下去的权利。”严格地说，自然界的权利包含了两个方面内容：第一，权利所有者要求它的生存利益受到尊重；第二，这种权利要求是合理的，权利所有者对侵犯它们利益的行为提出挑战。前者可被称为自然界的利益（即自然界应当拥有的福利），后者可被称为自然界的权力（对侵犯其福利的反应）。

（三）“人类中心主义”“非人类中心主义”问题

生态伦理的理论基础或出发点是坚持“人类中心主义”原则还是奉行“非人类中心主义”观点，是当前生态伦理研究中争论激烈的核心问题。“人类中心主义”是一个具有特定含义的历史文化观念。首先，这种文化观念把人看作自然界进化的目的，看作自然界中最高贵的东西。其次，这种文化观念把自然界中的一切看成为人而存在，供人随意驱使和利用。最后，这种文化观念试图按人的主观需求安排宇宙。这种“人类中心主义”强调了人类在自然界中的特殊地位——主体地位，肯定了人的创造性、能动性的本质力量，具有积极的价值意义。但是如果片面过分地强调人在自然中的主体地位，那么必然产生以下问题。首先，它只关心人类及其环境，不顾其他生物的生态环境，这是传统价值学的特色。其次，它只把自然看成人类的资源，讲究利用的合理或不合理。实质上，自然不仅是人类的资源，也是一切生命体的资源，应当尊重非人类生物的利益与内在价值。再次，人类中心主义者都是从人类功利主义的角度考虑人与自然的伦理关系，具有明显的局限性。最后，人类中心主义是不科学的，其伦理观是人类主观的认识。基于以上认识，人们对“人类中心主义”进行了种种批判，认为应当走出“人类中心主义”。

（四）环境公正理论

环境公正，简而言之就是人对自然环境的公正问题，它一般包括代内环境公正问题与代际环境公正问题。联合国世界环境与发展委员会将“可持续发展”定义为“既满足当代人的需要，又不对后代人满足其需要的能力构成危害的发展”。如果从生态伦理学角度看，它实际上表达了环境的代际公正与代内公正问题。代际环境公正是指代际间，上代人对下代人在进行环境实践时应采取的伦理原则；上代人的环境行为不应危害下代人的生存环境，应采取公正原则。代内环境公正实质上是人际公正与社会公正问题在生态伦理领域内的特殊表现，这是由生态伦理的理论特质所决定的。因为生态伦理的调节范围不仅仅是人与自然的关系，它还直接或间接地影响着人与人、人与社会的关系以及被这两种关系影响。代内环境公正主要包括区域公正和国际公正，它要求某些地区与国家在自身发展时放弃所奉行的环境利己主义观念，反对对其他地区与国家的生态掠夺、生态殖民。

（五）环境道德的基本原则与规范问题

环境道德的基本原则和规范的确立和实践应用，对用道德手段调节人与自然的关系或人与自然关系背后的人与人的利益关系具有重要意义。一般来讲，环境道德的基本原则与规范有以下几条：爱护并尊重生命和自然界，不应当伤害生命和自然界；反对掠夺性的开发资源；应当保护并促进生命和自然界的发展；确立新的全球伦理，对人类公共利益的关心等。

总之，生态伦理学研究和探索的是生态环境中的人类的伦理道德问题。它要求人类既要关注和追求自身生存和发展的权利，也要尊重自然界其他生物的生存和发展的权利；既要重视人与人之间利益关系的平衡，也要重视人与自然之间关系的平衡。生态伦理研究的是人类如何保持地球上生态环境的可持续发展，人类如何在发展生产、发展经济和提高人类物质文明和精神文明的同时更加合理、更加科学地对待自然保护环境，从而更好地协调人与人、人与自然之间的关系。

生态伦理代表了当代人类从道德的视角审视和关注人、社会与环境之间关系所达到的一种新的道德境界：它立足于追求经济建设、社会发展和环境保护这三重价值的有机统一、协调和平衡，把全面实现经济、社会和环境的可持续发展作为它的终极道德关怀，体现了人类在生态危机咄咄逼人的形势下不断追求道德文明的执着和智慧。

作为一种特殊社会道德现象，生态伦理进一步推进了人类道德思想的发展。从人际道德主宰天下，到人际道德和自然道德的分野，人类道德思想实现了质的飞跃。生态伦理从一开始就对 21 世纪以前的人类伦理思想表现出批判、继承和发展的逻辑必然性。它深入挖掘人类伦理思想宝库里的丰富资料，批判其糟粕，吸取其精华，弥补其缺陷，力图为当代人类寻求一种有利于缓解生态危机的有力道德武器。作为人类道德花园里的一株幼苗，生态伦理既有人类伦理思想长期积累的痕迹，也有超越人类伦理思想的迹象。作为这样一种新旧交杂的社会道德现象，生态伦理内在具有的本质、特征、功能等要素需要我们挖掘和分析。

三、生态伦理的本质

作为一种特殊社会道德现象，生态伦理必然具有能显示其根本性质的东西，这就是生态伦理的本质。

所谓生态伦理的本质，是指生态伦理与其他一切社会道德现象共有的根本性质。从这个意义上讲，生态伦理的本质等同于我们通常所说的"道德的本质"。作为错综复杂的社会道德现象中的一个属类，生态伦理必然具有上述道德本质的基本内容。也就是说，生态伦理首先是作为一种与法律、宗教等有区别的社会意识形态，被人们认识和理解的。生态伦理是人类运用道德这一特殊手段掌握世界的方式，是人类拥有的一种特殊实践精神。这说明人类对生态伦理的追求从根本上讲是一种客观需要、本质需要，是人类特有的道德生活中的一个必不可少的组成部分。它既体现了个人的道德生活需要，也反映了整个人类社会的道德理想追求。

生态伦理主张实现经济建设、社会发展和环境保护这三重价值追求的统一、协调和平衡。这既是我们每一个个人的价值理想，也是当今社会的价值目标。在生态危机困扰整个人类的形势下，人类需要在更高的道德境界上实现个体利益需要与社会整体利益需要的统一和协调。生态文明时代是一个需要人类进行利益大调整的时代。这种"大调整"能否成功的关键在于当代人类是否能够成功地进行道德思想和道德精神上的超越。进入生态文明时代以后，发展生态文明所需要的道德氛围或道德秩序需要生态伦理提供。为了同时实现经济建设、社会发展和环境保护这三重价值理想，人类应该拿出自古以来追求道德理想的执着和热情，自觉自愿地用生态伦理规范自身的生态活动和生态生活。

环境问题不只是经济增长过程中的负面效应，它本身也是发展问题、社会问题，是涉及人类文明兴衰的至关重要的问题。要从根本上解决环境问题，必须改变传统的价值观，确立生态伦理观，走人与自然和谐发展的道路。

生态伦理观作为一种新型社会意识形态，要把一般的传统伦理扩展到自然，珍视人以外的生命和世界的自然伦理价值，还公平于自然。这是生态伦理在人与自然关系上的公平解读。要使生态伦理发挥作用，赋予其实际意义，就要使其指导我们关心自然，关爱整个生态系统。生态伦理观要求人们将生态价值和人类主体作为整体，从全球生态和整个人类的角度对两者进行一元化的协调和合作。

当前的环境危机与其说是由人与自然之间的矛盾引起的，不如说是由人与人之间的利益冲突造成的。人与人之间的冲突是当前生态危机的实质。因此，要从根本上解决当前的生态危机，实现人与自然的和谐发展，就必须树立和落实科学发展观，实施可持续发展战略。那么，如何从人类整体利益和长远利益出发考虑人与自然的关系，如何使不同价值主体通过理性的对话和协商，依靠公正的伦理原则和公共政策，在全球生态价值问题上达成共识，从而自觉调整彼此之间涉及自然资源的利益关系，加强彼此之间的合作和互助，就成了我们今天真正要解决的生态伦理问题。生态伦理以独特的视角重新解释了人与自然的关系，将伦理道德的对象、主体推演到自然界，赋予自然界以伦理价值，揭示人与自然关系的价值意义；引导人们从生态伦理的角度，从整体上、本质上重新审视人与自然生态系统之间的复杂关系，树立新的价值观；以全新的生态伦理思维方式，重新调整人类的行为模式和实践活动，促使人类的行为准则和价值取向根源于、并服从于生态环境系统协调平衡的生态规律，更好地实现社会经济的有序、协调、健康、持续的发展。生态伦理强调人不再是自然的伦理的中心，人应该尊重一切存在物；人与自然应该协同进化，从而提出“人是自然的人，自然是人的自然”这一真谛。生态伦理所倡导的人与自然之间的道德关系并非要求人们对人类之外的其他自然物如对待人一样施以道德关爱，它所强调的是人在处理与自然关系时的一种道德维度、一种道德情怀，而不是对人改造自然界活动的否定。这就是生态伦理的基础和本意。

四、生态伦理思想的基本特征

作为众多社会道德现象中的一种特殊表现形式，生态伦理在内部结构上包括生态伦理意识、生态伦理关系和生态伦理实践三个部分，各部分均有不同于其他社会道德现象的基本特征。

（一）生态伦理意识的特殊性

所谓生态伦理意识，主要是指人们在社会活动中认识和理解生态伦理所倡导的善恶标准或生态伦理原则、规范过程中形成的各种心理活动和各种观念。生态伦理意识是生态伦理关系得以建立的基础和前提，是生态伦理实践得以贯彻落实的先导。如果没有坚实的生态伦理意识，生态伦理关系根本无法形成，更不用说推行生态伦理实践的可能性。

生态伦理是为了适应人类发展生态文明的新时代要求而产生的。为了促使人们充分理解生态文明形态的道德合理性，并为生态文明的发展提供必要的道德秩序，生态伦理必然会提出一系列道德原则和规范。努力让每一个人、每一家企业、每一个政府、每一个民族和每一个国家逐渐认识和理解这些生态伦理道德原则和规范，既是发展生态文明的客观需要，也是生态伦理不断完善的内在要求。

生态伦理意识目前在整个世界正处于形成阶段，因而它在生态伦理主体身上的反映和表现还普遍比较薄弱。生态伦理意识在形成过程中常常不得不面对来自各种传统伦理思想的消极因素的影响和干扰。例如，20世纪中期以前，曾经长期占据人们头脑的纯功利主义思想，即把自然或环境仅仅当作能为人类经济活动提供可资利用的资源和能源的思想，是不会自动退出人类思想历史舞台的，它们还将长时间地影响今天的人们对人与自然或人与环境关系的认识。为了加快生态伦理意识的形成步伐，我们一方面要积极鼓励人们不断增强分辨传统伦理思想的能力，与其中的消极因素决裂；另一方面还要不断加强生态伦理的宣传和教育，使人们真正感受到生态伦理较之于传统伦理思想的优越性、有效性。正因为如此，宣传生态伦理的工作从一开始就显得至关重要。在宣传生态伦理原则的过程中，生态伦理研究工作者不仅要看到工作的艰巨性、长期性，更要看到工作的积极意义和价值。我们相信，随着生态文明的不断发展，随着生态伦理实践的逐步深化和普及，以及随着生态伦理理论体系的逐步形成和完善，人们的生态伦理意识也必然会步步攀升。

（二）生态伦理关系的特殊性

生态伦理关系是在人们对生态伦理原则和规范形成了比较稳定认识的基础上或在人们培养了比较稳固的生态伦理意识基础上形成的一种道德关系体系。作为一种特殊道德关系，生态伦理关系是由各种生态主体之间构成的社会关系决定的，并且是对这种特定社会关系的反映。生态伦理关系也就是在个人、企业、政府、国家等生态主体之间形成的一种比较稳固的道德关系或价值关系。

人们在生态活动中必然要与自然或环境发生关系，因此在认识和理解生态伦理关系时，我们必须考虑和判断人与自然或人与环境之间的关系是不是具有生态伦理关系性质。

20世纪中期以后，一些有洞察力的人士发现和揭示了生态危机及其严重性，人类才开始重新认识人与自然之间的关系。这一富有历史意义的转变结出的最大成果是人类从此以后开始从道德义务论的角度认识和把握人与自然之间的关系。换言之，人类不再仅仅把人与自然之间的关系当作一种物质对应关系看待，而是开始强调人类必须把尊重、关爱和保护自然当成一种道德上的义务。可以毫不夸张地说，这是人类－自然关系史上发生的一场影响深远的革命，因为它从根本上改变了人类思想意识中的根深蒂固的自然面貌。在人与自然之间的关系普遍遭受歧视的时代，人类认为他们可以对自然为所欲为、肆无忌惮，而当生态伦理成为一种越来越广泛的道德要求时，人类开始考虑将自己的道德情怀进一步延伸到自然界。

长期以来，研究生态伦理的理论都把人与自然或人与环境之间的关系直接作为一种道德关系或价值关系加以分析和论证。

道德生活从来都是人类特有的。既然人类道德生活的状况和格局是由社会关系决定的，那么只有在形成了比较稳固的社会关系的基础上，道德才可能产生。生态伦理所说的自然道德也是这样产生的。当人们感到或认识到人对自然或环境的污染和破坏行为在他们彼此之间造成了利益矛盾，并产生了协调这种矛盾的需要时，自然道德便会应运而生。也就是说，自然道德实际上并不是一种发生在人与自然或人与环境之间的道德，它从本质上来讲仍然是一种人际道德。具体地说，自然道德只对人的行为具有约束力，并不对非人自然存在物发挥任何约束作用。自然道德并不是一种可以与人际道德相提并论的道德，而是人际道德的一个属类。需要指出的是，虽然自然道德或生态伦理从根本上讲是人际道德的一个属类，但是人们在日常道德生活中却倾向于把它视为一种发生在人与自然或人与环境之间的道德现象。这主要是由人们的道德生活习惯造成的。一般说来，人们在实际道德生活中并不像专门从事道德研究的工作者那样，能够时时刻刻注意到隐藏在道德背后的社会关系，他们往往将道德生活仅仅看作一种约定俗成的东西。因此，一旦自然道德或生态伦理成为一种普遍适用、普遍有效的社会规范，人们就可能忽略这种道德的实质而将它看成一种发生在人与自然或人与环境之间的道德现象。这样一来，人与自然或人与环境之间的关系就完全可能因为人们的道德生活习惯而变成一种道德关系。

（三）生态伦理实践的特别性

生态伦理实践包括两个方面的内容：一是特殊道德现象本身具有的实践特性，生态伦理能够指导人们生态行为的特征就是生态伦理的实践特性；二是生态伦理实践的具体表现。作为一种特殊道德观念，生态伦理必然具有对人类生态行为进行“对”或“错”、“善”或“恶”的价值判断的内在要求，同时它必然拥有一些能够指导人类生态行为的有效原则和规范。因为同任何其他的道德观念一样，生态伦理必然涉及人的价值观念。

生态经济伦理实践的具体表现，是指人们将生态伦理意识、生态伦理原则和规范运用于生态活动中的具体行动，它往往包括生态伦理行为选择、生态伦理行为评价、生态伦理宣传、生态伦理教育、生态伦理修养等形式。生态伦理既不是脱离主观意识的纯粹物质活动，也不是纯粹主观精神现象，它总是主观和客观、知和行的统一，总是体现在上述各项实际活动中。生态活动主体也是生态伦理主体，其行为方式的更新是建立生态经济发展模式和生态经济社会模式必不可少的。正因为如此，在研究生态伦理实践的过程中，我们不仅十分关注生态伦理的特殊实践要求，而且特别注意探讨将生态伦理付诸实践的有效方式和途径。生态伦理研究的重要课题之一就是探讨富有自身特色的、科学的生态伦理实践理论。

提倡生态伦理实践是我们进行生态伦理建设的一个重要内容。其实，生态伦理建设的完整工程是坚实、深厚的生态伦理意识，稳定、健全的生态伦理关系，切实、有效的生态伦理实践，这三部分内容交相辉映的结果。如果离开了其中任何一部分内容，整个工程就会变得残缺不全、面目全非。为了真正谱写生态伦理建设的新篇章，我们必须时时刻刻用全面、辩证的态度对待和处理生态伦理意识、生态伦理关系以及生态伦理实践三者之间的关系。

五、生态伦理思想的功能

生态伦理既是一种个体道德，也是一种社会道德。作为一种个体道德，它是个人进行自我教育、自我调节以及自我完善的特殊精神力量；作为一种社会道德，它是一种重要的社会调控方式，是一种强大的社会控制力量。生态伦理影响个人精神生活和调节人类社会生活秩序的能力就是生态伦理的功能或作用。

（一）生态伦理的导向功能

生态伦理的导向功能，是指生态伦理具有引导人们进行价值判断、价值评价和价值选择的效力和作用。导向功能是生态伦理发挥调节功能的前提和基础。为了发挥导向功能，生态伦理必须确立正确价值目标。生态伦理确立的正确价值目标就是追求经济建设、社会发展和环境保护的有机统一、协调和平衡，就是全面实现经济、社会和环境的可持续发展。通过确立和提倡这一正确价值理想或价值目标，生态伦理可以将每一个社会活动主体的价值观高度统一起来，使他们在社会活动中朝着一个共同的、明确的价值方向和目标努力。在生态危机困扰整个世界、整个人类的形势下，人类社会迫切需要这样一种共同的价值导向。

在进行价值导向的过程中，生态伦理可以使人们逐渐放弃传统经济时代的生产方式和生活方式。为了进行有效的价值导向，生态伦理必然要充分避免传统生产方式和生活方式的弊端，使人们全面、深刻地认识到以资源高消耗为基本特征的传统生产方式和以生活资料高消费为实质内容的传统生活方式对自然的严重危害性、对人与自然关系的毒害作用以及对人类本身的可怕侵害。在充分认识传统生产方式和生活方式的危害性、毒害性和侵害性的基础上，人们就可能出于对其自身利益以及社会整体利益、长远利益的考虑而改变它们，从而选择新的具有可持续性的生产方式和生活方式。生态伦理的导向功能就是要突出人们选择生产方式和生活方式的思想和行为的善恶、荣辱、对错的价值追求，以特有的感召力和驱动力引导人们趋善避恶、趋荣避辱、趋对避错。

在发展生态经济成为时代要求的今天，充分发挥生态伦理的价值导向功能具有十分重要的现实意义。生态经济时代是一个需要进行利益大调整的时代，在发展生态经济过程中引起的个人与个人之间、个人与社会整体之间以及社会整体与社会整体之间的利益矛盾必定非常复杂，因此进行正确价值导向是一件必要而重要的事情。只有用一种共同的价值理想或目标将每一个个人、每一家企业、每一个政府和每一个国家高度统一起来，当代人类才可能在协调经济、社会和环境的关系上有所作为。

（二）生态伦理的调节功能

生态伦理的调节功能是指生态伦理具有引导人们调节和调整他们在社会活动中产生的利益矛盾的效力和作用。从一定意义上说，生态伦理的调节功能是生态伦理发挥价值导向功能的必然结果，因为生态伦理进行价值导向的根本目的就是为了把人们的行为和生活纳入有利于协调社会关系的轨道上。

生态伦理的调节功能具有普遍适用性和普遍有效性，即生态伦理的调节功能能对所有社会活动主体发挥作用。具体地说，个人、企业、政府、国家等活动主体之间所存在的广泛利益关系，都处在生态伦理调节功能发挥作用的范围之内。必须指出的是，生态伦理调节和调整的经济利益矛盾主要是指人们在开发利用自然、发展经济过程中产生的环境利益矛盾。根据生态伦理的要求，任何个人、企业、政府或国家都不应该把自己开发、利用自然的经济活动变成一个侵害其他人、其他企业、其他政府和其他国家的利益的过程。从这一基本要求出发，每个人都应该在工作和日常生活中不做不利于环境保护的事情，每一家企业都应该自觉避免污染和破坏环境的经济行为，每一个政府都应该积极地为推动环境保护工作制定行之有效的政策、法规和标准，每一个国家都应该在做好本土环保工作之余积极推进世界环保事业。

生态伦理的调节功能是从协调个人环境利益、局部环境利益和社会整体环境利益关系的角度以及人类眼前环境利益、长远环境利益和根本环境利益关系的角度来发挥作用的。从根本上来讲，生态伦理对环境利益矛盾的调节主要包括两个方面的内容：一方面，生态伦理承认和肯定生态经济主体适当追求个人环境利益、局部环境利益和眼前环境利益的道德合理性；另一方面，生态伦理要求生态经济主体在他们的个人环境利益、局部环境利益和眼前环境利益与人类整体环境利益、长远环境利益、根本环境利益发生矛盾时，必须自觉使前者服从于后者。也就是说，生态伦理是通过调节各种生态经济主体之间的环境利益矛盾来协调经济与社会以及经济与环境之间的关系的，其最终目的在于以追求经济、社会和环境之间的和谐关系来实现人类社会的可持续发展。

从调节方式上看，生态伦理对生态经济主体之间的环境利益关系的调整与其他社会道德现象一样，属于“软调控”的范畴。也就是说，生态伦理对环境利益矛盾和与之相关的活动的调节并不诉诸国家机器和强制性措施，而主要凭借社会舆论、教化引导、鼓励敦促等手段。生态伦理特别注重树立人们的羞耻心，唤起人们的责任和义务意识，培养人们分辨善恶的能力和自觉进行生态伦理实践的觉悟。认识这一点对于我们正确判断和评价生态伦理的调节功能是十分必要的。由于生态伦理的调节功能从本质上讲属于“软调控”性质，但在运用这项功能时要注意两个问题。一是生态伦理的调节功能并不总是能够发挥作用。一般来说，生态伦理调节的主要是一些非对抗性的环境利益矛盾，对于对抗性环境利益矛盾，生态伦理往往无能为力。因此，生态伦理的调节功能有时需要得到政府制定的环境法规、环境政策和环境标准的支持。二是生态伦理调节功能的正常发挥是以社会生态伦理水平的普遍提高为前提的。由于社会舆论、教化引导、鼓励敦促等调节方式的运用并不是强制性约束，因而在生态伦理水平普遍较低的社会里，生态伦理的调节功能往往很难发挥作用。这就使生态伦理建设显得至关重要。必须强调的是，虽然生态伦理的调节功能属于“软调控”性质，但是它在协调环境利益矛盾方面具有不可替代的地位和重要性。因为与法律、行政等社会调控手段相比，生态伦理的调节功能不仅具有广泛的适用性，而且具有经常性、灵活性、持久性、深刻性等优势。例如，环境法在调控环境利益矛盾时主要适用于那些在环境法中有明确规定的情况；而生态伦理对环境利益矛盾的调节不仅可以针对所有生态经济活动主体，而且可以不受时间、地点的限制。

六、生态伦理思想的原则

在生态伦理的实践中，从保护环境和维护生态平衡的角度出发，人类应该遵循以下原则。

（一）人与自然和谐原则

人与自然的关系是相当复杂的，并不是纯工具性的或功利性的关系，这点马克思早就指出。自然是人类的生命，但不是生活的手段。人－自然关系系统是由人类社会为一方、自然环境系统为另一方所构成的高层次的、开放的、复杂的巨系统。协调好两者之间的关系，建立一个和谐的人－自然关系系统，既不是人对自然的“反自然化”，也可避免由此而引起的自然对人的“反人化”。这是人类社会发展与自然进化必不可少的前提。

人与自然的和谐原则要求在人的活动与自然活动之间、科技圈与生物圈之间、发展经济与保护环境之间、社会进步与生态优化之间保持协调，而不是以一个方面去损坏另一个方面。具体体现在人类应不使生物多样性灭绝，不使自然资源消耗超过它的可再生能力，不使环境对人类废弃物的接纳量超过它的代谢（自净化）能力，以及对已被破坏的环境尽快进行治理和恢复等方面。

为实现这一和谐原则，必须树立这样一些认识。

首先，人－自然关系是一种对象性的相互依存、相互制约的关系。人从动物界分化出来后，对自然的关系已不是简单地适应，而是进行有目的、有意识地主动索取的主体活动，是活动的主体；而自然则成为人的认识和实践指向的客体。

其次，20 世纪 60 年代以来，工业化带来的第二次浪潮使人类社会获得了前所未有的发展动力，但这是以牺牲良好的自然环境为代价获取的发展，随之而来的是环境污染和危及人类及整个生态系统。其明显的后果表现为人口、资源、产业和环境之间的极不协调和相互对立。原有的人与自然的平衡关系被破坏了，生态平衡濒临自然修复的极限。人类走进了不可持续发展的困境。

造成如此后果的原因：一是人类对自然规律的认识不足，没有认识到人的活动必须遵循客观规律；二是人类在一定历史条件下的社会总需求超越了自然界所承载的能力；但更深层的原因是人类自身的价值观问题。

因此人类未来可持续发展的前景首先取决于价值观的转变，特别是要承认环境的价值。保护自然环境，抛弃损害自然环境的生产方式和生活方式。人类的实践活动，应做到既增进人类利益，又维护生态平衡。

（二）环境公正原则

可持续发展思想的实质是，通过人类行为的彻底转变，建立一个与自然环境相协调的、具有适合性与正当性的、能够永久存在的人类社会。在人与自然道德关系的层面，它可以用和谐的原则加以概括；在人类文明内部伦理关系的层面，可将它概括为环境公正原则——这是人类社会全体成员在处理人与自然关系方面所应遵循的、以人与自然和谐为目标的伦理原则。

1. 在实现利益的过程中体现“代内公正”

利益实现过程中的代内公正的具体含义是指当代人在利用自然资源满足自己利益的过程中要体现机会平等、责任共担、合理补偿原则，即强调公平地享有地球，把大自然看成是当代人共有的家园，共同地承担起保护的责任和义务。

什么是公正（或正义）？简单地说，公正（或正义）就是平等（不是平均）地分配社会利益和负担。一个不平等分配利益和负担的社会显然是不公正的。从这个角度看，当代大量的环境政策都不平等地分配利益和负担。几乎所有的社会都倾向于把环境负担最大限度地加在处于不利地位的群体——穷人、有色人种聚居区以及发展中国家（发达国家向发展中国家转嫁生态危机），而把环境利益最大限度地给予处于有利地位的群体——富人、白种人和发达国家（发达国家以占全世界 1/4 的人口消耗了 3/4 的自然资源）。这种现象可以称作“环境歧视”。

概括地说，环境公正原则的代内公正所着重强调的就是当代人在保护环境、利用自然资源的时候，必须共同承担责任，共同履行义务，共同谋求发展。这是对当代人的一种普遍的伦理要求。

2. 在实现利益的过程中体现“代际公正”

环境公正原则不仅要求消除阶级、种族和国家间的环境歧视，而且要求当代人和后代人平等地享有环境利益和承担负担。这就是“代际公正”原则。所谓代际公正，主要是指人类在世代更替的过程中对利益的满足要保持公正或合乎正义。其最明确的表达就是要求当代人在满足自己利益需要的时候，不能剥夺后代人满足他们利益需要的权利。这一点主要体现在可持续发展的要求上。可持续发展战略的提出是对以往发展道路的深刻反省，是环境危机不断加重条件下的觉醒。它表达了当代人对深陷困境的忧虑和摆脱困境的期盼，更体现了当代人勇于对未来承担责任的道德情感。

（三）平等原则

平等原则包括两层含义。

首先，是人类与自然和谐、平等相处。人类应改变“人类极端中心”的观念，要把自身看作广袤自然生态系统中的一个子系统，与其他非人类生物系统相互依存、相互协调，成为一个有机整体。自然环境不仅是人类生存的资源，也是其他一切生命体生存的资源。因此，人类不能只从自身的利益出发，去捕获珍稀动植物，破坏生物的多样性与平衡性，掠夺性地开发自然。人类必须要树立平等观念，为其他动植物系统的生存、发展保留充足的空间，维护客观世界的多样性。

其次，人人平等地享用资源和环境。资源和环境作为公共资源，是每个人包括后代赖以生存的空间和物质条件，人们应平等地享有对环境的拥有权和享用权。而有的人把公共资源据为已有，乱砍树木，乱采矿藏，滥用牧场，乱占耕地，掠夺性地开发资源，这些都侵犯了他人及后代对公共资源使用的平等权；有的人为了节省排污设备的生产成本，无节制地向公共环境倾倒垃圾，排放污水，排放废气、废渣，这些都侵害了他人生存的环境，危害了他人的身心健康，是应受到道德谴责的。

（四）可持续发展原则

在生态伦理原则体系中，可持续发展原则是最高原则。当代人类不仅需要把道德情怀延伸到非人的自然存在物身上，不仅需要实现经济、社会和环境的和谐相融，而且需要追求人类社会文明的持久发展。可持续发展原则并不是人们盲目推崇的产物，它的出现是一种历史的必然，因为它反映了整个人类的终极价值目标或终极道德理想。

可持续发展本质上反映的是一个全球性的共同伦理问题，它包含了人类对自身整体的一种伦理上的庄严承诺。从这种意义上讲，要实现人类社会发展的可持续，必须建立一种共识、一种伦理上的道德规范。这种伦理约束和信仰，必须根植于人类的行为意识中。

可持续发展原则的核心是指人类自身的数量繁衍，人类的经济、社会活动的总的物质能量消耗不能超越自然资源和生态环境的承载能力，不能破坏自身的生存条件，否则人类的发展难以为继。资源与环境是人类生存与发展的基础，离开了资源与环境，人类的生存与发展就无从谈起。资源的永续利用和生态系统的可持续性保持是人类社会可持续发展的首要条件。可持续发展要求人类根据可持续性的原则调整自己的生产、生活方式，在可持续性的范围内确定自己的消耗标准，把资源视为财富，而不是把资源视为获得财富的手段。

（五）共同性原则

鉴于各国历史、文化和发展水平的差异，可持续发展的具体目标、政策和实施步骤不可能完全一致。但是可持续发展作为全球发展的总目标，所体现的公正性和持续性则是共同的；并且为实现这一总目标，必须采取全球共同的联合行动。布伦特兰夫人在《我们共同的未来》的前言中写道："今天我们最紧迫的任务也许是要说服各国认识回到多边主义的必要性。""进一步发展共同的认识和共同的责任感，这是这个分裂的世界十分需要的。"共同性原则同时反映在《里约宣言》中："致力于达成既尊重所有各方的利益，又保护全球环境与发展体系的国际协定，认识到我们的家园——地球的整体性和相互依存性。"

然而，我们也应该看到，全球可持续发展仅仅靠不同国家间的一种原则性的共识是不可能实现的。现行的经济准则、国家利益原则以及建立在此基础上的国际关系体系已成为实现全球可持续发展的根本障碍。在这样一个不公平的利益原则支配的世界中，伦理常常是乏力的。但伦理之为伦理，就在于它不仅是一种观念，同时也是一种现实的力量。秉承伦理的人一旦成为一种社会力量，就会对世界产生影响。因此，我们应当努力营造这种社会力量，并使之通过制度（新的组织行为模式）得以体现，从而与现行的利益原则相抗衡。从这一点来说，可持续发展生态伦理的实践意义在于它可以对现有的环境道德产生抵消作用，进而推动人类发展行为的根本转变。

第二节 中国传统生态伦理观的文化底蕴

中华农业文明是人类起源最早并且唯一没有中断而延续至今的古老文明。据一些学者估计，这个文明有近万年的历史。具有如此悠久文明史的中华民族，在人类自身的发展和自然环境的关系上，也必然存在着丰富的经验和宝贵的传统。实际上，它长期以来就一直被人们主要以"天人合一"的学说称颂着。

一、中华农业文明起源时期的生态环境

人类文明的起源无疑是以农业为先导的。农业生产是文明产生的先决条件，农业文明本身就是初始意义上的文明。考古发掘出土的文物资料证明，中国的农业文明起源甚早，大约发生在距今一万年前。世界著名考古学家、农业考古科

学的创始人马士尼在其论文《中国江西省从旧石器时代晚期到新石器时代中期的考古序列》中指出：吊桶环洞时期（9 600 ～ 11 800 年前），人类正在驯化稻谷；早期的江西时期（8 000 ～ 9 600 年前），已经有了水稻农业。学者们认为，长江中下游是世界稻作的发源地，江西是一片古老神奇的稻作文化悠久的土地[1]。中国不仅是稻作农业的发源地，也是最早的旱作农业的发源地之一。以黍（黄米）为基础的农业生产区域，在公元前 7000 多年前就已经在中国的黄河流域出现，河南裴李岗遗址中就能找到其遗存。此外，粟、大豆、大麻、苎麻、茶、漆树等粮食作物和经济作物都是我国先民首先栽培的。正是起源很早的农业生产和古代较为发达的农业成就，才孕育了中国古代的灿烂文明。

著名历史学家汤因比认为，人类的任何一种文明的产生都受其所处环境的深刻制约和影响。文明起源的秘密是对比较严峻的自然环境的挑战所做出的勇敢应战。他认为，苏美尔文明起源于苏美尔人对幼发拉底与底格里斯两河流域的丛林沼泽地的挑战：人们利用排灌来回应自然的挑战，由此产生了人类第一个地区文明；同样，法老时代的埃及人在开发尼罗河下游河谷及三角洲的丛林沼泽过程中，创造了人类最古老的第二个地区文明[2]。他说："如果我们现在研究一下黄河下游的古代中国文明的起源，我们发现人类在这里所要应付的自然环境的挑战要比两河流域和尼罗河的挑战严重得多。人们把它变成古代中国文明摇篮地方的这一片原野，除了有沼泽、丛林和洪水的灾难之外，还有更大的气候灾难，它不断地在夏季的酷热和冬季的严寒之间变换。"[3]在他看来，正是由于居住在黄河岸上的祖先们为了接受自然环境的严酷挑战，才创造了中国古代的文明，而居住在南方长江流域的人们享有一种安逸而易于生存的环境，因而他们就没有创造文明。

尽管汤因比关于不同地区的人类文明起源与自然环境存在着挑战和应战的观点，在具体结论上存在着错误，如他关于中国文明的起源只是居住在黄河流域的中华祖先的创造，而不是由东西南北的中国先民共同创造的结论，与 20 世纪七八十年代以来考古学提供的文物资料有出入。但是，他的这一观点实质上

---

[1] 刘红梅．世界稻作寻根　中外学者探源——第二届农业考古国际学术讨论会综述 [J]．农业考古，1998（1）：1-2.

[2] 汤因比．人类与大地母亲：一部叙事体世界历史 [M]．徐波，等，译．上海：上海人民出版社，2016：56.

[3] 汤因比．历史研究：上册 [M]．2 版．索麦维尔，节录；曹未风，译．上海：上海人民出版社，1966：90.

包含着非常深刻的合理成分。这就是不同地区人类文明的起源是该地区的先民与自然生态环境相互作用的产物。而文明初创之时，由于人类认识自然和改造自然的能力都还弱小，因此对自然力量的依赖性非常之大，即使对环境挑战的回应，也主要是由环境方面的特征所规定的。自然生态环境的因素深刻地塑造着不同文明的基本面貌，甚至对其文化传统打下难以磨灭的自然烙印，对其未来的发展产生多方面的制约和影响。

中华农业文明在起源时期的生态环境；总体上非常有利于农业生产。由于地域广阔、地形殊异，不同的地质构造纵跨寒温带、温带、亚热带、热带等气候带，形成了西部的崇山峻岭与东部的大江巨川将大陆土地相分割、北方广袤的平原与南方山水相间隔并相互映照的多样性的区域自然景观，由此形成了不同区域具体的土壤、植被、动物、物候等的分布状况。我国远古多样化的生态环境、丰富的动植物种类和物产的广泛分布，说明了中华文明发祥时期的生态环境是非常独特和优越的。

的确，中华文明在起源时期的生态环境受到大自然的特殊眷顾，它与孕育西方文明的爱琴海及整个地中海区域的生态环境差异很大。后者面对的是捉摸不定的开放的大海、千姿百态的众多海湾、星罗棋布的大小岛屿以及资源贫乏、被山脉分割而缺乏可耕之地的山地。因此，这就极易形成一种与自然抗争的天人相分的观点。前者则气候温和、土壤肥沃、物产丰富、环境优美，自然会形成人对自然恩赐的感激之情，萌生人与自然和睦相处的意识，在生产生活中产生顺应自然的行为模式。同时，农业生产活动是一种人与生物打交道的活动，在古人正确的直观经验看来，它密切地依赖于宇宙的宏观环境变化与具体的地球生态环境相结合的境况，因此人类必须顺应天地的有利变化，而避开或克服自然的不利变化，以求得种族的持久生存、不断繁衍和日益昌盛。创造了中华文明的我们的祖先，就是在农业生产实践中逐步形成了传统的天人关系。

二、夏商周三代的天人观

以农业立国的民族，势必对自然的季节变化高度依赖。为了准确把握天时以指导农事活动，在天人关系上，夏商周三代都设立世袭的官职进行观象、制历、受时、祭祀等活动。自尧设立羲和之职以来，至夏商周三代，世掌天地四时之官。正如《尚书·虞书·尧典》中云：“乃命羲和，钦若昊天，历象日月星辰，敬授人时……日中，星鸟，以殷仲春……日永，星火，以正仲夏……宵中，星虚，以殷仲秋……日短，星昴，以正仲冬。”这一重要之职，关系到农业生产和社会生活的秩序，因此必须准确地将历象之法、四时节气、弦望朔晦，提前昭告于世。据《尚书·夏书·胤征》记载，夏代太康之后，羲和因沉湎于酒，玩忽职守，废天时，乱甲乙，未能及时报道和阻止日食的出现，胤国之侯受王命而征讨之。在当时的人们看来，日食不单是一种自然的天象，也是具有神秘的灾祸预兆，但是这种现象能够通过巫觋的祈祷、祭祀来禳除。这就在中国的天文学中杂糅进了天人感应等星占学的内容，或者说二者日益结合为一体，密不可分，使中国的传统天文学具有论证与维护统治阶级的合理性的神学性质。《周礼·春官宗伯》关于冯相氏与保章氏的职分规定就是对此的最好证明："冯相氏，掌十有二岁、十有二月、十有二辰、十日、二十有八星之位，辨其叙事，以会天位。冬夏致日，春秋致月，以辨四时之叙。保章氏，掌天星，以志星辰日月之变动，以观天下之迁，辨其吉凶。以星土辨九州之地，所封封域，皆有星分，以观妖祥。以十有二岁之相，观天下之妖祥。以五云之物，辨吉凶、水旱降丰荒之祲象。以十有二风察天地之和，命乖别之妖祥。凡此五物者，以诏救政，访序事。"[1]就是说，观测天象的官员，不仅要对天象的四时变化进行准确的观测和记录，还要察识和分辨天象变化与自然灾祥与人事祸福的联系，对天人之间的秩序进行预测和协调。因此，王家的天文学家具有种种神职的特权和一定的政治责任。

在农业生产活动中，夏商周三代的人们认识到气候的变化和动植物的生活周期，与农事活动的密切联系，从自然节律方面更为具体深入地把握了人与自然的生态联系。其中，最为著名的是夏代的《夏小正》和周代的《诗经·豳风·七月》。《夏小正》是以动植物及生态知识为基础，结合天象和气象知识制定出来的一部最早的按完整的月份排列，以指导农业生产活动的物候历。比如四月记有：时有大旱，麦蜇鸣，田蛙叫，果园杏果成熟，香附草抽花，狗尾草抽穗；再如七月：时有霖雨，野猫猎物，蝉鸣叫，芦苇生花，池塘出现浮萍；九月：雁南来，燕子飞去，熊、罴、豹、鼬穴居过冬，菊开花；等等。书中记载的这些动植物的物候现象，说明在3 000多年以前人们已经对动植物的生长发育和繁殖季节，鸟类迁徙、鱼类回游和动物冬眠等本能行为，动物周期性生理变化，植物的开花结实等多方面生理、生态特点，已有比较深的认识，并能用以联系生产，指导农事活动。

---

[1] 郑玄，贾公彦．周礼注疏[M]．彭林，整理．上海：上海古籍出版社，2010：1007，1009，1019-1024.

在《诗经·豳风·七月》这首周初的农事诗中，则描绘了人们根据一年的物候变化来从事农业活动和农村生活的生动过程。物候的变化如“五月斯螽（蝗虫）动股，六月莎鸡（纺织娘）振羽。（蟋蟀）七月在野，八月在宇，九月在户，十月蟋蟀入我床下”。农事活动和生活习俗则有“六月食郁（李子）及薁（葡萄），七月亨葵（葵菜）及菽（豆类）。八月剥枣，十月获稻，为此春酒，以介眉寿。七月食瓜，八月断壶（葫芦），九月菽苴（麻子）。采荼（苦菜）薪樗（柴），食我农夫”。当然，按照自然界天象物候的季节变化来安排农事活动，最为全面周详的当数《礼记》中的《月令》，后来以农家月令为体裁的农书都是以此为圭臬的。但是汉代的郑玄和唐朝的孔颖达等著名经学家都认为，有不少证据表明，《月令》是由《吕氏春秋》中的十二纪的首篇抄合而成。但即使如此，它也受着《夏小正》和《诗经·豳风·七月》的明显影响。

以上所论是夏商周三代在天人关系上的共同之处，也是其传承下来的相同内容。其不同之处则表现为三代的天人观在发展中有新的损益，由一种形式演化为另一种形式。《礼记·表记》将夏商周三代之宗教习俗作了区分：“子曰：夏道尊命，事鬼敬神而远之，近人而忠焉，先禄而后威，先赏而后罚，亲而不尊。其民之敝，蠢而愚，乔而野，朴而不文。殷人尊神，率民以事神，先鬼而后礼，先罚而后赏，尊而不亲。其民之敝，荡而不静，胜而无耻。周人尊礼而尚施，事鬼敬神而远之，近人而忠焉，其赏罚用爵列，亲而不尊。其民之敝，利而巧，文而不惭，贼而蔽。”陈来先生把夏道“尊命”、殷人“尊神”、周人“尊礼”用来说明其关于三代文化演进的不同阶段——巫觋文化、祭祀文化、礼乐文化的观点。他认为，《礼记·表记》所说的夏道应代表夏以前至三皇时代的文化面貌，尊命即尊占卜之命、巫觋之行，那时的神灵观念尚未充分发展，所以说远于鬼神；殷人尊神事鬼，先鬼后礼，表明殷人虽已有礼，但居文化主导地位的是鬼神，礼完全不具有任何优先性（此礼是指人道之礼）；周人尊礼，礼在周人的文化体系中占主导地位，享有对其他事物的优先性。尽管这里讲的是三代文化之区别，但这种区别主要是宗教习俗的区别，而它的内容则根本地体现在对待天、地、人的态度上。因此，这种区分对于我们认识夏商周三代天人观的区别也具有重要的参考价值。

“夏道尊命”，这个“命”指的就是天命，即天高高在上、君临一切、主宰着人类的命运。因此，对于王朝更替、天灾人祸，自上古以来就流行着以卜筮决于天命的活动，人们就以这种方法来掌握变动不居的自然环境和社会环境。《礼记·曲礼上》说：“龟为卜，策为筮。卜筮者，先王之所以使民信时日、敬鬼神、畏法令也；所以使民决疑，定犹与也。”司马迁将卜筮看作“稽神设问之道”，说：“自古圣王将建国受命，兴动事业，何尝不宝卜筮以助善！唐虞以上，不可记已。自三代兴之，各据祯祥。涂山之兆从而夏启世，飞燕之卜顺故殷兴，百谷之筮吉故周王。王者决定诸疑，参以卜筮，断以蓍龟，不易之道也。”（《史记·龟策列传》）据说夏商周三代之易都来源于伏羲八卦、炎帝的连山易和黄帝的归藏易。古有太卜掌三易之说。三易，一曰夏之连山，二曰殷之归藏，三曰周易。三易即夏商周三代记录和解释占筮的各自一套规则体系。占筮属于一种有一定规则和仪式的巫术活动，在我国远古的时候，它往往是与祭祀鬼神的活动联系在一起的。常常是先祭祀，后占卜，以求神示。夏代祭祀中最重要的是天。相传大禹“铸鼎象物”，以九鼎祭天，目的在于“协于上下，以承天休”（《左传·宣公三年》）。此外，在夏代还流行祭祀天地、日月、山川之神，即“六宗”。这是因为，在当时人们看来，天地、日月之神使雪雨风霜不时，山川之神能致水旱之灾，影响生产与生活，故人们对自然界的诸多鬼神非常崇拜。古人认为：“山林、川谷、丘陵，能出云为风雨，见怪物，皆曰神。有天下者祭百神。”（《礼记·祭法》）这应该说是一种万物有灵的多神崇拜。夏代除了祭祀自然之神外，也有祭祀祖宗、社稷的活动。如夏启在征讨有扈氏前所作《甘誓》，就有“用命，赏于祖；弗用命，戮于社”之语，表明夏启之时即有祖先崇拜和社稷崇拜。太康失邦之后，太康的五个弟弟作《五子之歌》指陈太康之罪行，也有“荒坠厥绪，覆宗绝祀”的话，言太康荒废其政，覆灭宗族，断绝对祖先的祭祀。这也说明夏代有祖先崇拜，不过祖先崇拜在夏代不占优势地位，神灵观念还未得到充分发展。按照陈来教授的说法，夏人的宗教还属于野蛮的而非文化的宗教。夏人巫觋与祭祀活动的对象首先是天，其次是自然界中的万物，从天人关系来讲，人类还处于完全被动地听任天地万物影响的服从状态。

“殷人尊神”，可以理解为商代的宗教已经从夏代以巫觋为主的自然崇拜形式，发展到以祭祀活动为主并向伦理宗教过渡的阶段。殷人所敬奉的神非常多，由于祭祀活动常常伴随着占卜行为，故可以从甲骨卜辞中看出其祭祀的对象几乎无所不包。它主要包括与后来的周代相同的三大类别，即天神、地祇和人鬼。其中，天神包括帝（上帝）、东母、西母、日、雨、雪、风、云等；地祇包括社、四方、山、川等；人鬼包括先王、先公、先妣、诸母旧臣等。在殷人的信仰中，帝（上帝）是具有最高权威、管理着自然与社会并能祸福于人的至上神。

关于殷人的至上神是否包含天的观念，在学术界存在着不同的看法。一些研究殷周宗教的著名学者（如郭沫若等），根据卜辞中只有祀帝而没有祀天的记载，而认为殷人的至上神为帝，周人的至上神是天，并认为："凡殷代的旧有典籍如有对至上神称天的地方，都是不能信任的东西。"[1]我们认为这种看法未必正确。尽管古籍《尚书》有后人的改动，但其记载大都是可靠的，如多数学者都认为《尚书·商书》中的《盘庚》《西伯勘黎》《高宗肜日》为可靠古籍。郭沫若自己也认为《西伯勘黎》和《微子》两篇在卜辞纪年之内，而未对其真实性提出疑问。在这些篇目中，就有大量关于天的观念的记述，如盘庚欲迁都殷地，百姓多有不从，盘庚提出遵天命为迁都的理由："天其永我命于兹新邑"《尚书·商书·盘庚上》，并劝慰人民说："予迓续乃命于天，予岂汝威，奉畜汝众。"(《尚书·商书·盘庚中》)又据《西伯勘黎》记载："西伯既戡黎，祖伊恐，奔告于王。曰：'天子，天既讫我殷命……今我民罔弗欲丧，曰："天曷不降威？"大命不挚，今王其如台？'王曰：'呜呼！我生不有命于天？'"《微子》中也有"天毒降灾荒殷邦"的说法。这些史料都说明，天具有殷人至上神的地位，天命的观念也是殷人最重要的观念。《诗经·商颂·玄鸟》中"天命玄鸟，降而生商"的诗句，反映了商民族的远祖契受天命而降生于世的故事。它是一则氏族创生的原始神话。据传有娀氏之女简狄，因吞食五彩燕卵而怀孕生商的先祖契，故殷人以玄鸟即燕子为图腾。又如，伏羲是其母踏雷神之足迹所生，黄帝是其母附宝在祁连山之野感雷电所生，此即原始的天与人融为一体的思想。中国先民各氏族起源中的感生神话在族系的繁衍中又衍生出不同氏族的宗族神，各氏族的宗族神一方面是氏族与图腾的结合，另一方面又与其天神结合。如，东方的羲和部落以龙为图腾，信奉太阳神；西方的炎帝部落以三足乌为图腾，信奉太阳神；中原黄帝部落以天鼋为图腾，信奉雷神；等等。随着中华各民族融合局面的形成，各地方性的神话便逐渐演化为一个统一的神话体系。这个体系既要考虑各氏族起源在历史上的先后和从属与独立的关系，又要兼顾五方配五帝的多样性统一格局，故出现了如下的安排：东方木帝太昊伏羲氏青龙为象；南方炎帝烈山氏朱雀为象；中央黄帝轩辕氏黄龙为象；西方少昊金天氏白虎为象；北方水帝颛顼氏玄武为象。五方配五帝的神话虽然是后来商周以后人们按五行关系加工的结果，但天与帝的结合，则是在此之前先民们已经具有的观念。这五个天帝，都是上古时期中华先民中最为著名的部落始祖或氏族首领，他们各掌天地之一方。可见，五方之帝是天与帝的结合，而帝字原为花蒂之蒂，即具有生育繁衍之根源的意义，故五帝是中国不同氏族的祖先所出之神，五方天帝

---

[1] 郭沫若．青铜时代[M]. 北京：人民出版社，1954：5.

神的崇拜是出于祖先崇拜的原因。在古人祭祀的祖先对象中，他们都是在开创文明中有重大功绩者。《礼记·祭法》规定："有虞氏禘黄帝而郊喾，祖颛顼而宗尧。夏后氏亦禘黄帝而郊鲧，祖颛顼而宗禹，殷人禘喾而郊冥，祖契而宗汤。周人禘喾而郊稷，祖文王而宗武王。"这里，禘、郊、祖、宗，都是对不同的祖先在不同的地方进行的祭祀：禘是对始祖所出之帝在祖庙进行祭祀，郊是在郊外祭天时以始祖下的一个祖先来配天，祖是对创立传世的先祖进行祭祀，宗则是对德高可尊者进行祭祀。夏后氏以下，祖、宗两种祭祀都是以血缘上的祖先为对象。但是帝与天结合而为天帝，并不意味着帝与天完全合为一体，具有同等的地位。如果说帝的语源学含义是生育繁衍的根源，则天亦有生育万物之功，而且是更为原始、深远的生育本源，天是人及万物的根源。天才是最高的至上神。当然，天与帝的结合包含着天与人结合，它的宗教意义就是对人与万物的同一根源和统一秩序的根本信仰。人本乎祖，人与万物都根源于天，凡生于天者，都受统一的天命法则的支配。

"周人尊礼"，从形式上看，是说周代已经从商代比较杂乱的祭祀文化中发展出了一整套非常复杂而有序的祭祀的规则、礼仪的系统，包括祭祀的对象、祭祀的称谓、祭祀的等级、祭祀的用品、祭祀的官职、祭祀的地点等详细规定。从实质上看，则是突出了宗教的伦理意义。在这里我们侧重于分析周人宗教中的天人观。

周人的祭祀对象也继承了商人的天神、人鬼、地祇三大类。其中，祭天最为重要，是周天子的祭祀特权。《周礼·春官宗伯·大宗伯》中规定，大宗伯之职"以禋祀祀昊天上帝，以实柴祀日、月、星、辰，以槱燎祀司中、司命、风师、雨师"。这里出现"昊天上帝"的提法。《周礼·天官冢宰·大宰》也有"祀五帝"的说法。五帝即天之五方帝：太昊、炎帝、黄帝、少昊、颛顼。可能五帝即殷人卜辞中的帝之"五臣正"或"五工臣"。周人的天即殷人的帝，是最高的至上神。它不仅是自然界的最高主宰，而且是人类命运的控制者。周人信天命，显然与殷人相信天命有类似之处。成汤伐桀时，在《尚书·商书·汤誓》中有言："有夏多罪，天命殛之。""夏氏有罪，予畏上帝，不敢不正。"而武王伐纣时，亦在《尚书·周书·泰誓上》中说："商罪贯盈，天命诛之。予弗顺天，厥罪惟均。予小子夙夜祗惧，受命文考，类于上帝，宜于冢土，以尔有众，底天之罚。"但是，在西周的天人观中，已经逐渐发展出了天命不常、天命在德和敬天保民的思想，由此形成了西周独特的"天民合一"思想，这个思想是儒家学派的"天人合一"观的直接的思想根源。

天命不常的思想，是西周统治者尤其是周公在反思商朝灭亡的教训和自己统治的危机中逐渐形成的。他们认识到，商纣王所以灭亡，主要在于“谓己有天命，谓敬不足行，谓祭无益，谓暴无伤”（《尚书·周书·泰誓中》）。自视天命在己，不知道天命不常，不行德政，不祭上天，“淫酗肆虐”，残害百姓，任意胡作非为，结果招致天命坠失，身灭国亡。周作为小邦，在执行天命而取代殷人的统治后，也存在一个混乱而不稳定的局势，如果也像商纣王一样自以为天命在己而不谨慎施政，也会早坠厥命，丧失政治统治权力。周初统治者的这种危机意识，使他们产生了“惟命于不常”（《尚书·周书·康诰》）的重要思想。这种思想在《诗经》中也有体现。如，“穆穆文王，于缉熙敬止。假哉天命……天命靡常……无念尔祖，聿修厥德。永言配命，自求多福。殷之未丧师，克配上帝。宜鉴于殷，骏命不易！”（《诗经·大雅·文王》）诗中说天命来之不易，上天使周文王得到了天命，但天命不息，文王的后代必须修德配天，借鉴殷亡的教训，才能长久地保持天命。虽然这个命题仍然承认天是具有祸福人类的有意志的至上神，但是天命对人事的决定并不是永恒不变的，人们不能把王朝更替的原因完全归于天命的必然性。周初统治者已经比较理性地认识到，人类行为是影响天命变化的一个重要原因，一个王朝能否长期地享有天命，关键在于能否敬德保民。

天命的变化在于人类行为的善恶，天赏善罚恶，这就赋予了天命的伦理品格。天命的归属在很大程度上依由人类自己的行为性质所影响。周公在《召诰》中对夏、商两代丧失天命的教训进行了深刻的总结。他说：“我不可不监于有夏，亦不可不监于有殷。我不敢知曰，有夏服天命，惟有历年；我不敢知曰，不其延。惟不敬厥德，乃早坠厥命。我不敢知曰，有殷受天命，惟有历年。我不敢知曰，不其延。惟不敬厥德，乃早坠厥命。”可见，敬德乃是享有天命的条件，不敬德，乃是失去天命的原因。而敬德主要体现在对待人民的态度上。《尚书·周书·泰誓上》讲：“惟天地万物父母，惟人万物之灵。亶聪明，作元后，元后作民父母。”万物皆天地所生，故天地是万物的父母，人又是万物之灵。人中聪明者代表天作人民的父母，就应当承担起保护人民的责任，以实现上天的意志。如果君主像殷纣王那样残害人民，则违背了上天要君主爱民的要求，就会导致“皇天震怒”，为天命所诛。因为“天畏棐忱，民情大可见小人难保”（《尚书·周书·康诰》）；“天矜于民，民之所欲，天必从之”（《尚书·周书·泰誓上》）。上天倾听人民的意愿，“天视自我民视，天听自我民听”（《尚书·周书·泰誓中》），上天以人民的意愿为自己管理尘世的意志。可见，这种天命观是一种“民意论”的天命观，天命和天意都已经被民意化了。尽管这种天命观仍然表现为一种宗教神学的形态，但是其内容已经出现了民本主义的思想，它使商代那种君权神授、无所制约的专制权力开始受到民意的道德力量的约束，并成为后来儒家政治思想中的一个重要传统。

同时，民意论的天命观还是一种独特的宗教哲学的天人合一论。它与三皇五帝时代及夏商两代天人合一观有着较大的区别和重大进展。在三皇五帝阶段，那时的天人合一观念，是人们感知的宇宙的神秘意象与具体的氏族部落祖先原始的合一，它表现为宇宙天象与部落图腾的结合。如，伏羲氏人首龙身的图腾，太昊氏日、月、山纹结合的图腾，炎帝的赤鸟与三足乌图腾，殷人祖先的玄鸟图腾，等等，都反映了当时人们对氏族祖先和与之相关的天体的神秘崇拜。这些既带有强烈的氏族、宗族色彩，出现非此族类，不予祭祀的狭隘性；又存在对神秘的自然现象难以理解所产生的对自然变化及其法则的非理性崇拜，由此产生大量的巫术迷信活动。在这种原始的“天人合一”观念中，宇宙天地和人自身的具体的自然因素起支配作用，天与人的关系都还没有达到较高的抽象程度，也不能形成一种普遍化的宗教。

在夏商时代，由于各民族的融合与统一，在绝地天通之后，原始的“天人合一”就发展为天帝与王权的结合。这一点特别体现在战争、迁都与宗教祭祀等重要活动中。人们已经认识到，人间的所有大事都受上天的支配，王权也来自天命，天帝神已经与氏族祖先神分离开来，并已提到最高的地位。所以一姓之宗族要享有天下，长久地得到天命的眷顾，就得祭祀天帝神；同时祭祀祖先神，以祖配天，让祖先神把祭祀中提出的要求转告于天。这些从夏商周三代的祭法可以清楚地看出。同时，为了实现这一目的，天子还必须像其先王那样修德，以德配天，这一点并不是从殷周之际才开始的，至少是从商代开始的。《尚书·商书·汤誓》说：“夏德若兹，今朕必往。”即是说，夏王桀有如此恶德，我一定奉天命而诛之。这是从凶德的反面，提出君主应行善积德。盘庚劝说大臣和百姓迁殷，一方面以服从天命为由，说“天其永我命于兹新邑，绍复先王之大业”（《尚书·商书·盘庚上》），另一方面又劝说到，“汝克黜乃心，施实德于民”（《尚书·商书·盘庚上》）。《尚书·商书·高宗肜日》也明确提出“王司敬民”。当然，商代虽然已经开始认识到敬德与慎于民事的重要性，但是并没有深刻地认识敬德保民与天命的联系，更没有达到一种普遍的理性自觉——把民意与天命结合起来。从历史的实践来看，尧舜之时的水患和大禹治水；商汤伐桀后七年大旱；商代苦于黄河泛滥的威胁，到盘庚时，已经五次迁都：这些严重的自然灾害，使得商人的天神信仰，主要的还是表现为自然界的难以驾驭的一种神秘力量。尽管这一过渡时期的天神观已经具有某些社会伦理的因素，但它还远远没有上升到伦理本体的高度，人的社会价值追求还没有成为其中最本质的内容。

周代的天民合一观则达到了一种理性自觉，它不仅明确地把天视为最高的存在本体，同时也把天当作最高的道德本体。所谓“维天之命，于穆不已”(《诗经·周颂·维天之命》)；“皇矣上帝，临上有赫。监临四方，求民之莫”(《诗经·大雅·皇矣》)。显然，天是一种人格化的最高的道德存在。它赫赫在上，一刻不停、明察秋毫地监视天下的一切，了解人民的疾苦，并据此发布天命。这种天民合一观把民意与天命结合起来，由它来联结天命与王权的关系，对人类社会的秩序进行干预和调节。“德”是天的内在本质属性，天命是按德来授予的。所谓“皇天无亲，惟德是辅”(《尚书·周书·蔡仲之命》)，就是说上天是大公无私的，它只把统治人民的大命授予有德者，而不授予无德者。谁能以德配天，仁爱百姓，谁就能够成为上天的受命者；相反，谁要是丧失了厥德，上天就要收回大命，就会对其降下大丧。可见天命不是不变的，而是可改变的。周所以能代商而有天下，就在于“文王之德纯”，故“昊天有成命，二后受之”(《诗经·周颂·昊天有成命》)。这里，由天的最高道德本体引出以德配天的天民合一论，用以维护周朝宗法社会政权的合理性，就比光是祈祷祖先神的保佑要强大有力，其统治也更易为人民所接受。

同时，西周的这种民意论的“天人合一”观，由于把天主要规定为伦理本体，而不是自然本体，所以这种“天人合一”在其内容上主要偏向于人与伦理之天的合一，而不是与自然之天的合一。这就引起了儒家后来天人观发展上的一个极为重要的思想进路。儒家从人道的角度去体悟天道，天道运行法则被社会化和人伦化，人和社会的某些性质，如仁、义等道德化含义就被赋予自然界，天与人的合一常常就可以看成人的伦理本性与天的伦理本性的合一。

三、道、儒“天人合一”观

中国的“天人合一”思想，以传统文化之主干的道、儒两家为基本内容。道家和儒家几乎在中国传统文化的所有方面都既相互对立，又相互补充。研究作为中国传统生态伦理基础的“天人合一”思想，也必须把握道、儒二家的文化根源与思想偏向。我们在此把道家放在儒家之前，不仅是因为道家学说的创始人老子比儒家学说的创始人孔子年长20余岁，孔子曾经向老子请教过礼的问题，而且因为道家关于天道问题的自然哲学先于儒家并且影响着儒家自然哲学的形成；还因为从思想渊源来说，道家思想乃是肇源于伏羲、神农、黄帝的母系氏族社会的原始宗教，而儒家的思想则是继承尧舜之后的夏商周古代的父系氏族的宗教传统，由此出发自然顺理成章，持之有故。

老子以天道体悟人道，以天道推论人道，认为人道即天道，主张将人道融入天道，从而把人类社会的性质完全自然化，要求人类按照天道运行的自然法则去实现人与自然的合一。这就是道家以人道合于天道的“天人合一”观的基本倾向。老子所确立并为庄子所发展的天人观的基调，就成了后来道家“天人合一”思想的基本原则，是道家传统生态伦理的理论基石。它主要包括以下几个要点。

第一，天地万物与人皆由共同的终极根源所生出，人为宇宙中之一大存在，因此人应遵循道的自然法则。就是老子所言：“有物混成，先天地生。寂兮寥兮，独立而不改，周行而不殆，可以为天地母。我不知其名，字之曰道，强为之，名曰大……故道大，天大，地大，人亦大。域中有四大，而人居其一焉。人法地，地法天，天法道，道法自然。”（《老子》第二十五章）

第二，天道即人道，天不具有鬼神作用，也不具有仁义品性，而是自然无为、不言、不争、处下、容纳，“生而不有，为而不恃，功成而弗居”（《老子》第二章）。不自视、自见、自明、自伐、自矜、自长，“有余者损之，不足者补之”（《老子》第七十七章）。人道也应顺同和效法天道，按照自然无为的原则对社会进行治理，才能取得无为无不为的效果。

第三，从天人关系来说，人类也应按照天地的自然之道来对待万物。要“道生之，德蓄之；长之育之；成之熟之；养之覆之”。（《老子》第五十一章）对万物“利而不害”，“常善救物，故无弃物”（《老子》第二十七章），“辅助万物之自然而不敢为”（《老子》第六十四章）。对万物的利用，也要按照人类生命的自然需要，采取合理的态度，要“知足不辱，知止不殆”（《老子》第四十四章）。要“见素抱朴，少私寡欲”，“去甚，去奢，去泰”（《老子》第四十九章），反对“益生”而导致灾祸的愚蠢行为，反对过分追求色、声、味和难得之货的贪欲。

第四，道家的“天人合一”，还是一种最高的生存理想和生存境界，即达到人与自然本体合一。道家把天的自然性形上化，当作一种不可言说的终极存在。同时，道家也强调人的自然属性的一面，把它也当成一种自在自为的存在。而达到“天人合一”的根本途径，就是通过自我参悟的体道修行，实现形而上的自我超越，最终实现人的真我，使人的自我达到与自然本体的合一。因此，道家的“天人合一”，就是要通过体验宇宙过程的自然本性，认识到自然之化是生命之本源和宇宙精神的最高体现，从而依循自然而为，去除一切对天地万物和人本身的有意造作和加工，无心地返归生命之源，把人的生命融入自然生态的大化过程中。可见，道家的“天人合一”是以宇宙论为依据的。

儒家的思想传统来源与道家不同，从它“祖述尧舜，宪章文武”，言必称尧舜禹、成汤、文武、周公，可知其明显地来自父系氏族的宗教社会传统和夏商周三代的血缘宗法礼俗制度。对此，孔子说得很明白。他说：“殷因于夏礼，所损益，可知也；周因于殷礼，所损益，可知也；其或继周者，虽百世，可知也。”（《论语·为政》）儒家的天人观也来源于三代，尤其是商周。商代讲天命，把神权与政权结合起来，主张以祖德配上帝之天命；周代讲天命可变，天命的维持在于敬德保民，形成天命在民意的“天人合一”论。商周的天命观对孔子具有一定的影响。

儒家从人道出发，以人道体天道，认为天道就在人道之中。儒家以人道去塑造天道，极力使天道符合人道的理想要求，引导人们按照社会的伦理规范去实现人与自然的合一，这即是儒家将天道合于人道的“天人合一”观的基本倾向。包含着以下几个要点，是构成儒家传统生态伦理的基本原则。

第一，天与人是有机联系的整体。天道是自然界的形上之道，是宇宙的本体，但天道是内在于人道而不是外在于人道的，天道最集中最充分地体现在人道上。《中庸》提出“天命之为性”，认为人性是天之命于人而为人所接受的东西，这就通过命而将天道与人性贯通为一。天道只有在人性中得到实现才有意义，没有人性则无所谓天命，天道也就失去了存在的理由。因此，努力去实现人性中内在固有的东西，也就实现了天道。

第二，由于人道内在地包含着天道，人道即天道，所以修人道也就是事天道。儒家以践履社会政治伦理中的人道为使命，而不以认识和实践天道为使命。正如荀子所言：“道者，非天之道也，非地之道也，人之所以道也，君子之所以道也。”（《荀子·儒效》）儒家所实践的就是行“内圣外王”之道，即以仁心行仁政，以此来治理天下。因此儒家的天人之学虽然没有把人和自然分割开来，但是长期以来不关心对自然天道的认识，这与道家恰恰形成鲜明的对照。

第三，儒家关于人能够遵循自然变化法则，并且能够引导自然变化的观点，在天人关系上是一种比较正确的看法。人兼具天地乾坤的刚健柔顺之道，既应该顺应自然规律，与天地的自然变化相一致，又应该积极进取，按照天地万物的属性来改造和利用自然，克服自然本身的缺陷和不足，以削弱自然的不利变化对人类和万物造成的消极影响，使之更好地为人类的生存和发展服务。

第四，儒家的“天人合一”，也是人的一种最高的生存境界，但与道家的人与自然本体合一不同，儒家是人与天的伦理本体的合一。儒家把人的事亲、事君、立身的仁义德性天道化、本体化；同时又强调它是人心固有的至善品性，道德本性既然人人都具有，因而“人皆可以为尧舜”。但人能否成为圣人，关键在于人能否通过主体的反身而诚的自觉，把内在的德性开发出来并加以实现。孟子说：“诚者，天之道也；思诚者，人之道也。”（《孟子·离娄上》）天道之诚不仅内在于人，而且只能由人的思诚这种自我修养来实现。人通过反求诸己而诚其心，也就实现了天德，达到了“天人合一”。当然，儒家的这种人生理想境界的实现，不是像道家那样以宇宙论为依据，而是以人性论为依据的。

以上我们主要分析了作为中国文化思想传统上的两大主干道、儒两家在“天人合一”思想上的渊源和思想倾向的不同，实际上，双方除了具有这些非常鲜明的对立特征外，也存在着非常明显的互补互渗的性质。由前述两家的主要思想倾向可以发现，中国的“天人合一”之学，主要是由道、儒两家的这些不同思想内容共同构成的，离开了任何一方，都不能完整体现中国生态传统中的“天人合一”思想。而且，在“天人合一”的内容上，双方都有相互吸收和改造的成分，如先秦的《庄子》和《吕氏春秋》就是以道家思想为主，大量吸收了儒家和其他流派思想的综合性巨著。而《易传》则是以《周易》和儒家思想为主，大量改造和吸收了道家天道思想的名作。后来儒家和道家的许多著作，其思想内容也都是既相互对立和相互排斥，又相互吸收和相互补充的。同时，道家和儒家的天人之学由于产生于农业文明的共同背景之下，它们的“天人合一”之学还存在着共同性，即都强调天人关系的一体性，强调人类来源于自然界又依赖自然界提供的各种资源为生，都主张维护人与自然关系的和谐，因而道家和儒家的“天人合一”的整体之学，都包含着人与自然关系的丰富的生态伦理传统。

此外，在东汉时期传入中土的印度佛教，经过道家玄学的接引而逐渐形成了中国化的佛教宗派，如三论宗、天台宗、华严宗、禅宗等。这些派别虽然不是从中国文化根源上直接生长出来的，而是中印文化碰撞融合的产物。但是这些具有中国文化传统突出特征的佛教宗派，也包含着非常深刻的生态伦理思想。在它们的发展过程中也日益融入了中国的生态伦理传统，对中国农业文明后期的天人关系也产生了重要的影响。

第三节　中国传统生态伦理观的现实意义

当代人类面临着一系列复杂的全球性困境：战争与和平、人口爆炸、资源短缺、生态破坏、环境污染、全球变暖、文化冲突等。这些问题可以分为两大类，即人类社会与自然界的关系问题和人类社会内部的问题。

人类要解决上述这些问题，就必须把握住人和自然的关系问题，重新恢复人与自然的和谐关系。因为这是最终造成人类困境的根本性问题。生态环境问题的确是制约人类生存发展的“天字第一号”问题。但是，人类要真正解决这两大类问题，进而解决所有全球性难题，就必须调动人类历史中存在着的一切宝贵的文化传统资源，而不能仅仅片面地依赖于创造当代人类的科学技术和物质成就的现代理性，对人类过去的文明成就和伟大传统持虚无主义的态度。在这个问题上，应该摒弃那种对人类社会的发展持简单化的线性进步的历史观。该观点认为，在时间上越是往后的人类历史，就比时间上越是在前的历史要好。现在比过去好，而未来比现在好。实际上人类历史是走着一种曲折的螺旋式发展的道路，甚至存在较长时期的历史大倒退。即使在社会进步的时代中，历史在某一些方面是进步了，但在另一些方面又存在着很大的退步。有的人类学家在对还处于采集狩猎时代的多比·昆人、因纽特人等的生活方式和生活质量进行研究时，发现他们过着一种食物资源比较丰富、劳动量较少、且有较多的社交和娱乐活动的生活。这种生活质量比后来的精耕农业的生活质量要好得多[1]。理安·艾勒斯则明确地表示，以克利特为标志的欧洲史前文明及其以女性为中心的伙伴关系社会，远比后来公认的以西方文明为代表的统治关系模式的社会要好。这种西方文明发展到目前，已经导致人性的彻底扭曲和对地球毁灭性的威胁。她说：“工业爆发性的过分扩张，把全体居民组织在装配线上，把人变成数字装入电脑，这是我们人类的一种进步吗？这些现代的发展，以及日益加剧的陆地、海洋和空气的污染，与其说是文化的进步，不如说是文化倒退的象征！”[2]以这样的观点来看整个人类文明，应该说，西方近代以来的工业文明在对

---

[1] 普洛格，贝茨．文化演进与人类行为[M]．吴爱明，邓勇，译．沈阳：辽宁人民出版社，1988：132-164.

[2] 艾斯勒．圣杯与剑——男女之间的战争[M].2版．程志民，译．北京：社会科学文献出版社，1995：218.

待人与自然的关系问题上，是农业文明的倒退，尤其是对作为农业文明典型的中国传统生态伦理的倒退。我们肯定中国的传统生态伦理要比西方征服自然和统治自然的传统在对待人与自然的关系上要更加合理，并不表示我们主张重新回到克里特文明的时代，也不意味着我们要求人类重新返回几千年前人与自然和谐相处的小国寡民时代。因为人类历史的发展具有不可逆性，人类从一个阶段发展到另一个阶段以后，新的发展前景就会出现许多偶然性因素和多种选择的机会，故不可能严格地返回到过去的阶段，过去阶段的社会生存条件已经不存在了。然而，这绝不等于人类在过去已经取得的文明成就和曾经存在过的伟大传统，在形成新的文明时不能发挥重要作用。事实上，古希腊罗马文化对于在中世纪末开创资本主义时代，就曾以文艺复兴的形式起过这种作用。没有理由断言，中国以“天人合一”为基调的传统生态伦理观不能在人类重建构新的人与自然和谐共生的绿色文明中发挥类似的重大作用。

当代人与自然的冲突和对抗关系以整个地球的生态环境退化的征兆表现出来，而这个问题实际上是人与自然、人与人、人与技术等一系列复杂问题和作用机制造成的。在总体的有机分析的框架内，我们可以把这个问题解剖为由高到低依次相联系的四大层面。最高的层面是哲学、宗教和道德的层面、它研究人所认识的自然究竟是什么，人在自然中的地位，人类应该以什么方式来对待自然界并决定自己的生活方式。这一层面主要是精神方面的问题。它看似与人类行为导致的自然后果没有直接关系，但它却真正是决定自然状况的最深层次和最根本的原因。因为人类对待自然行为产生的结果，根本上是由人的价值观、人对自然的欲求和态度所决定的。次高层面是人与自然整体的相互作用层面，即不同生态区域的人类社会各自开发和利用自然的行为，将导致一个怎么样的综合的地球生态后果。这是由人文社会科学和自然科学以复杂性研究方法，如自组织理论、系统科学、遥感科学、环境科学和人类生态学等学科，对人与自然的整体综合效应所进行的一种跨学科的研究，如由世界气象组织和国际科学联盟主持的世界气候研究计划（WCRP），由国际科学联合会理事会主持的地球生物圈研究计划（IGBP），由联合国教科文组织的全球环境变化的人文科学研究计划（IHDP），由国际生物科学联合会、环境问题科学委员会和联合国教科文组织联合主持的生物多样性研究计划（DIVERSITAS），等等。这些研究都是人类认识到全球生态危机之后才自觉进行的。这一层面影响到人类对自己行为方式及其生态后果的全球调节。对于遏止全球生态环境的恶化趋势，是非常重要的一环。第三个层面是不同国家和地区的社会制度。它是人们直接开发和利用资源的实际约束条件，它的政策导向和实际效能影响到一个国家和局部地区自然生态环境的性质和规模。所以，有人认为，社会关系和社会制度是解决环境问题的关键。最低的层面是人们开发和利用自然的生产技术方式。它对生态环境产生直接的作用，不同的技术方式对自然生态环境有着非常不同的现实的结果。通常，大多数人和技术专家最关心这一层面，他们认为，环境问题的最终解决是通过这一层面来完成的。因此，他们特别强调科学技术的发展对于解决环境问题的决定性作用。

环境问题的最终解决当然离不开落实到生产技术方式的层面，也离不开社会制度的层面，但是如果我们只注意到这两个靠下的层面，而忽视精神的层面和全球进行整体协调的层面，同样也不可能解决生态环境继续恶化的问题。因为利用自然资源的政策和对待环境的技术方式，是由人类的价值追求和对待自然的态度所决定的。近代工业技术就是在把自然看作无生命的机器、人类应该征服和操纵它来为自己的利益服务的观念下产生的。它的更早的根源就是西方宗教中关于人类优越于自然并有权利征服和统治自然的思想。近代以来大规模的毁灭自然的机械技术，正好是这种价值观念的实现。因此，不彻底纠正深藏于现代人精神世界中的这种观念，确立人的健康的生活目标，建立一种人与自然和谐共生、协同进化的新的价值观念，是不可能改变现代人利用目前的技术方式并避免其破坏自然的后果的。即使把技术的评估和对其后果的预测作为技术实施过程中的限制性条件，那也会由于对人类利益的偏向和对自然健康的忽视，而无法防止人类不当的利用技术而产生对自然的深远的、潜在的、众多的灾难性影响。而任何技术的实施，总是在特定国家的经济政治的约束下进行的。无论是多么好的经济政治制度，即使它有效地利用了适应其经济和生态环境的合理技术，它也只能适应其地区和国家，而不可能将其普遍地推行到自然生态和社会文化条件不同的地区和国家，以解决别人的环境问题。这就需要不同地区和国家之间在经济发展与生态实践上的全球合作，至少需要人类以一种整体的视野在地球生物圈的范围内进行跨学科研究和实践上的整体协调。因为环境问题是全球性问题，它固然离不开每一个地区和国家的努力，但它也绝不可能在任何一个地区和国家的范围内单独地得到解决。

中国传统生态伦理观对于人类向新的绿色文明转向的重要价值，首先在于其哲学、宗教和伦理的精神层面的合理思想。它认为，人是宇宙的产物，人与天地万物同源同根，人与天地万物为一体，强调了人的物理性、生物性。这正是今天生态哲学对人与自然关系所要揭示的内容。它认为大地是人类的母亲，万物是人类的朋友，人类应该尊重自然母亲，爱护作为人类伙伴的生命物种，这也与今天生态伦理学把地球当成所有生命的家园，视人类与所有生命为大家庭的成员，要求人类尊重地球、维护生命共同体秩序的环境伦理学的观点非常相似。它认为，人类作为大自然的产物，应该顺应自然的运行节律，按照万物的自然性质去辅助自然的发展，并且以仁爱和慈悲的态度去帮助万物，在促进万物实现自身潜力的参赞化育过程中，达到自我实现。这种关于人在自然界中的生存意义和对万物作用的态度，与今天深层生态学的环境保护目标和自我实现的追求也是非常一致的。正因为如此，中国道家顺应自然、辅助万物成长、采取无为的态度对待自然、选择简朴安宁的生活方式、追求自由脱俗的精神境界；中国儒家关怀与怜悯生命，具有民胞物与和万物一体的生命境界，成己成物的自我实现品格；中国佛教，尤其是禅宗，普度众生的慈悲心肠、戒杀救生的强烈责任感、无我无执、洒脱自在的生存方式等，正得到西方越来越多的有识之士的认同和赞赏。中国生态伦理传统中的这些合理因素虽然不能对生态环境的改变产生直接的作用，但它关系到人类如何对待自然的基本立场，因而从根本上规定着人类利用自然的方式和结果。在当代条件下，吸纳中华民族与其他民族传统中的这些思想，将给整个人类重建人与自然的和谐关系廓清价值导向上的精神迷误。在确立了一种健全的对待自然的价值观和态度之后，人们将不会以过去那种征服和控制的态度去对待自然，而会以尊重和爱护的方式去合理地利用自然，从而彻底改变利用技术的方式和自觉避免由对自然的冷漠所产生的伤害生态环境的后果。

在中国传统生态伦理观中，虽然没有直接主张把人类社会和自然界的相互作用作为一个整体的活系统来进行跨学科研究，并进行全球性调节，但是其朴素的自组织观和系统思维，却能够给予这种研究和调节以重要的启迪，甚至能给那些过分迷信人类的科学理性具有无限能力的人泼一桶冷水，使之清醒清醒。根据中国古人的看法，社会和自然都遵循一种自组织过程的规律，它服从阴阳循环、动态平衡的规律。而在系统内部，它也要遵守金、木、水、火、土五行相生相克、相互制约的规律。中国古人认为，人类利用自然的行为，不能打破阴阳的动态平衡，不能破坏自然系统内部多种功能结构的有机联系和整体秩序。用今天的话来说，就是人类利用自然来实现自己的生存发展的物质活动，即人类作为自然生态系统的一个组成部分，其干扰自然的“阳性”活动不能超过自然界内部由生物多样性所形成的自然系统本身的阴阳平衡。所以，人们提倡中庸的态度，反对过度的改变和利用自然。认为那样做会过极失当，导致物极必反的后果，会招致“天谴”，即受到自然界的报复。这种看法尽管还包含着对自然生态规律认识的模糊性和一定程度的神秘性，但仍是一种值得今天人们学习的高明智慧，其中包含着对生养我们的地球母亲应有的尊重、敬畏和谦逊。

在社会制度方面，以自然经济为支撑的中国几千年来的封建专制等级制度，对资源的社会分配极不公正，由此而经常出现以下现象：一方面，统治阶级奢侈腐化的物质生活引起严重的生态环境破坏；另一方面，广大农民因生活贫困和人口增加而过度开垦土地、破坏植被，造成水土流失、土壤沙化等环境灾难。这种制度本身也缺乏一种机制将传统的生态伦理思想作为国家开发自然的稳定的战略性原则，并将其长期地加以贯彻实施。这个制度是最不利于从社会关系方面维护自然生态的。不过，在漫长的几千年中，这个社会制度中采取的许多自然保护的具体措施，如制定森林保护、水资源保护、土地保护、动物保护等的相关法规，以及一些具体的管理经验，到今天也还包含着合理因素，具有一定的借鉴意义。

从生产的技术方式来看，中国传统的农业生产技术方式是在顺应自然，利用自然的天时、地利，同时发挥人力的基础上，长期积累和发展起来的，并与自给自足的经济形式和生活方式相适应，同时始终受到天人合一的价值观的约束，因而它基本上是与自然的生态环境相协调的。这种技术与自然的和谐性，充分体现在传统的生态农学及其丰富的生产实践中。但是，由于这种经验形态的技术方式没有发展为一种以科学理论为基础的形态，因而不能够做到在深刻地认识自然规律的前提下，既充分利用自然资源，满足人们正常的物质生活，又自觉地维护好自然生态环境。在人口急剧增长的时期，精耕细作的园圃农业也就蜕变为过度开垦、耗竭地力、具有掠夺性的粗放农业，不得不听任自然灾害来对人口进行调节，然后恢复到过去的生产习惯上去。尽管这种自然适应型的农业生产技术方式存在着非常大的局限性，远远不能满足人类在维护自然生态系统安全前提下来实现人类健康发展的要求，但是它的生态农业、自然农法等优秀传统，依然可以作为未来生产技术方式的一个组成部分加以完善和发扬光大。

总之，中国生态伦理传统对于人类创造新的文明形态的确具有无可置疑的重大影响，但组成这个传统的各个层面的因素的重要性各不相同。而且它需要在与其他民族对未来文明的探讨中进行交流、沟通，经由其他国家和民族的认同并内化为自己生态实践中的价值观、思维方式和行为方式的一部分，才能真正发挥这种传统资源的效用。不进行具体分析而只是简单地、笼统地加以肯定和否定，都是不明智的和错误的态度。

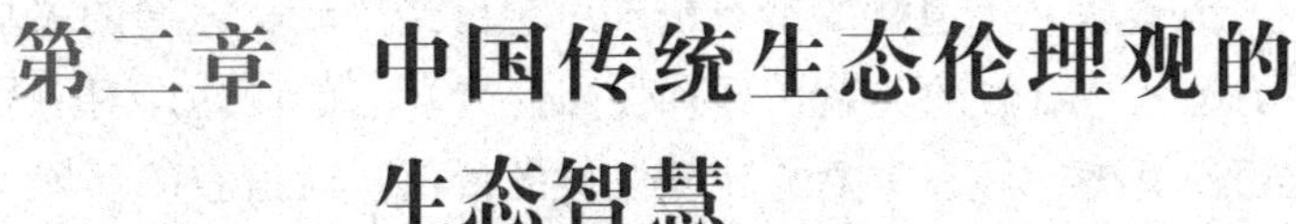

第二章　中国传统生态伦理观的生态智慧

中国传统的生态伦理思想孕育在古代文化之中。面对着困扰当今人类的两大难题——生态破坏与文明冲突，古老的中国哲学早已为此提供了富有启发性的智慧成果，或者说其中早已蕴含着解决这些矛盾和冲突的正确的思想原则。

第一节 “道法自然”——道家的生态伦理观

道教教义中包含的生态伦理思想已经受到了普遍的关注，人们认为道教关心的是人与自然的关系，具有强烈热爱自然的倾向，对一切生命都给予热情的歌颂和赞美，具有重要的环境保护的价值。就道教的环境保护观而言，它包含的珍视生灵、关爱自然的思想都是以人为本，追求个体生命的永恒性，因此它注定要闪烁着人本主义的光辉。

一、尊“道”贵“德”的价值取向

道家古老朴素的生态伦理思想属于一种深层生态学，而不是一种浅层的环境论。它建立在中国传统的“天人合一”的整体之学的基础之上。道家的创始人老子提出道的范畴以统驭天（地）之道和人之道。它被道家后学开发出一个非常复杂的道论体系。道家认为，道是宇宙的根本法则和万物存在的根据，道最根本的属性就是自然无为，人类要尊道贵德，依循万物的自然无为本性去爱护和利用自然界中的所有事物。

老子认为，道是自本自根、先于天地万物的永恒变化的本体，是不可道、不可名的终极实在。老子云：“有物混成，先天地生。寂兮寥兮，独立而不改，周行而不殆，可以为天地母。吾不知其名，强字之曰道，强为之名曰大。”（《老子》第二十五章）这个道幽隐难识，不属于具体的事物，不能从感官去知觉它。“视之不见，名曰夷；听之不闻，名曰希；搏之不得，名曰微。此三者不可致诘，故混而为一。”（《老子》第十四章）但道的本体通过其功能的发挥却可以用心灵去体悟。所有现象界中的具体事物都是道的显现，天地间的一切变化都为道所推动，而道本身是超越时空的没有生灭的永恒实体。这正如庄子所言：“夫道，有情有信，无为无形；可传而不可受，可得而不可见；自本自根，未有天地，自古以固存；神鬼神帝，生天生地；在太极之先而不为高，在六极之下而不为深，先天地生而不为久，长于上古而不为老。”（《庄子·大宗师》）道作为永恒的终极实在，是自本自根，只能以自身的原因为根据的。同时，它是自古以来就存在的，它先于天地万物存在，并产生天地万物，是天地万物的总根源。

道不仅是天地万物创生的始源，而且生养万物，运化万物，推动并参与万物的流行变化。老子说：“道生一，一生二，二生三，三生万物。万物负阴而抱阳，冲气以为和。”（《老子》第四十二章）这是讲的宇宙生成论。一、二、三，即道创生宇宙的历程。《庄子·天地》阐发了这一宇宙创生论的思想：“泰初有无，无有无名。一之所起，有一而未形。物得以生，谓之德；未形者有分，且然无间，谓之命；留动而生物，物成生理，谓之形；形体保神，各有仪则，谓之性。”陈鼓应先生对这一段话做过一个简明确当的解释：“宇宙的始原是‘无’，没有‘有’也没有名称（‘道’的活动），呈现混一的状态还没有成形体。万物得到‘道’而生成，便是‘德’；没有形成形体时却有阴阳之分，犹且流行无间，称之为‘命’；（元气）运动稍事滞留便产生了物，万物生成具有个别样态，就称为‘形’；形体保有精神，各有法则，便称为‘性’。”这一过程可以理解为，作为一种具有创造作用的潜在能力的道，它在其变化过程中产生出混沌的元气，这种元气在其自身动力的推动下又孕育并产生了阴阳，如《吕氏春秋·大乐》说：“万物所出，造于太一，化于阴阳。”有了阴阳，才形成了天地。“天地有始。天微以成，地塞以形。天地合和，生之大经也。以寒暑日月昼夜知之，以殊形殊能异宜说之。夫物合而成，离而生。”（《吕氏春秋·有始》）这就是说，天地是由轻微之气上升而形成，地是由重浊之气下沉凝聚而产生。天地交合，是万物产生的根本前提。万物的不同形体和不同性质，都可以用天地交合与分离的作用原理来解释。道家的这种宇宙创生的过程哲学，就是典型的东方有机论的生成论哲学。

道作为永恒的终极实在，作为产生万物的根源和运作万物的存在，具有普遍性和整体性。道的普遍性是指虽然万物在形态和性质上千差万别，但它们具有由道决定的共同本质和遵循的共同法则，此即庄子所说的“万物皆一”“道通为一”。《庄子·德充符》说：“自其异者视之，肝胆楚越也；自其同者视之，万物皆一也。”《庄子·齐物论》亦说：“物固有所然，物固有所可。无物不然，无物不可。故为是举莛与楹，厉与西施，恢诡谲怪，道通为一。其分也，成也；其成也，毁也。凡物无成与毁，复通为一。”从道的观点来看，万物的差别、它们的生成和毁灭都是表现出来的假象，它们的任何变化都由相同的道支配，因而在本质上是相同的。道的整体性则指，万物都是由道的共同根源所产生，其变化也是道的变化过程的一个部分，只有道才是流变过程的整体。前述老子和庄子的宇宙生成论的观点，实际上也就是肯定万物由同一个道的根源所生出，因此它们是道的创生过程的一个部分和阶段。《淮南子·俶真训》则强调了这种整体性和统一性："夫道有经纪条贯，得一之道，连千枝万叶。"作为万物根源的道，它产生事物有如其树木的根本脉络，由其根本按照生长的复杂机理，联系着千差万别的一切事物。天所覆盖的，地所承载的，六合所包容的，阴阳所吐纳的，雨露所滋润的，道德所扶持的，都产生于一个天地父母之内，一起有机地联系在一个和谐的统一体中。因此，槐树和榆树、橘树和柚树，是同类异种的兄弟；有苗族和三危族，是同一个和睦的大家庭中的成员。["夫天之所覆，地之所载，六合所包，阴阳所呴，雨露所濡，道德所扶，此皆生一父母而阅一和也。是故槐榆与橘柚，合而为兄弟；有苗与三危，通为一家。"(《淮南子·俶真训》)] 因此，是道的普遍性与整体性使天地万物成为一个相互联系的有机整体。"夫天地运而相通，万物总而为一。"(《淮南子·精神训》) 能够通晓道的这种普遍性和整体性，就能把握万物的有机联系和共同本质。

如果说，道是天地万物的总根源、内在动力和运行法则，"德"则是天地万物产生之后内在于所有具体事物中的道。德即得道，"物得以生，谓之德"(《庄子·天地》)。德是道在创生万物的活动中赋予事物的存在根据，是道的作用和显现。"天得一以清；地得一以宁；神得一以灵；谷得一以盈；万物得一以生；侯王得一以为天下正。"(《老子》第三十九章）老子讲"道生之，德畜之"(《老子》第五十一章），是指道产生万物之后，就居于万物的内部而成为它们的存在根据和本性。故庄子说："且道者，万物之所由也，庶物失之者死，得之者生。"(《庄子·渔父》) 由此看来，道与德的关系，也是一种体与用的关系，整体与部分的关系。道是本体，它通过德将在事物中的功用体现出来；道又是整体，它在创生天地万物时流布和分殊于具体事物中的东西就是德，因而德是它的组成部分。德以道的整体性为存在根据，并通过自身的部分性以体现道的整体性。

由道家的这种道、德关系论，产生了一种独特的"物无贵贱"的价值论。这种价值论认为，道是宇宙中一切事物普遍的最终的价值源泉，天地万物都是由道自然运作、无为自化的产物。事物一经产生，说明它已经得道，道即成为它自身之本质属性，就有了自己存在的根据。据此，我们可以把德作为体现于具体事物中之道，看作是事物自身的内在价值。宇宙中的任何事物都具有自己独立的、不可替代的内在价值，它们都在按照道的运行法则去实现其内在价值。

因此，从万物自身所依据的价值本源的绝对意义上看，任何事物的价值都是平等的，而没有大小贵贱之别。从万物之间各自的性质、形态、功能的有无的相对意义上看，其差别也是相对的。这些差异不能说明事物贵贱或大小，也不能成为否定一物独特价值的理由。以道观之，物无贵贱；“以物观之，自贵而相贱；以俗观之，贵贱不在己。以差观之，因其所大而大之，则万物莫不大；因其所小而小之，则万物莫不小。知天地之为稊米也，知毫末之为丘山也，则差数睹矣。以功观之，因其所有而有之，则万物莫不有；因其所无而无之，则万物莫不无。知东西之相反而不可以相无，则功分定矣。”（《庄子·秋水》）这个观点可以合理地诠释为符合当代生态伦理学的看法：道的整体价值体现于它所产生的万物自身的内在价值之中，万物按照道的法则和自身性质去实现自己的价值，同时就实现了道的整体价值。因为万物的形态、结构和功能的不同，正是实现道的整体价值所需要的，万物的这些不同特点和独特的内在价值是道的整体价值实现的工具价值。这里，如果我们把道当作生态系统和生态过程的整体，而把万物当成各种生命物种和生命个体，那么我们就可以把上述观点转换成非人类中心主义的生态伦理学的观点：生态系统的整体价值是由众多不同的动物、植物、微生物等生命物种在生态演化的过程中实现的。这些物种在实现自己的内在价值的过程中所发挥的作用，对于生态系统整体价值的实现发挥着必需的多种功能，如生产者、消费者和分解者的功能。因而由众多的生命物种构成的复杂联系的生态网络，是生态系统整体价值存在的前提，各种生命物种的内在价值就成了实现生态系统整体价值的工具价值。它们的价值对于整体价值来说，是没有大小高低之分的。

从生命主体的生存环境和满足生存需要的对象来看，不同的生命主体也是具有不同的生存环境和满足生存需要的不同对象的，其主体的感受也是相对的。“民湿寝则腰疾偏死，鳅然乎哉？木处则惴慄恂惧，猨猴然乎哉？三者孰知正处？民食刍豢，麋鹿食荐，蝍蛆甘带，鸱鸦耆鼠，四者孰知正味？猨猵狙以为雌，麋与鹿交，鳅与鱼游。”（《庄子·齐物论》）这说明不同的生命主体对于客体有不同的需要，不同的环境和对象对于满足不同生命的生存需要只能是相对的。人睡在潮湿之处就会得腰病甚至半身不遂，但泥鳅却悠然自得；人住在高高的树上会心惊胆战、惶恐不安，但猿猴不会有这样的感受。人、泥鳅和猿猴这三种动物，各有其适合自己的居住之处。人食牲畜的肉，麋鹿食草芥，蜈蚣喜欢吃小蛇，猫头鹰和乌鸦则以老鼠为美食。人、麋鹿、蜈蚣、猫头鹰和乌鸦这四类动物究竟谁才懂得真正的美味？猿以猴类为配偶，麋则与鹿交配，泥鳅则与鱼交尾。“鱼处水而生，人处水而死，彼必相与异，其好恶故异也。”（《庄子·至乐》）不同生命主体的特性不同，其好恶必定存在差异。用今天环境伦理学的语言来说，就是同一环境，对于不同的生命主体而言，具有不同的正负面的工具价值效应。这显然也是把人与动物的生存价值放在平等的地位看待，而没有采取儒家贵人贱物的态度来评价环境对于不同生命主体的工具价值。

同时，道家的德也是一种按照道的自然本性对待他人和万物的至上品行：这里既包含人类道德，也包含生态道德。道家的这种道德观是从自然推及人类，“推天道而明人事”，而儒家则是从人伦扩展到自然界。道家的这种自然主义的道德观与儒家继承的周代礼制的政治伦理的人际道德是根本不同的。

老子讲：“孔德之容，惟道是从”（《老子》第二十一章），把遵从道的本性当成人的最高道德。它表现为对人与万物非有意的慈善。养育万物而不据为己有，做成事情而不自恃其能，统率着万物而不自以为主。这种潜在深厚的崇高品德难以为人所察觉，它就像水一样。“上善若水。水善利万物而不争，处众人之所恶，故几于道。”（《老子》第八章）“上德若谷”（《老子》第四十一章），最高的道德具有包容万物的胸襟，并且常常善于救人济物。“是以圣人常善救人，故无弃人；常善救物，故无弃物。”（《老子》第二十七章）但具有这种至上道德的人，是效法道的本性，而具有守柔、真朴，对万物利而不害，尽人的天职而不竞争等性格。“知其雄，守其雌，为天下溪。为天下溪，常德不离，复归于婴儿。知其白，守其黑，为天下式。为天下式，常德不忒，复归于无极。知其荣，守其辱，为天下谷。为天下谷，常德乃足，复归于朴。”（《老子》第二十八章）就是说，懂得刚强，保持柔和，就会成为天下所归之处。成为天下所归之处，天赋的本性便不会离开，还能复归到婴儿的纯朴状态。懂得明察，保持着糊涂，会成为天下效法的准则。成为天下效法的准则，天赋的本性就不会失去，就会回到原始的无穷状态。懂得尊荣，保持着卑下，便会成为天下的归属。成为天下的归属，天赋的本性才会完满，才会回到原始的混沌状态。这种天赋本性是自然表现出来的，而非人的刻意追求的结果。因此，老子说：“上德不德，是以有德；下德不失德，是以无德。上德无为而无以为；下德无为而有以为。”（《老子》第三十八章）最有道德的，是不自以为有德，不有意地去追求有德，如道生养万物，并不以德自恃，因此才真正具有德；下德力求施德于民，使人歌功颂德，爱戴自己，生怕失去道德，实际上没有真正的德。上德不是出于有意的施为因而是自然而然的。根据这种观点，德的状态与人类历史的延续时间是成反比的。至德之世是人类刚产生时，人还处于无知无欲、与万物同处、物我不分的混沌状态，这是道家所希望返回的理想的社会，而后每况愈下。“故失道而后德，失德而后仁，失仁而后义，失义而后礼。”(《老子》第三十八章）河上公注：“道衰而德化生，德衰而仁爱见，仁衰而分义明，义衰而施礼聘行玉帛。”《淮南子·俶真训》对德的这种退化进行了如下的具体描绘：“至德之世，甘瞑于溷澖之域，而徙倚于汗漫之宇。提挈天地而委万物，以鸿濛为景柱，而浮扬乎无畛崖之际。是故圣人呼吸阴阳之气，而群生莫不喁喁然仰其德以和顺。当此之时，莫之领理决离，隐密而自成。浑浑苍苍，纯朴未散，旁薄为一，而万物大优。是故虽有羿之知而无所用之。及世之衰也，至伏羲氏，其道昧昧芒芒然，吟德怀和，被施颇烈，而知乃始昧昧晽晽，皆欲离其童蒙之心，而觉视于天地之间，是故其德烦而不能一。乃至神农、黄帝，剖判大宗，窍领天地，袭九窾，重九熱，提挈阴阳，嫥捖刚柔，枝解叶贯，万物百族，使各有经纪条贯。于此万民睢睢盱盱然，莫不竦身而载听视。是故治而不能和下。栖迟至于昆吾、夏后之世，嗜欲连于物，聪明诱于外，而性命失其得。施及周室之衰，浇淳散朴，杂道以伪，俭德以行，而巧故萌生。”

至德之世，相当于大道精纯的时代，人们恬睡于混沌的境界之中，自由地在茫茫天际漫游，万物和所有的生命平和柔顺，没有人治理，也没有人离去。人和自然界混而为一，纯朴不分，万物处于最好的状态，人们的生活资料丰赡富足。即使有后羿那样的智巧，也无处去使用。伏羲氏时代，相当于“失道而后德”的时代，人们依然纯朴宽厚，但智巧已经萌生，人们或明或暗，似懂非懂地在追求，都想离开过去的质朴本性，已经觉察到了天地间的某些道理，因此人们的德就不如人类刚产生时那样完全自然。神农和黄帝的时代，相当于“失德而后仁”的时代，人们开始分离事物的根本，贯通天地的法则，引导阴阳，调和刚柔，意欲理清万物联系的脉络，人们的视听感官就能集中了，天下虽然得到治理，但已经不能达到和谐一体了。到昆吾、夏后氏的时代，相当于“失仁而后义”的时代，人们对外物嗜欲无度，聪明被引诱到外物上，性命也就丧失了根本。到了周代，也就是“失义而后礼”的时代，人们纯朴的本性丧失殆尽，完全离开了道而从事于虚伪的勾当，推行危及生命的“德行”，因此，机巧和诈骗迅速产生。

面对这种人类道德退化的趋势，道家倡导人们努力返回到人类与自然万物和谐相处的至德之世。“当是时也，阴阳和静，鬼神不扰，四时得节，万物不伤，群生不夭，人虽有知，无所用之，此之谓至一。当是时也，莫之为而常自然。”(《庄子·缮性》）即使不能返回到这种社会，也要使人的性情返回到这种至德社会的纯朴状态。远古社会之所以能够做到人与自然和社会的和谐，就在于人们的德性纯朴完满，对人和万物采取莫之为而安于自然的态度。这种态度又是取法于道的自然无为本性的。所以自然无为是由道论所推演出来的道家生态伦理观的基本立场。

二、“自然”“无为”的处事态度

道家的自然无为思想是一个比较复杂的重要思想。《老子》第二十五章提出：“人法地，地法天，天法道，道法自然。”道作为一种终极实在，作为产生万物的始源，当然没有任何外部的原因作为自己变化发展的根据，而只是听任自身的变化。因此，这里的“自然”，是自己如此、本来如此的意思。它不是客观存在的自然界或自然界中的具体事物，而是道以自身原因为依据，不受丝毫的外力干预而本然如此的固有状态。自然是道的本性，天地法之，天地因而自然，万物法之，万物亦即自然。天地万物因其自然之本性而生成、运行和显现，“天不得不高，地不得不广，日月不得不行，万物不得不昌，此其道与！”（《庄子·知北游》）因此，人类作为道的自然运化，顺天地万物之序而产生的生命物种，不仅应效法道本身，也应效法天地之道，对一切事情都采取顺应自然的态度，依循天地万物的本然状态和可能趋向，让其自然而然地去发展，而不加以干预。故老子说：“道之尊，德之贵，夫莫之命而常自然。”（《老子》第五十一章）就是说，没有道生物化，德依道蓄物，就不会有万物的形成。但道与德之所为并不是听从谁的号令而是本于自然，因而它们受到尊重和推崇。

如果说“自然”是指道与天地万物依自己本性而自由发展的过程和状态，那么“无为”则是指人类按照天地万物的自然本性所采取的适应行为，是道法自然的行为方式。它与反自然的“有为”是根本对立的。老子说：“道常无为而无不为”（《老子》第三十七章），是指道生养和辅助万物而不刻意地进行干预，才能使万物自生自成，自由地彰显自己，取得无不为的结果。所以圣人“以辅万物之自然而不敢为”（《老子》第六十四章）。老子的无为，并不是国内外一些学者所认为的那样，是消极地不行动或者什么事也不做，而是不妄为，即不采取违反自然的行动。老子主张人们要以无为的态度去为，要“为而弗志”（《老子》第二章），“为而不争”（《老子》第八十一章）。如果说天地万物的存在是纯任自然而完全不假人为的话，那么圣人效法天地之道的自然无为，以无为的态度和方式去为，这就叫“为无为”。因为“道常无为而无不为”，所以人就应该“知不敢、弗为而已，则无不治矣”（《老子》第三章）。

关于无为的理解，著名的中国科技史专家李约瑟先生的看法是准确且深刻的。他指出：“就早期原始科学的道家哲学而言，‘无为’的意思就是‘不做违反自然的活动’，亦即不固执地要违反事物的本性，不强使物质材料完成它们所不适合的功能；在人事方面，当有识之士已能看到必归于失败时，以及用更巧妙的说服方法或简单的听从自然倒会得到所期望的结果时，就不去勉强从事。”[1]这就是说，无为与为是正相对立的：“为”就是不顾事物的内在本性和实际条件，为了个人的私利而以自己的权威对事物加以强制的、反自然的行为；而作为“为”的对立面的“无为”，则是依循事物的内在本性，根据客观的实际条件而采取适宜的行动。这种看法符合老子自然无为的本意。

老子的自然无为思想在庄子那里得到了进一步的阐发。庄子也认为，道具有自然无为的本性，人应效仿道的这一本性，顺应自然，践履无为。他通常以天来表示自然，以人来表示人为。庄子崇尚自然，反对人为，明确地把自然与人为对立起来。《庄子·在宥》里说：“有天道，有人道。无为而尊者，天道也；有为而累者，人道也。”这里的天道，即自然之道；人道，即人为或有为之道。庄子以人类对待牛马的不同态度，阐明了自然与人为的鲜明区别。“河伯曰：‘何谓天？何谓人？’北海若曰：‘牛马四足，是谓天；落马首，穿牛鼻，是谓人。”（《庄子·秋水》）这即是说，出于万物之天然本性而非关人事的就叫作自然；出于人意之所为的则叫作人为。由于天是内在于万物的本性，人为是外在地强加于事物的东西，真正的德行就是顺应自然，“天在内，人在外，德在乎天”（《庄子·秋水》），因而人们不应为了追逐虚名而“以人灭天”“以故灭命”，而应“知天人之行，本乎天，位乎得”（《庄子·秋水》），恪守自然之本性而不灭失，以求返本归真。庄子主张，“不以心捐道，不以人助天”（《庄子·大宗师》）。即人不能以自己的主观意识去背道而行，不能用人的有意行为去改变万物的天然状态，而应该一切因任自然。

那么，应该怎样对待自然事物才算得上是无为呢？庄子以“鲁侯养鸟”的故事为例，提出了两种对待自然物的态度。“昔者海鸟止于鲁郊，鲁侯御而觞之于庙，奏《九韶》以为乐，具太牢以为膳。鸟乃眩视忧悲，不敢食一脔，不敢饮一杯，三日而死。此以己养养鸟也，非以鸟养养鸟也。夫以鸟养养鸟者，宜栖之深林，游之坛陆，浮之江湖，食之鳅鲦，随行列而止，委虵而处。彼唯人

---

[1] 李约瑟．中国科学技术史：第二卷　科技思想史[M].何兆武，李天生，胡国强，等，译．北京：科学出版社，1990：76.

言之恶闻，奚以夫譊譊为乎！”（《庄子·至乐》）第一种养鸟方式是“以己养养鸟”，即按照鲁侯的生活方式去养鸟，尽管给鸟奏好听的《九韶》之乐，供给祭祀享用的美味，由于他违背了鸟的天性和生活方式，其结果是使鸟三日而死。第二种是“以鸟养养鸟”的方式，即按照鸟的自然本性及其生活习性去养鸟。让鸟栖息于深山老林，游戏于水中沙洲，浮游于江河湖泽，啄食泥鳅和鲦鱼，随着鸟群的队伍而止息，从容自得地生活，其结果必然符合鸟的天性。庄子反对第一种对待自然万物的方式，因为它是人类违背万物天性的人为，即使是出于人的好意，也会给万物的生存带来毁灭性的灾害。第二种方式则是符合万物天性的合理方式，是道家主张的“无为为之之谓天”，它顺应万物生存的自然之道去对待万物，有利于万物的自然生存和自由发展，也有利于满足人类对自然资源的需要。“无为也，则用天下而有余；有为也，则为天下用而不足。”（《庄子·天道》）

道家之所以主张以自然无为的态度去对待天地间的所有自然之物，是因为万物在天然状态下本来就圆满自足，各有其常态和天然本性。如果人类强行有为，按照自己的意志去改变万物的自然状态，就会给万物造成损伤和破坏。如树木，弯曲的不依赖曲尺，笔直的不依赖墨线，正圆的不依赖圆规，端方的不依赖角尺，它们的形状和性质天生如此，不需要人为的加工。“且夫待钩绳规矩而正者，是削其性者也。”（《庄子·骈拇》）对鸟而言，腿的长短对于各自的种类都是很正常的，长的不算是有余，短的也不算是不足。野鸭的腿虽然很短，但如加长一截就会使之悲哀；鹤的脚杆虽然很长，但如截去一段，就会使之痛苦。就马来讲：“马，蹄可以践霜雪，毛可以御风寒，龁草饮水，翘足而陆，此马之真性也。”（《庄子·马蹄》）但是，治马者伯乐并不尊重马的天性，他用烧红的铁器灼炙马毛，用剪刀修理马鬃，削去马的蹄甲，烙制马印记，给马系上络头和绊绳，用马槽和马栈来安顿它们。如此，马便死去了十之二三。再加上，马饿了不给吃，渴了不给喝，强制它们急骤奔驰，迫使它们行动划一，步伐整齐，前有马口衔木和马络装饰的限制，后有皮鞭和竹条的威吓，如此，马就死之过半了。伯乐这种人为性的治马，完全违背了马的天性。以至于后来当人们把车衡、颈轭加在马的身上，把辔头戴在马的头上的时候，马竟然会怒目侧视，僵着脖子抗拒轭木，暴戾不驯，或者诡谲地吐出嘴里的勒口，或者偷偷地脱出头上的马辔。因此，马的智巧竟然能够做出与人对抗的态度，完全是伯乐的罪过。可见，庄子鲜明地表达了自己尊重生命的立场，反对人类出于自己的需要而戕害生物的本性，要求人类尊重生物的自然生活习性。这种对天地间的万物采取因任自然、无为为之和反对“以人灭天”的态度，对于维护自然生态系统的稳定和有序，是一种非常深刻的智慧。即使在今天，依然具有十分重要的现实意义。当然，庄子的上述自然无为的不干涉主义是与他反对人类利用技术和心智掠夺性地开发自然界的思想紧密联系在一起的。

针对春秋战国时期统治者违背自然之道，利用知识和技术强行有为，滥捕滥伐，以求满足过分的物质欲望，最终造成自然秩序大破坏的混乱局面，庄子愤慨地谴责道：“上诚好知而无道，则天下大乱矣！何以知其然邪？夫弓、弩、毕、弋、机变之知多，则鸟乱于上矣；钩饵、罔罟、罾笱之知多，则鱼乱于水矣；削格、罗落、罝罘之知多，则兽乱于泽矣……故上悖日月之明，下烁山川之精，中堕四时之施；惴耎之虫，肖翘之物，莫不失其性。甚矣，夫好知之乱天下也！”（《庄子·胠箧》）庄子的这一段激愤之辞，可以说是强烈地反对把知识和技术用于违背自然之道的观点。用今天的话来讲，就是反对无节制地发展科学技术，反对科学技术对自然界和人类的损害，反对科学技术的非自然化和非人性化。但是，老庄特别强调人与天地万物的自然本性同一，而忽视人与自然的区别，倡导完全顺适自然，要人们完全放弃知识和技术，主张“绝圣弃智”、毁绝技巧，容易影响人们在利用自然事物时积极地发挥人的能动性，因而被荀子批评为“蔽于天而不知人”（《荀子·解蔽》）。在此，老庄顺应自然可招致的异议是：牛鼻可穿，马首可络，乃牛马之天性，故络马首，穿牛鼻，实为顺牛马之自然的无为之行。如若不然，则所有利用天地万物的人类行为皆为“以人灭天”的行为，而人类不利用天地万物，则根本就不能生存下去。

鉴于老子和庄子自然无为思想中存在的消极的一面，成书于战国晚期的《吕氏春秋》和汉初的《淮南子》，对老庄的自然无为思想做了较大的改造和阐发。《吕氏春秋》提出“法天地”和“因性任物”的思想。所谓法天地，就是要行天之道，顺地之理。若此，则天地人，“三者咸当，无为而行”（《吕氏春秋·序意》）。而“无为之道曰胜天”（《吕氏春秋·先己》），“胜”在此作“任”解，就是要按照事物的本性和客观规律去做。在《吕氏春秋·执一》中，法天地的思想被发挥为“因性任物”。“变化应来而皆有章，因性任物而莫不宜当。”就是说，万物变化的复杂过程都是有规律可循的，依据其本性来使用万物，就没有什么不适宜和不恰当的。“性者，万物之本也。不可长，不可短，因其固然而然之，此天地之数也。”（《吕氏春秋·贵当》）所以，凭借和利用外物，顺应事物变化的客观情势，应是道家自然无为的一个重要方面。《吕氏春秋·贵因》篇特别强调了“因”的重要作用：“三代所宝莫如因，因则无敌。禹通三江五湖，决伊阙，沟回陆，注之东海，因水之力也……如秦者立而至，有车也；适越者坐而至，有舟也。秦、越，远涂也。竫立安坐而至者，因其械也。”这里鲜明地体现了在顺应万物情势和尊重客观规律的前提下，发挥人的积极能动性的宝贵思想。这种“因而无为”的观点是对老庄自然无为思想的深化和发展。

汉初道家的重要著作《淮南子》，则进一步发展了自然无为的思想。《原道训》说：“是故天下之事，不可为也，因其自然而推之。”故要“修道理之数，因天地之自然”。浮萍在水里生，树木在土里长，鸟在空中飞，兽在地上跑，这是天地生成的自然物的本性。所以人类也应该按照自己所处之地的自然环境，因天地之自然来利用万物。“陆处宜马牛，舟行宜多水。匈奴出秽裘，于、越生葛絺。各生所急，以备燥湿。各因所处，以御寒暑。并得其宜，物便其所。由此观之，万物固以自然，圣人又何事焉。”《淮南子·泰族训》也指出：“夫物有以自然，而后人事有治也。故良匠不能斫金，巧冶不能铄木。金之势不可，斫而木之性不可铄也。埏埴而为器，窬木而为舟，铄铁而为刃，铸金而为钟，因其可也。驾马服牛，令鸡司夜，令狗守门，因其然也。”如果人们不根据水向东流的自然性质来治理河流，那么大禹的治水功绩就不会建立起来；同理，禾苗春天生长，人们如不根据其特性来耕耘，则后稷的智慧也不能使五谷丰登。《淮南子·修务训》进而提出了无为的新界说：“若吾所谓无为者，私志不得入公道，嗜欲不得枉正术，循理而举事，因资而立，权自然之势，而曲故不得容者，事成而身弗伐，功立而名弗有，非谓其感而不应，功而不动者。”无为的实质就是遵照事理与环境条件行事。排除个人的主观随意性和控制个人不正当的欲望，都是循理的要求，而事情做成不夸耀自大则是功成身退的正确态度。可见，《淮南子》已经循着《吕氏春秋》的理路，在继承老庄顺应自然思想的同时，又对其包含有消极因素的纯任自然的无为思想进行了深刻的改造，赋予了无为概念以新的内容。这对于人们今天按照自然生态规律来利用和保护自然环境，依然具有重要的实践意义。它既有利于人们反对仅仅为了人类的一己之需，而违背生态过程的自然本性以及随意暴殄天物的错误行为，又有助于人们克服消极地纯任自然的片面性，正确地发挥人的能动性，从而按照生物圈的稳态要求，去积极地恢复和重建地球生态系统的动态平衡。

三、“知和”“知常”：顺应天道自然秩序

道家认为，道的永恒本体的自然运作，生成天地万物的宇宙秩序和人间万象。天地万物（即自然界）是一个和谐完美的有机系统，就像由同一父母所产

生的一个和谐的家庭一样。天地万物的这种和谐秩序是由道生养、和合、协调、制约万物的伟大功能所造成的。不仅万物自身都是由阴阳之气中和而生。“万物负阴而抱阳，冲气以为和”（《老子》第四十二章）。它们也需要在这种阴阳的动态平衡中维持自身的和谐稳定性，才能保持自己的本质规定。同时，天地万物之间整体的和谐秩序，也是由道的循环往复运动所致。老子认为，道的运动就是循环往复的演化过程。“反者道之动。”（《老子》第四十章）“周行”“复命”，即循环往复的演化。“大曰逝，逝曰远，远曰反。”（《老子》第二十五章）“大”“逝”“远”“反”是循环演化的基本历程和主要状态。“大”是指无处不逝去，“逝”是指无远不到，“远”是指返回源头。庄子则明确地把阴阳解释为两种最根本的自然之气，认为人和万物都由阴阳之气和合而生。“天地者，形之大者也，阴阳者，气之大者也。”（《庄子·则阳》）“至阴肃肃，至阳赫赫。肃肃出乎天，赫赫发乎地。两者交通成和而物生焉”（《庄子·田子方》）。在庄子看来，阴阳两种力量的运动，就是气之聚散和由此决定的人及万物的生死循环过程。《庄子·大宗师》说：“彼方且与造物者为人，而游乎天地之一气……反覆终始，不知端倪”。《庄子·知北游》讲：“人之生，气之聚也；聚则为生，散则为死。”《庄子·田子方》云：“生有所乎萌，死有所乎归，始终相反乎无端，而莫知乎其所穷。”这些都是以气化论来解释人和万物的生死循环。显然，自然界的循环演化过程包含着阳至而阴、阴至而阳的周期性节律。同时，阴阳又是宇宙演化过程生生不息的内在枢机，由于二者的作用推动着自然循环往复、不可穷极的永恒运作。天地万物之间的整体和谐关系是由道的阴阳循环的“复命”运动产生和维系的。万物以及包含人类在内的所有生命，也必须在这种周期性的动态平衡的节奏中才能维系其生存。显然，老子和庄子以自己的直观经验和直觉思维已经知悉，循环演化是自然系统的和谐之本和秩序之源。

现代非平衡态热力学的研究表明，一切活的开放系统都是耗散结构，而所有耗散结构的系统逻辑总是表现为循环组织。如若循环组织的功能出现阻滞，则会导致系统的失稳甚至瓦解。地球生物圈就是这样一个最为典型的活的开放系统。它的存在依赖于构成生命有机体主要物质的碳、氧、氮等元素组成的地球化学循环、水和大气的循环以及由各种生物的食物网关系构成的能量循环。正是这些成百上千的复杂循环过程产生了包括人类在内的整个地球生态系统动态平衡和逐步进化的机制。也正是有赖于这些循环，才形成了物质和能量转换过程中的收支平衡、各种化学元素在地球生态系统中协调比例的长期维持、物质和能量在生态系统各个环节上移动速率的相对均衡以及生态系统抵抗一定阈值的外界干扰、恢复相对稳衡的自我调节功能。老子以其深刻敏锐的直觉洞悉到自然界的各种物质循环及其形成的天地万物间和谐秩序的重要，因而提出“知和曰常，知常曰明”（《老子》第五十五章）。“复命曰常，知常曰明。不知常，妄作凶。”（《老子》第十六章）老子劝诫人们，天地万物之间的和谐是自然界本身的常态，它是由道或阴阳的循环运动所形成的。人类取法天地自然之道，也应该顺应这种循环的法则，维护自然界的这种和谐秩序。懂得这个道理就是明智；不懂得这个道理，轻举妄动，采取违背自然循环的行为，就会破坏自然界的和谐而给自己带来灾祸。《庄子·天道》也指出：“夫明白于天地之德者，此之谓大本大宗，与天和者也。”明白天地自然无为的本性，就把握了宇宙的根本和宗原，而成为与自然和谐的人。相反，如果像《庄子·在宥》谴责的黄帝和云将那样，违背自然无为的原则，用人为的力量去改变自然界周期运行的循环规律，势必会扰乱自然界固有的和谐，产生人为诱发的“云气不待族而雨，草木不待黄而落，日月之光益以荒矣”的自然灾害，甚至“灾及草木，祸及止虫”。无怪乎老子和庄子反复告诫人们要依循自然界的动态节律，维护自然系统本身的和谐。他们坚决主张把自然界的自我循环过程及其形成的协调、有序与和谐状态作为人类社会效法的理想状态。

对于古代中国这个以农为本的社会，人们应该如何顺应天道自然循环的法则，使自己的生产行为和对万物的利用与自然的和谐运行的节律相一致，老子和庄子都未提出系统而完整的看法，因为他们并未在人道应该效法天道、除去人为、自觉地去配合天地的运行的前提下建立起完整的天人同序的系统。《吕氏春秋》则继承了《夏小正》中十二月令的划分和物候推移的节律，首次根据人法天地的思想，依照天道循环演化的规律，以四季十二月为纲纪，以阴阳消长为法度，以“春生、夏长、秋收、冬藏”为线索，把天象、物候、阴阳气数、五行五方、农事、政令、人事等联系在一起，并综合先秦各家思想，总结各种经验和技术，为天地的变化和人类的行为设置了一个包罗万象的基本秩序，用以说明人类的一切行为要顺应天地之道循环演化法则的合理性。它要求人类的物质生产活动要顺应自然界的循环过程，与自然的周期性的动态平衡保持和谐一致。这是人类在农业文明时代一种朴素而深刻的人与自然的生态协调思想。其中最重要的就是依时进行农业生产和合理安排农务活动。

《吕氏春秋》中的十二纪认为，春天是一年的开端，是万物生长的季节，此时农耕繁忙。在农事安排上，要按照时令的要求去做。“王布农事：命田舍东郊，皆修封疆，审端径术，善相丘陵阪险原隰，土地所宜，五谷所殖，以教道民。”(《吕氏春秋·孟春》) 国君宣布农务事宜，命令农官住于东郊，去监督农民整修耕地的疆界，审查并端正田间的小路，仔细地考察丘陵、山地、平原、洼地等各种地形，弄清什么土地适宜于种什么庄稼，什么谷物应该种植在何处，要用这些农业生产知识去教导农民，身体力行地引导人们去做。还要“禁止伐木，无覆巢，无杀孩虫胎夭飞鸟，无麛无卵”(《吕氏春秋·孟春》)。禁止砍伐树木，不准捣翻鸟巢，不准杀害幼小的走兽和飞禽，不许捕猎小动物和掏取鸟蛋。在仲春之月，要“无竭川泽，无漉陂池，无焚山林”(《吕氏春秋·仲春》)。不能把河川沼泽和蓄水池塘里的水弄干，也不要焚毁山林。季春之月，要“修利堤防，导达沟渎，开通道路，无有障塞；田猎毕弋，罝罘罗网，喂兽之药，无出九门”(《吕氏春秋·季春》)。人们要修理河堤水坝，疏通沟渠，使道路畅通，不能有障碍壅塞；打猎所用的工具和毒药不得带出城去。

夏季是万物继续生长繁茂的时期，农事更加繁忙，农政上要“命野虞出行田原，劳农劝民，无或失时；命司徒循行县鄙，命农勉作，无伏于都”(《吕氏春秋·孟夏》)。由于树木继续长高，故要“无起土功，无发大众，无伐大树”(《吕氏春秋·孟夏》)，“无烧炭”(《吕氏春秋·仲夏》)。仲夏时，牛马羊驴等正受孕育胎，因此要“游牝别其群”(《吕氏春秋·仲夏》)。季夏之月，还可利用日照、气温、雨水、土壤等条件进行积肥。“是月也，土润溽暑，大雨时行，烧薙行水，利以杀草，如以热汤，可以粪田畴，可以美土疆。”(《吕氏春秋·季夏》)

金秋是万物成熟和收获的季节，此时农事已经完毕，于是“命百官始收敛，完堤防，谨壅塞，以备水潦；修宫室，附墙垣，补城郭”(《吕氏春秋·孟秋》)。要“穿窦窌，修囷仓。乃命有司趣民收敛，务蓄菜，多积聚。乃劝种麦，无或失时”(《吕氏春秋·仲秋》)。

冬季居岁末，是万物收敛闭藏的季节，此时，天寒地冻，不宜农务，“劳农夫以休息之”。只有林业和渔业仍有活动。为了准备来年春耕，“令告民出五种。命司农计耦耕事，修耒耜，具田器”(《吕氏春秋·季冬》)。

以上所述的与四季时令相适应的农事活动的安排，正是对我们这个以农业为本的民族的生产实践经验在理论上的总结。它显然是人们长期适应自然生态过程，按照天地之道的运行节律来调节农业生产活动的一种稳定下来的模式。它把人类的物质生存活动过程纳入自然生态的循环过程之中，要求人类必须遵循自然界的春生、夏长、秋收、冬藏的特性来进行农业生产。否则，就会违背自然节律，有违农时，给农业生产带来破坏和损失。《吕氏春秋》还认为，天与人是相互影响的，人类违背天道自然的活动，可以引起自然秩序的混乱，造成水灾和干旱。如“孟春行夏令，则风雨不时”(《吕氏春秋·孟春》)；“孟夏行秋令，则苦雨数来”(《吕氏春秋·孟夏》)；“仲夏行冬令，则雹霰伤谷”(《吕氏春秋·仲夏》)；“孟秋行冬令，则阴气大胜，介虫败谷”(《吕氏春秋·孟秋》)；“季冬行秋令，则白露蚤降，介虫为妖”(《吕氏春秋·季冬》)；等等。这在今天看来，也是包含着合理因素的。当然，《吕氏春秋》对人和自然的相互作用和相互影响是以天人同构和天人感应的理论来解释的，这就存在着把社会系统简单地看作自然系统的副本，由天道之自然推出人道之应然的错误，如要求完全按照四季十二月的时令来安排郊庙祭祀、礼乐征伐、修城筑堤、断刑决讼等社会活动，就是这类错误的典型。

《淮南子·时则训》完全继承了《吕氏春秋》依照四季十二月的时序变化过程来探讨人道应该如何顺应天道的依时变迁，以便达到天人关系的和谐一致。其具体内容由于与《吕氏春秋》中的十二纪大同小异，这里从略。该书除了在时令上强调人类要顺应自然界的四季循环节律来进行生产和利用自然资源之外，还从更加广阔的范围探讨了人类对自然秩序的适应，提出了人道应当完全顺应天道的理由。

在总体上，《淮南子》更为突出“太上之道”的绝对意义。道是一切事物运动的源泉，道化生万物，无所不能。它是宇宙秩序和社会秩序的根源，是人类所有合理行为必须遵循的法则。“夫太上之道，生万物而不有，成化象而弗宰。”“夫道者，覆天载地，廓四方，柝八极。高不可际，深不可测。包裹天地，禀授无形……山以之高，渊以之深。兽以之走，鸟以之飞。日月以之明，星历以之行。麟以之游，凤以之翔。泰古二皇，得道之炳，立于中央。神与化游，以抚四方。”(《淮南子·原道训》)道是贯通天、地、人的支配力量，是自然秩序和社会秩序的最终依据。

在天地人系统秩序中，《淮南子·俶真训》探究了从“天地未剖，阴阳未判，四时未分，万物未生，汪然平静，寂然清澄，莫见其形”向“天气始下，地气始上，阴阳错合”，万物形成的宇宙起源过程。它认为：“夫道有经纪条贯，得一之道，连千枝万叶。”天所覆盖、地所运载的万物，都是由道所决定，由天地和气所生。包括人在内的所有事物，都受天象地形的影响。故《淮南子·天文训》和《淮南子·地形训》从空间关系着手，把天象、物候、气象、农务、政事联系在一起，将不同的地形、土壤、气候、水文条件对万物的形成和对人类的影响做了归类，描绘了天地人物整齐有序、层次分明的复杂结构。如《淮南子·天文训》说："天地以设，分而为阴阳。阳生于阴，阴生于阳。阴阳相错，四维乃通。或死或生，万物乃成。"如果上天不产生阴气，则万物不会生长；大地不产生阳气，则万物不会成熟。天是圆的，地是方的，道就在其中发挥作用。《淮南子·地形训》说："凡地形，东西为纬，南北为经。山为积德，川为积刑。高者为生，下者为死。丘陵为牡，溪谷为牝。水圆折者有珠，方折者有玉。清水有黄金，龙渊有玉英。土地各以其类生。是故山气多男，泽气多女……凡人民禽兽万物贞虫，各有以生。或奇或偶，或飞或走，莫知其情。"而天地中的所有事物都由道所规定的阴阳刑杀、五行生克制化决定其枯荣。故圣人也应遵循天地之道，按阴阳五行的运作法则来利用万物，治理国家。

《淮南子》认识到，天地万物和人类之间存在着一种复杂的相互影响和相互作用的关系，这就是物类相感和天人相应的观点。《淮南子·本经训》把这种复杂现象解释为天地融合、阴阳之气结合所产生的结果。"天地之合和，阴阳之陶化万物，皆乘人气者也。是故上下离心，气乃上蒸；君臣不和，五谷不为。"因为在它看来，人与天地万物都是由精气而生，人的心思、情志作为一种精气，当然可以与天地万物相互感应和相互影响。"故精诚感于内，形气动于天"，"天之与人，有以相通也"(《淮南子·泰族训》)。显然这种解释缺乏科学依据，而且忽视了人的特殊的社会本质，有其片面性；但它肯定人和自然的统一性极其复杂的相互影响关系，与把人和自然完全割裂开来的"天人二分"观点相比，也有其一定的合理因素。

在人道与天道的关系上，《淮南子》认为，人道应该从属于天道。因为首先，人是由天地阴阳合和所生。人的精神和肉体都是天地所赐，天地是人的本根，是人的父母。只有顺应和效法天道，才能得以生存："是故精神，天之有也；而骨骸者，地之有也。精神入其门而骨骸反其根，我尚何存？是故圣人法天顺情，不拘于俗，不诱于人。以天为父，以地为母。阴阳为纲，四是为纪。天静以清，地定以宁。万物失之者死，法之者生。"(《淮南子·精神训》)天道与太上之道相通，它主宰一切，包括人的生存和行为。其次，社会治理的礼乐法度来源于人的自然之性。人性越素朴，越自然，人的天地根基就越深；反之，人性丧失得越多，礼乐法度越复杂，人的根基就越浅。"故至人之治也，心与神处，形与性调；静而体德，动而理通；随自然之性，而缘不得已之化；洞然无为，而天下自和"(《淮南子·本经训》)。而后则每况愈下，"道灭而德用，德衰而仁义生"(《淮南子·谬称训》)，礼乐教化、法制权术相继兴起。所以，只有顺应天道，返归人的自然天性，才能达到天下大治。"神明定于天下而心反其初，心反其初而民性善，民性善而天地阴阳从而包之，则财足而人澹也，贪鄙忿争不得生焉。”（《淮南子·本经训》）最后，天道先于人道而生，且天道比人道更为广大，故人类社会之秩序必然包容于天地的秩序之中。“夫天地运而相通，万物总而为一……譬吾处于天下也，亦为一物矣。不识天下之以我备其物与？且惟无我而物无不备者乎？然则我亦物也，物亦物也。”（《淮南子·精神训》）在道家看来，人为天地中之一物，人并不优越于天地万物，社会秩序亦为天道运行自然形成的一部分，天、地、人具有统一协调的关系。天地法道，自然无为；圣人法天地、调阴阳、和四时，把人类个体的存在和社会的秩序纳入天地自然形成的秩序中。在这两种秩序中，天地自然的秩序要更加广大深远，人类社会只有依循天道运行的法则，才能治理好社会。

四、“知止”“知足”：合理利用自然资源

在顺应自然循环法则和维护天地万物本身的和谐秩序的前提下利用自然资源，有一个自然界承受的客观极限和人类开发的适度原则。在这个重要的环境问题上，道家也根据自己独特的直观经验，提出了与现今人类生态学相一致的关于自然界存在着极限的朴素思想。老子认为，道是和谐的，它不追求过分的完满，不发展到极端的过头地步，天地万物也效法道的这一性质才能变故迎新，实现新旧循环。“保此道者，不欲盈。夫唯不盈，故能敝而新成。”（《老子》第十五章）“不盈”即是控制过极失当。而要做到“不盈”，就不能超过事物自身存在的限度，懂得对超过事物限度有可能破坏自然循环的行为进行一定的限制甚至禁止。“知止可以不殆”（《老子》第三十二章），意即只有懂得适可而止，才能避免胆大妄为带来的危险。庄子也说：“知止其所不知，至矣”（《庄子·齐物论》），认为人的最高明的见识，就是明白自己的行为应当止步于自己所不知道的地方。但是，在当时，“天下皆知求其所不知，而莫知求其所已知者；皆知非其所不善，而莫知非其所已善者，是以大乱。故上悖日月之明，下烁山川之精，中堕四时之施；惴耎之虫，肖翘之物，莫不失其性”（《庄子·胠箧》）。庄子认为，自然秩序之所以经常被弄得大乱，就在于人们不知其所止，他们只顾追求自己所不知道的，而不知道搞清楚他们已经知道了的事物的天性和运动的法则。由此造成在上扰乱了日月的光辉，在下耗竭了山川的精华，居中搅乱了四季的交替。由于整个自然秩序已经被人们违背自然法则的行为搞乱，以致地上蠕动的小虫、空中飞翔的小蛾没有不丧失原有的本性的。所以，庄子也强调人们在利用天地万物时，要懂得遵守自然的界限。他说：“故法言曰：‘无迁令，

无劝成。过度益也。’迁令劝成殆事。美成在久，恶成不及改，可不慎与！”（《庄子·人间世》）庄子要求人们不要随意改变已经接受的使命，不要勉强去做力所不能及的事情；做事不能过度，而应尽量做到适可而止。事情做得超过限度就会溢恶，强求事情的成功便会带来灾祸。因为随意改变已经接受的使命，勉强去做力所不及的事情，是危险的：成就一件好事，需要用较长的时间顺其自然地去加以实现，但违背自然法则，一旦铸成大错就难以改正。人们对此必须慎之又慎。

老子和庄子关于自然界有其限度因而人们必须“知止”的思想，在黄老之学中得到了更为具体和深入的阐发。《黄帝四经·经法·国次》指出：“过极失[当]，天将降央（殃）。人强朕（胜）天，慎辟（避）勿当。天反朕（胜）人，因与俱行。先屈后信（伸），必尽天极，而毋擅天功。”人类利用资源的行为如果不适当而超过了自然的极限，上天就会降下灾殃，对人进行惩罚。当人的力量暂时可以强大到胜过自然的时候，应当小心谨慎，不要超过自然的极限。当自然的力量胜过人的时候，就应顺应自然法则行事，先谨慎地弄清自然物的性质，然后按其天性展开改造和利用自然物的活动。必须遵循自然规律的严格要求，不能贪图改造自然的功绩而擅自改变常规。违反自然法则，刚愎自用，随心所欲，肆意妄为，会使自己的身体遭受危险，甚至带来灾祸，就叫做过极失当。“变故乱常，擅制更爽，心欲是行，身危有【央】(殃)，【是】胃（谓）过极失当。”(《黄帝四经·经法·国次》)《黄帝四经·经法·国次》认为，在农业生产方面遵循自然法则，反对过极失当的行为，关键是要处理好天地人之间的关系，而通常会破坏这三个方面和谐关系的，有五种违反自然法则的过极失当的行为，即“阳窃”“阴窃”“土敝”“人执”“党别”。阳窃、阴窃是指违背天时，过度耗用阳气、阴气；土敝是指过度地耗竭地力；人执是指使用人力过度，党别是指党派的争权夺利。这五种行为的结果造成五种严重的自然和社会灾祸：“阳窃者疾，阴窃者几（饥），土敝者亡地，人埶者失民，党别者乱，此谓五逆。”(《黄帝四经·经法·国次》）显然，避免“五逆”，是道家知止的限度原则在当时的物质文明条件下在农业生产方面的卓越应用。

道家认为自然界存在着自身的极限，因而人类在开发和利用自然资源时不能超过自然界的固有限度，必须建立一个合理的适度发展原则，用来防止人类因超越自然极限而对自己生存和发展带来严重威胁，这是一个极其深刻的思想。可以毫不夸张地说，1972 年，罗马俱乐部在《增长的极限》中提出的地球自然系统存在着极限、人类的经济增长不能超越自然极限的思想，是当代人类在生态危机的严峻情势下，利用现代科学技术对道家的这一思想的重新发现。虽然后者的科学性要比前者严谨得多，但其思想实质却是惊人的相似和高度的一致。虽然后来盲目乐观的增长论者大肆宣扬廉价的“反极限论”，鼓吹“没有极限的增长”，罗马俱乐部也把原来提出的维持全球均衡的“零增长”的发展对策改变成了“有机增长”的发展战略，但是自然界制约人类生存和发展的极限这一科学结论并未被推翻。而且人们发现，自然界对人类制约的极限不只是当初罗马俱乐部提出的三个方面：人口极限、粮食生产的极限、资源耗竭和环境污染的极限。它是多方面的，甚至可以说是无处不在的。例如，无辐射威胁的光照、适宜的温度、充足的饮用水、不过分拥挤的空间、不出现大范围的致死性瘟疫、地球生态系统的动态平衡等生存因素，每一个都构成一种极限，人类不得随意突破任何一种极限，否则就会给人类的生存带来严重的灾难。我们应该把人类良好生存所必需的每一种条件都看作是维系人类良好生存必不可少的一个维度，人类实际生存在多维度交叉协调的最适点上。我们还应该把所有维度的组合看成是一个大木桶，每一条维度是木桶的一块木板。由于木桶的容量由最短的那一块木板决定，因此任何一个维度质量的下降（如水质变坏）都会使人类生存质量整体水平下降，任何一个维度的短缺都意味着人类生存条件的短缺，任何一个维度的丧失都意味着人类整个生存条件的丧失。人类生存极限的这种“桶板效应”是非常复杂的。人类要维护好作为生存条件的每一块十分容易破损的桶板，至少必须同时注意做好两个方面的事情。其一，必须遵循生态系统在循环过程中实现动态平衡和自我调节的规律，合理地开发和利用自然资源，而不应以损坏和丧失某一必不可少的生存维度为代价换取眼前过度的经济增长。其二，人类必须对自己生存所必需的物质财富的消费有一种合理的态度，即必须对自己的物质欲望的满足有所控制，能够放弃自己永无止境的物质贪欲。否则，即使到了知止的时刻，人们也还是受强烈的物质欲望的引诱而不能自禁，就像今天发达国家的人们追求高消费的病态时尚那样。这势必会超越自然生态系统的极限，给人类和地球上所有生命的生存带来严重的灾难。在这一方面，道家的“知足不辱，知止不殆”思想同样能够给予现代社会以重要的启示和借鉴。

在春秋时期，不少人因追求名利财货，过分地放纵自己的各种物质欲望，不仅迷失了人的本性，甚至还丧失了自己的生命。对此，老子向人们发出了尊重生命价值、合理克制自己欲望的忠告，提出了“知足不辱”的思想。他指出：“名与身孰亲？身与货孰多？得与亡孰病？甚爱必大费，多藏必厚亡。故知足不辱，知止不殆，可以长久。”（《老子》四十四章）他认为，在名利与生命、身体与财货、获取与丧失之间进行比较，应该以生命的价值为重。对珍贵之物贪得无厌势必带来巨大的耗费，过多的贮藏必然招致严重的损失。知道满足才不会遭到侮辱，知道适可而止才不会遭遇危险，才能长久地保持下去。显然，知足是知止的前提，要想做到知止，就必须对物质财富的享受有所知足而贪得无厌的人是不可能使自己的行为控制在适可而止的界限之内的。因此老子对物质欲望的不知足持坚决反对的态度，他特别强调指出：“祸莫大于不知足，咎莫大于欲得。故知足之足，常足矣。”（《老子》四十六章）祸患没有比不知道满足更大，罪恶没有比贪得无厌更大。知道满足的满足，就永远是满足的。要知足就必须对正常的物质生活之外的奢侈享受有所克制，克服极端的、奢侈的、过度的物质享受的习惯和行为，“是以圣人去甚，去奢，去泰”（《老子》二十九章）。

道家认为，对物质享受的知足并且加以合理地节制，应该建立在人的正常而自然的生理需要得到满足的基础之上。“鹪鹩巢于深林，不过一枝；偃鼠饮河，不过满腹。”（《庄子・逍遥游》）人也应该按照生命的自然需要来利用万物，“量腹而食，度形而衣”（《淮南子・精神训》）。“圣人食足以接气，衣足以盖形，适情不求余”（《淮南子・精神训》）。一旦能够满足自己健康生存的基本物质需要，就不应该去贪求过多的物质财富。因此，道家提倡“少私寡欲”、淡泊财富和节制物质欲望。老子还认为，追求过多的物质享受对人的身心是有害的。“五色令人目盲，五音令人耳聋，五味令人口爽，驰骋田猎令人心发狂，难得之货令人行妨。”（《老子》十二章）斑斓的色彩使人眼花缭乱，嘈杂的音乐使人听觉失灵，佳肴珍馐败坏人的口味，纵马打猎行乐使人心发狂，稀有的财货诱使人干尽坏事。《吕氏春秋・本生》也说：“出则以车，入则以辇，务以自佚，命之曰‘招蹶之机’；肥肉厚酒，务以自强，命之曰‘烂肠之食’；靡曼皓齿，郑卫之音，务以自乐，命之曰‘伐性之斧’。”即是说，出门坐车，进门乘辇，务求舒适安逸，这种车辇就应称为“导致脚病的器械”；吃肥肉，饮醇酒，极力勉强自己吃喝，这种酒肉就应该称为“腐烂肠子的饮食”；迷恋女色，醉溺于淫靡之音，这种美色和音乐，就应该称为“砍伐生命的利斧”。道家的这种看法是有一定道理的，不但历史上的封建帝王因过度放纵的物质生活而早衰和短命，而且就是在现代社会，也有不少人因摄食含热量过多的食物，豪饮大量富含酒精的饮料，甚至吸食毒品而出现了肥胖病、高血压、心肌梗死、脑血管硬化、性功能障碍等多种“富贵病”或“文明病”。同时，这种大量耗费物质资源的生活方式又加剧了环境的污染，诱发了许多公害病，如大气污染使人产生哮喘病，水体污染造成水俣病，土壤污染引起“痛痛病”，环境污染还引发各种复杂的癌症。更为严重的是，人类对物质资源的掠夺性开发还威胁到所有生命赖以生存的地球家园的健康和安全。

道家的“知足不辱”“知足常足”的思想与现代文明的发展趋势是非常合辙的，它的一些思想得到了许多著名学者的赞同和社会的认可。英国著名的生态经济学家、中间技术的首创者舒马赫说：“所谓自我克制，就是知足。”❶这种观点与老子的看法是一致的。可持续发展思想的创立者、美国著名的农业科学家莱斯特·布朗认为，把追求物质财富当作一种最高的目标，会导致灾难。人类只应当追求维持生活所必需的最低限度的财富，而追求的主要的目标应该是在精神方面。老子的这些思想包含着对持续发展的社会至为重要的价值观。❷世界观察研究所资深研究员艾伦·杜宁认为，地球生态系统的健康状况是三个主要变量的函数：人口数量、技术状况和消费水平。“所以没有消费者社会物质欲望减少、技术改变和人口的稳定就没有能力拯救地球。”“即使假设在稳定人口数量方面和使用清洁高效技术方面取得了巨大进展，除非人们从物质的一端转向非物质的一端，否则人类的欲望也将会超越生物圈的承受限度。地球供养数十亿人类的能力取决于我们是否把消费等同于满足。”❸在他看来，要阻止消费社会的列车继续开足马力拉着整个地球朝着毁灭的方向狂奔，就必须摒弃背离近几百年来才发展起来的消费主义的价值观和生活方式，返回到扎根于人类具有数千年宝贵传统的世界各大传统文化和宗教的“知足哲学”，重新听从这种哲学的古老教诲。中国道家的“知足常乐”和儒家的“过犹不足”就体现了这种“知足哲学”。

五、与道为一的生存境界

道在老子那里，一方面表现为客观实在性，即不可言说的世界本体，宇宙演化的过程动力和法则，自然无为的天然状态；另一方面，它还是人们依循道的本性和法则，脱去世俗的伪善道德和浮华的审美价值而形成的一种最高的生

❶ 舒马赫．小的是美好的[M]．虞鸿钧，郑关林，译．北京：商务印书馆，1984：210.

❷ 布朗．建设一个持续发展的社会[M]．祝友三，译．北京：科学技术文献出版社．1984：280-281.

❸ 杜宁．多少算够——消费社会与地球的未来[M]．毕聿，译．长春：吉林人民出版社，1997：37.

存境界。老子认为，世俗所流行的美与善都不是真正的美与善。“天下皆知美知为美，斯恶矣；皆知善之为善，斯不善矣。”（《老子》二章）他主张，人们应效法自然无为、简朴至纯的道之真性，去进行彻底的修养，真正形成守柔、不争、经常济人救物、对万物“生而不有，为而不恃，长而不宰”（《老子》十章）“利而不害”（《老子》八十一章）等深厚的无私品德，养成朴实、诚信、自然、宁静、和谐等超越功利主义的审美观。庄子继承了老子的这些思想，对道家关于人与自然的真善美和谐统一的生存境界的学说做出了最为独特、最为杰出的贡献。

庄子认为，人的生存的最高境界是把握人在宇宙中的地位，洞悉人与天地万物的关系，“知天之所为，知人之所为”（《庄子・大宗师》），自觉地去追求天与人相统一的“道”境。因为，天与人本来就是统一的，只是由于人类心智的迷惑，完全从人的价值标准去看待天地万物，才导致人们只看到人与天地万物的差别，而看不到天与人的统一。“故其好之也一，其弗好之也一。其一也一，其不一也一。其一与天为徒，其不一与人为徒。天与人不相胜也，是之为真人。”（《庄子・大宗师》）人只是自然界中的一个组成部分，不管承认还是否认人与自然的统一，人和自然都是统一的，这种统一性并不会因人的主观好恶而有所改变。但是认识不到人与自然统一和否定这种统一的人，就会出于人的一己私利去戡天役物，去征服自然。而深切地体验到这种统一、认识到人与自然界不相互对抗的“真人”，则不仅会自觉地放弃征服自然的活动，还会参与整个宇宙过程的大化流行，并以审美的态度去鉴赏自然之美，且能深切体味人与自然融为一体的最高快乐与幸福，达到自我实现，找到人生的意义所在。

从真的层面来看，人要进入这样的境界，就要认识宇宙过程的真相。宇宙过程是天地万物演化之流的总汇。而天地万物之演化是由道所推动的万物的自生、自长、自为、自化，是不受超自然的外物控制的自己如此、本然如此、当然如此的过程。在这一过程中，万物虽然有各自的特征和相互间的区别，有生灭变化，但从总体上看，它们都是宇宙过程的一个组成部分，都是道的显现和实现。庄子认为，人作为万物之一，也只是万物中平等的一员，只是宇宙大化过程中微不足道的一部分。“号物之数谓之万，人处一焉；人卒九州，谷食之所生，舟车之所通，人处一焉。此其比万物也，不似毫末之在于马体乎？”（《庄子・秋水》）“今一犯人之形，而曰：‘人耳！人耳！’夫造化者，必以为不祥之人。今一以天地为大炉，以造化为大冶，恶乎往而不可哉！”（《庄子・大宗师》）只有认识到人在宇宙大化过程中与万物同一，才不会产生人类贵己贱物的偏执。

既然人与万物都平等地处于宇宙的大化流行过程中，那么人就应该参与这个宏大的变化过程，获得对人的生命根源及其与天地自然的关系本真的了解，从而顺应宇宙过程的变化，在安于自然的变化过程中形成一种洒脱豁达的境界。只有把人的生命过程纳入宇宙过程，超越对生死的情感执着，形成这种正确的态度，才能自然地对待生死。庄子认为，生和死是一种十分自然的过程，有如白天和黑夜之交替。人的生命过程和万物的出现一样，都是气的聚散。“杂乎芒芴之间，变而有气，气变而有形，形变而有生。今又变而之死。是相与为春秋冬夏四时行也。”（《庄子·至乐》）因而生不能却，死不能止。但是，许多人却求生拒死，乐生哀死，贪生怕死，以致在过分地追求生命的物质享受或追求长生不死的过程中，反而中途夭折，不能尽其天年，更谈不上实现自己生命的价值。人要实现生命的最大价值，首先就要正确地面对生死，尤其是要坦然地顺其自然地对待死亡。“夫大块载我以形，劳我以生，佚我以老，息我以死。”（《庄子·大宗师》）人若具有这种开朗旷达的生死观，就能真正轻天下、细万物、同变化，在有限的人生旅途中充分把握生命的真意，在主体的修养和体验中开发出生命的最高生存境界。

从善的层面来看，人的德是源自道的自然无为的天性，而非儒家以仁义礼乐雕琢出来的虚伪人性，它天然地符合人性、物性。对己而言，德是内心充实平和安宁的自然状态。“德者，成和之修也。”（《庄子·德充符》）对外而言，则是平等地对待人与天地万物，与自然处于交融与协调的和谐状态。前者是实现后者的条件。只有内心具有天德，才能免除“丧己于物，失性于俗”（《庄子·缮性》）、终身为物所役，才能避免为名誉、地位等市场价值所危害的可悲后果，才能自觉地抵制那种因违背生命的自然需要而危及生命存在和精神自由的物质欲望的引诱。庄子主张“常因自然而不益生”（《庄子·德充符》），“物物而不物于物”（《庄子·山木》）。他反对“与物相刃相靡，其行尽如驰，而莫之能止”（《庄子·齐物论》）的行为，并且认为尊重生命的重要性远远超过占有名利、财富乃至天下的重要性。

同时，具有至上品德的人，也反对人与自然的对抗，反对戡天役物，而主张调和人与自然的分际，“和之以天倪”（《庄子·齐物论》），平等地公正无私地对待天地万物，追求人与自然的和谐。庄子指出：“万物皆种也，以不同形相禅，始卒若环，莫得其伦，是谓天均。天均者，天倪也。”（《庄子·寓言》）万物都有共同的始源，却以不同的种类形态互相更迭替代。开始与终点就像圆环一样往返循环，没有谁能分得清主次。这就是天然的平等。天然的平等就是自然的分际。就是说，万物来自共同的根源，以大道为枢纽进行无穷的循环产生了广大悉备的和谐体系。人与天地万物是这个和谐演化着的体系的一个组成部分，它们都为这个整体所包容，在这个整体中都各自具有独特的性质和表现形态，各自具有存在的时空并发挥着自己的作用，并且它们之间又是相互交融和相互依存的。正如方东美先生指出的那样："实质相对性系统乃一包举万有、涵盖一切之广大悉备系统，其间万物，各适其性，各得其所，绝无凌越其他任何存在者。同时，此实质相对性系统又为一交摄互融系统，其中一切存在及性相，皆彼是相需，互摄交融，绝无孤零零、赤裸裸，而可以完全单独存在者；复次，此实质相对性系统且为一相依互涵系统，其间万物存在，均各自有其内在之涵德，足以产生相当重要之效果，而影响及于他物，对其性相之形成有独特之贡献者。"[1]无论是从万物的共同根源或从万物对自然整体系统的和谐所做的贡献看，还是就万物自身的特性和对他物的作用看，自然系统中不同种类的存在物都是平等的。因此，人类要尊重万物自身的这种自然的平等，并维护由万物共同造就的自然系统的和谐秩序，而不应搞人与自然的对抗。"天与人不相胜也，是之谓真人。"(《庄子·大宗师》)只有达到了天与人不相互对抗的境界的人，才能称得上是具有至善品德的"真人"。

从美的层面上看，庄子认为凡自然的不但就是真的和善的，而且也是美的。生命原本就是自然的，人的生活按照自然的方式展开，就会美轮美奂，机趣无穷。若是按照人为的方式塑造，则必然导致生机焦枯，聊无意趣。人只有以一种超越功利的方式去与大自然交往，忘情地投身于大自然的怀抱，与大自然融为一体，才能真正享受到天地大美的最高快乐。"天地有大美而不言，四时有明法而不议，万物有成理而不说。圣人者，原天地之美而达万物之理。"(《庄子·知北游》)庄子在与自然的这种交往中，聆听到了"天籁""地籁"的自然交响乐章。"山林与，皋壤与，使我欣欣然而乐与！"(《庄子·知北游》)自然万象之美丰富多彩：苍茫的天宇、巍峨的山峦、怒号的风涛、汹涌的江河、浩瀚的大海，乃至飞禽走兽、花鸟虫鱼、大树小草等，都使他感到了无穷的快乐。但自然的各种美的形态，都是道充满奥秘的无穷的神奇变化，如果人能够彻底放弃心智的干扰，以安宁平和的心境去顺随自然的变化，就会通过参与自然的变化，获得自然赋予的无穷生命力，产生与天地万物的和谐感、一体感，并使

---

[1] 方东美．中国形上学中宇宙与个人[G]//蒋保国，周亚洲．生命理想与文化类型——方东美新儒学论著辑要．北京：中国广播电视出版社，1992：211.

自己的精神世界无限地拓展开来，享受到精神上的绝对自由和最高快乐。“得至美而游乎至乐，谓之至人。”(《庄子·田子方》)，庄子的精神自由是建立在人与自然和谐一体的最高审美体验基础上的。达到了这种至美境界的人，就是庄子心目中实现了真善美相统一的真人、至人、神人以及道家的圣人。这种人“忘乎物，忘乎天，其名为忘己。忘己之人，是之谓入于天。”(《庄子·天地》)他们已经实现了物我同一、主客同一、天人同一，从而与道为一。在这种最高的生存境界中，人已经完全融入大自然，仿佛物的生命就是我的生命，我的生命也是物的生命，主客体的界限、宇宙时空的界限已经完全打破，人已参与到整个宇宙的变化过程之中，已与宇宙精神合流，“天地与我并生，而万物与我为一”(《庄子·齐物论》)，人就可以“独与天地精神往来”，实现本真的自我。

道家“道法自然”的生态伦理思想尤其是庄子关于人的生存境界的思想，有着非常深刻的生态智慧，这些朴素的思想和顺应自然的生活方式在当代仍然有着重要的指导作用。

第二节 “参赞化育”——儒家的生态伦理观

虽然儒家和道家都认为天与人具有共同的本质，但儒家的天人观与道家的天人观的看法正好相反。道家的天人之学认为，天道即人道，天的本质就是人的本质，这个本质就是自然无为，故道家的天人之学建立在自然本体论之上。儒家的天人观则认为，人道即天道，人的本质就是天的本质。这个本质就是仁义道德，故儒家的天人观建立在道德本体论之上。因此，儒家的生态伦理观是以天道人伦化与人伦天道化为根本前提的。

一、天道人伦化与人伦天道化

儒家的天道与伦理的关系源于西周时期的“天民合一”论。周代的天作为主宰的天，具有“德”的属性，这个德同时也包含着自然法则的含义。《诗经·大雅·烝民》说：“天生烝民，有物有则。民之秉彝，好是懿德。”这说明，人的道德性来源于天道，并与天道是相一致的。郑国大夫子产更为明确地将天道的自然法则与人类的伦理道德联系起来，他说：“夫礼，天之经也，地之义也，民之行也”。游吉也说：“礼，上下之纪，天地之经纬也，民之所以生也，是以先王尚之。”(《左传·昭公二十五年》)显然，人类的伦理规范是效法自然界的法则和秩序的，而且这种天道还带有伦理秩序特性。孔子自命为周文化的继承者，虽然他主要关心恢复周初的礼仪典章制度，故多讲人道问题，而讲天道问题较少，但有时也提及天道与天命。在天道与人道的关系上，孔子也认为，圣人治理国家，应该遵循天道，如他说："唯天唯大，唯尧则之。"(《论语·泰伯》) 但是，孔子更多是从实践上探索人类社会的治理之道，而对天道和天人关系缺乏纯粹的理论兴趣，因此他说："道不远人，人之为道而远人，不可以为道。"(《礼记·中庸》) 意思是说，中庸之道离人并不远，如果一个人追寻中庸之道而离开了对人性的了解，也就不是人们所应从事的道。但是要把治理社会的人道之理讲透彻，也必须深入研究天道与人道的关系。所以，孔子的后学从人道的角度来探讨天道，提出了与道家不同的伦理化的天道观。

《易传》首次系统地表达了儒家正统的天人观。其"三才之道"思想的提出，是对儒家企图实现的伦理社会的理想目标所做的抽象的哲学论证。《易传》以阴阳之道来解释和说明自然界与人类社会的一切现象。"一阴一阳之谓道"(《易传·系辞上》)，阴阳之道就是天地乾坤之道。天地乾坤是一个生生不息的创造生命和万物的过程。《易传》认为，乾元代表天道，是原始的创造力之源，它刚健流行，统摄万物，维持整个世界的正常秩序；坤元代表地道，它柔顺宽容，顺承天道的创造性，养育、辅助和成就万物，具有厚德载物的慈善品格。乾坤之道的演化，产生了天地万物和人类社会，并且天然地规定了其上下尊卑等级秩序的完整系统。《易传·序卦》云："有天地然后有万物，有万物然后有男女，有男女然后有夫妇，有夫妇然后有父子，有父子然后有君臣，有君臣然后有上下，有上下然后礼仪有所错。"所以，"天尊地卑，乾坤定矣。卑高以陈，贵贱位矣。"(《易传·系辞上》) 很明显，这就以类比自然现象的秩序来为人类社会的等级秩序做出了论证。人道则是参元，人居于天地之间，兼备天地的创造性和顺承性，因而应该继承和发挥天地的崇高德性，"继之者善也，成之者性也"(《易传·系辞上》)。因此，三才之道实质上就是人道继承和发展天地之道。"立天之道，曰阴曰阳；立地之道，曰柔曰刚；立人之道，曰仁日义"(《易传·说卦》)。这里明显不同于孟子和《中庸》从心性出发直接把人伦天道化、把性与天道等同起来的做法，而是强调人要效法天地阴阳变化的德性，这是从宇宙的发生过程去说明人道的合理性。

宋明理学是儒家天道人伦化与人伦天道化的完成阶段。借鉴道家和释学家的思辨理性，从理论的高度重建了儒家的伦理本体论，使人类伦理等同于宇宙的自然法则，成为人们包括对待自然事物的社会行为行为准则。

二、天地生生之德和人与万物一体

由于儒家把天道伦理化，把伦理天道化，人类的纲常伦理就不只是社会中的原则和规范，还是自然界本身就具有的性质。因此，它不是像道家那样，以道或天道本身的自然无为性质作为人类道德行为效法的榜样，而是反过来，将人类的道德加于天地万物本身，并要求人们以此来对待自然界中的所有事物。这种伦理属性主要体现在作为天地之德的仁的范畴上。

儒家关于天地具有生生之德及人与万物为一体的思想，鲜明地体现了典型的东方有机论和目的论的特征，它完全不同于西方的机械论和神学目的论。根据天道生生的思想，整个宇宙一气流行，是一个畅行不滞的创造生命和繁衍生命的巨大的生命洪流，所有生物和非生物都出自共同的本源，因而弥贯着生气，充满生机。宇宙的变化之流在从源头向下流行的过程中，生命和万物在时空中被创造出来，并且由于受变化之流的统合而无不内在相关。万物虽然按照自己特有的方式而自发行动，但是由于同出于一个创造之源且具有整体秩序中的内在关系，大家好似一个具有血缘联系的大家族中的不同成员。它们由于其在整体中的地位而相互依存和相互作用，而不像西方的上帝创造万物那样，物与物之间是一种孤立的外在关系，部分与整体之间缺乏内在的本质联系，或者是靠一种外在的因果作用而机械地将其强制性地束缚在一起。正如李约瑟所说："事物之所以会以其特有的方式行动，并非必定出于其他事物先起的动作或冲击，而系由于在永不休止、反复循环的宇宙中，各个事物各有其位。禀赋与生俱来的本性，使各个事物的行动必然如此。如果事物不以此特有的方式行动，则各个事物就会丧失其在整体中的关系位置（整体正是使事物成为事物自身之物）而转变成最基本性的事物。万物都是以依赖宇宙大集体的一分子的姿态存在。万物之间的相互作用，并不是得之于机械的冲力，或机械的因果作用，而是出自某种神秘的共同感应。"可以说，宇宙创生过程的生机论、整体论和内因论，是中国的有机论哲学的基本因素。

同时，儒家关于天地具有生生之德及人与万物为一体的思想还包含着一种非神学的"自然有机论的目的论"。天地具有"生生"之仁的无限潜能，它通过人的产生使这个仁的至高德性得以完全实现。人是天地的产物，又是天地之心，人心使得天地之心得以实现，因而人是自然界发展的目的。人通过"天人合一"，实现与天地万物为一体，对万物施以仁爱之心，也就使天地之心得以实现，从而使自然界的目的得到了实现。从人和自然统一的整体关系角度来看，天人合一的“太和”理想也是创生万物与人的终极本源潜在的具有的一种目的。这个人与自然和谐统一的最高目的也是靠作为自然界最高之善的人类来实现的。宋明理学以道德本体论形式发展了《易传》的宇宙生成论和道家的生存境界观的思想，揭示了自然进化的统一性和有机整体性，强调人与自然的和谐一体性。

儒家关于天地生生之德、人与万物一体的思想包含着与现代生态伦理学相一致的重要观点。首先是自然有机的整体进化的观点。儒家认为，万物与人的整体进化都来自共同的天地的生生之德。用现代科学的术语来讲，就是自然的进化有一个同源的进化动力。这个动力在整体上制约着不同事物在时空中的分化，使它们即使在日益分化的过程中也保持着相互间的有机联系，从而作为一个多层次密切相连的动态体系而进化，并表现为由宏观进化和微观进化、整体和部分、多样性和统一性协调组成的复杂有序的系统。但儒家的这种进化思想主要强调的是宏观整体的进化方面，强调天地创生万物之德从上向下的流贯和扩展，而比较忽视自然系统的微观部分的进化方面，忽视微观部分的进化造成的对宏观环境的改造。因而，它只是强调对整体秩序的维持与服从，而不注重对它的改造和完善。

其次，“民胞物与”及“仁者与天地万物为一体”的观点以把自然看作是一个包括人类与非人类的所有存在物的有机整体为前提，而追求天人之间的整体和谐，包含着对自然系统本身秩序的维护、对其他生命物种生存权利的尊重及对非生命的其他自然系统的组成部分存在状态的关心。这与美国著名的环境伦理学先驱利奥波德的大地伦理观非常类似。利奥波德从生态系统的能量循环规律出发，把动植物、微生物、水及土壤等都看成是大地共同体的一个有机组成部分，并要求人类以符合生态规律的道德态度来对待其中的任何一个组成部分。因为在大地共同体中，水、土壤、植物、动物等都是共同体的成员，它们都承担着自己不同的功能角色，每一个成员的存在都依赖于其他成员的存在；因而大家相互依赖，人类也是这个大家庭中平等的一个成员。宋明儒者提出的“民胞物与”和“仁者以天地万物为一体”的命题，也肯定了植物、动物乃至非生命的自然物都有由天地所赋予的内在的价值和存在权利。同时，宋明儒者还把天赋的生生之德从对人之爱扩展到对物之爱，即“爱必兼爱”“爱己及物”“推己及物”，由传统的人际道德向对待自然物的生态道德扩展，因而也具有一定的朴素的生态伦理意识，对维护农业文明条件下人与自然的和谐关系发挥着一定的积极作用。当然，这种朴素的生态伦理意识还不是建立在生态科学的基础之上，而是从有差等的人类之爱推及自然万物，包含着儒家贵人贱物的道德阶梯论。

第三，儒家关于“天人合一”的生存境界的看法包含着环境渗入人的身体的心理感受的大我意识，它与环境整体主义的有联系的自我论有其共同之处。后者认为，人的身心组织是从自然环境的生态适应中进化出来的，自我的内在价值可以被理解成为环境的一种给予。如果一个人能够深切地体验到生理和精神的自我不仅历史地由自然界的生态适应所形成，而且现实地与环境处于一种不可分割的联系，那么他就会把环境当成自我的一部分。当河流受到污染或者热带雨林受到破坏时，人们就会感到自我受到了伤害，于是保护环境就成了保护自己的一部分。这样，生态学的教育就使人形成了“开明的自我利益”，它激励人们去从事保护环境的实践。儒家的大我论也认为，人的大我之心是由天地生生之德产生出来的天地之心。人若能“大其心”，则能体天下之物，人的自我就会与天一样博大，就能够把万物包容于自己的心中，环境中的万物也就成了大我的一部分。当然儒家的大我论与环境整体主义的有联系的自我论有其认识基础的不同。前者是以儒家所追求的不萌于见闻的“德性之知”为前提，通过儒家倡导的内心体验的修养方法来实现的；后者则是以对生态科学的学习、理解和生态实践为依据的。显然，前者的大我意识还缺乏科学的内容，还需要通过对认知途径和科学方法的改变而发展为后者。

三、“仁民爱物”的道德阶梯论

儒家的环境道德是一种真正地推己及人、由人及物的扩展。它把人类社会的仁爱主张推行于自然界，其维护自然生态环境的目的，首要的是人类自身的生存需要，其次才是对自然万物的爱护和同情。因此，人际道德是基本道德，生态道德是次要道德，二者的关系是以人的血缘亲疏联系和社会等级的贵贱为核心，逐步地由内向外扩张的。儒家对非人类以外的自然万物的爱，在伦理学上是从仁的人际道德向生态道德的扩展。孔子讲仁，以亲亲的血缘关系为核心，以三纲五常的社会等级规范为基础，以爱人为一般的社会准则。孟子则把儒家的仁由“亲亲”“仁民”而扩大到“爱物”，他还对这个基本原则做出了明确的规定：“君子之于物也，爱之而弗仁；于民也，仁之而弗亲。亲亲而仁民，仁民而爱物。”（《孟子·尽心上》）显然，这是一种仁分亲疏、爱有等差的道德阶梯论。“亲亲”“仁民”“爱物”在儒家的道德体系中的作用是有差别的，这与道家“物无贵贱”、同等地对待人与万物的生态道德平等论是不同的。汉代经学家董仲舒又直接将爱护鸟兽昆虫等生物，当作仁的基本内容。他说：“质于爱民，以下至于鸟兽昆虫莫不爱。不爱，奚足谓仁？”（《春秋繁露·仁义法》）即是说，仅仅爱民还不足以称之为仁，只有将爱民扩大到爱鸟兽昆虫等生物，才算做到了仁。可见这里的仁，不止包含了人际道德，还包含着生态道德。宋代大儒张载提出民胞物与的思想，理学家程颢提出“仁者以天地万物为一体”的学说，最终把仁的对象和边界扩大到了天地万物和整个自然界，在伦理上实现了人道和天道的彻底贯通，把人际道德和人对自然的道德完整地统一起来。

儒家仁民爱物、贵人贱物的道德阶梯论是由其价值论规定的。孔子提出“好仁者无以尚之”(《论语·里仁》)、“君子义以为上”(《论语·阳货》）的命题，认为道德是至上的，但只有人才具有仁义之道德，故仁在天地万物中具有最高的价值。孟子肯定了人与物、物与物之间价值大小的不同，他说：“夫物之不齐，物之情也。或相倍蓰，或相什百，或相千万。”(《孟子·滕文公上》）人比动物的价值要高，因为动物“食而不爱，豕交之也；爱而不敬，兽畜之也”(《孟子·尽心上》)。他还肯定人具有自己固有的不可剥夺的天赋价值，即仁义忠信等“天爵”，天赋乐善等“良贵”。荀子虽然反对孟子的先天性善论，但也认同仁义等道德品质是人的价值高于自然万物价值的主要原因。他说：“水火有气而无生，草木有生而无知，禽兽有知而无义，人有气、有生、有知，亦且有义，故最为天下贵也。”(《荀子·王制》）荀子认为，在宇宙进化过程中，价值是由低到高增大的，先有无机的水火，然后有生命的草木，然后又有有心理活动的动物，最后才有有道德意识的人类的产生。虽然他承认万物和人类的价值具有共同的源泉，但是在他看来，万物与人在价值的进化过程中处于不同的阶段，各自具有不同的独特性质，因而其价值有高低不同的区别。人能够组成社会群体，有道德意识和行为，因此人在天地万物中最为完善，其价值在万物中最高。宋明理学家也认为，人与自然界中万物的价值并非同样大，人的价值要比万物的价值高。如邵雍指出：“唯人兼乎万物而为万物之灵。如禽兽之声，以其类而各能得其一。无所不能者，人也。推之他事，亦莫不然……人之生，真可谓之贵矣。”(《皇极经世·观物外篇》）程颐也认为，人的价值之所以高于动物的价值，就在于人具有仁义之性。他说：“君子所以异于禽兽者，以有仁义之性也。”(《程氏遗书》卷二五）根据儒家的看法，人类的价值要高于所有自然物的价值，而且自然物的价值也有等级高低的不同。人类社会的秩序也高于自然界的秩序，人类可以根据自身的需要和社会的道德原则来利用和管理自然界的一切。这正是儒家“亲亲而仁民，仁民而爱物”的环境道德阶梯论的理论依据。

从道德心理上看，儒家的这种贵人贱物的道德阶梯论也具有其独特的情感心理基础。孔子把人的道德态度当成人的内心感情的自然流露，甚至认为动物也存在与人相似的道德情感，并且可以引发人类的良知。他说："丘闻之也，刳胎杀夭则麒麟不至郊，竭泽涸渔则蛟龙不合阴阳，覆巢毁卵则凤凰不翔。何则？君子讳伤其类也。夫鸟兽之于不义尚知辟之，而况乎丘哉！"（《史记·孔子世家》）这就是说，有灵性的动物，如麒麟、蛟龙、凤凰等，尚且对同类的不幸遭遇具有悲哀和同情之心，人类则更应该自觉地禁止这种伤害动物的行为，主动地同情和保护生物。孟子认为，人固有一种爱护生命的恻隐之心动物临死前的颤抖和哀鸣足以震撼人的心灵，引起人对于动物生命的同情。"君子之于禽兽也，见其生，不忍见其死；闻其声，不忍食其肉。是以君子远庖厨也。"（《孟子·梁惠王上》）荀子也认为："凡生天地之间者，有血气之属必有知，有知之属莫不爱其类。今夫大鸟兽则失亡其群匹，越月逾时，则必反铅；过故乡，则必徘徊焉，鸣号焉，踯躅焉，踟蹰焉，然后能去之也。小者是燕爵，犹有啁噍之顷焉，然后能去之。"（《荀子·礼论》）儒家这种认为鸟兽昆虫具有与人类一样的同情同类的道德心理的观点，给中国古代珍爱动物、保护动物的行为以深远的影响。"劝君莫打枝头鸟，子在巢中望母归"，就是对人们保护动物的一种感人至深的呼唤。它把人性对同类的怜悯与关怀之情投射到动物生命身上，强调了在生命世界里人与动物在生命关系和情感关系中的一体感通性。虽然这种"因物而感，感而遂通"的体验在人类的移情作用和对生物情感心理的把握上有夸大之处，但对有血气的、有感知能力的动物的相互同情的体察，并把它与人类的人性关怀联系起来，从而使人类产生一种尊重和保护生物生存的强烈的情感动力，却为生态伦理学提供了科学所不能给予的"情理"支持，这是当代人道德心理中非常缺乏的珍贵的"感通型智慧"。

儒家的"亲亲而仁民，仁民而爱物"、贵人贱畜和贵人贱物的道德阶梯论，对于人类将道德的对象和范围从人类自身逐步扩大到人以外的自然物，有其比较合理的现实性，而且符合人类道德进化的方向。从实质上看，它甚至比现代人类中心主义的伦理观还要合理得多。因为儒家的道德人文主义不是只承认人类一个物种的利益和价值的人类中心主义，儒家在肯定人在自然界中具有最高价值的同时，也肯定了无机物、植物和动物在自然的进化之链上具有高低不同的自身价值，强调要"恩及禽兽"，"节用""爱物"，把人类的人性关怀按照血缘亲疏关系扩大到非人类以外的自然万物，并且以生态伦理来约束人类对自然的行为。但是，如果完全按照与人类的血缘亲疏关系来扩大道德对象，则儒家这种爱有等差的伦理依然具有严重的时代局限性。因为儒家由己及人、由亲亲而仁民、由人类及自然这种外推扩展的传统伦理，到底还具有人类价值和利益的本位观，还具有“自私物种”的狭隘性。而现代非人类中心论的生态伦理学则从人类生命与自然界有机的整体联系的客观事实出发，对人类的道德主体地位给予重新定位，要求人类从所有生命居住的家园的立场来保护地球，要求在尊重生命和自然物的前提下来合理利用自然资源。

四、参赞化育与环境保护

“参赞化育”是儒家关于人在宇宙中的地位和作用的积极思想，它以天地生生之德和圣人与天地合其德为依据，既强调了人与天地的统一，同时也突出了人与自然的区别与人的独特性和能动性。虽然人与天地参的思想形成较早，但直到《荀子》《易传》《中庸》，才形成了比较完整的理论基础。春秋时期，已经有人提出“人事与天地相参”的观点：“夫人事必将与天地相参，然后乃可以成功。”(《国语·越语》) 认为人事活动必须有天地的自然因素的配合，才能取得成功。孔子以“尽人事，待天命”的行为突出了人的主体能动性。孟子虽然也强调人的因素的重要性，认为“天时不如地利，地利不如人和”(《孟子·公孙丑下》)；但并非认为天时地利不重要，或者可以忽视，而是在三者中强调人和的首要性。荀子则在区分天地人三种因素的职能和遵循天地的客观规律的前提下，强调人类积极参与和改造自然界的能动作用。他说：“天行有常，不为尧存，不为桀亡。应之以治则吉，应之以乱则凶……故明于天人之分，则可谓至人矣。不为而成，不求而得，夫是之谓天职。如是者，虽深，其人不加虑焉；虽大，不加能焉；虽精，不加察焉。夫是之谓不与天争职。天有其时，地有其财，人有其治，夫是之谓能参。舍其所以参，而愿其所参，则惑矣。”(《荀子·天论》) 荀子认为，天与人的职能各有不同，人不应去了解与人事无关的天道，如果这样做，就是与天争职，就是未能懂得天人之分别。当然，荀子并不反对认识与人事特别是与农业生产活动相关的自然规律，恰恰相反，认为这种规律正是他立足天人之分来保护环境的“圣王之治”的重要前提。

《易传》虽然没有从字面上明确提出天人相参的口号，但其三才之道、大人与天地合其德的微言大义，直接包含着《中庸》的人与天地参的思想内容。《易传》认为，乾元代表天道，是原始的创造力之源；坤元代表地道，具有厚德载物的慈善品格。人为天地所生，居于天地之间。因此人道是参元，兼备天的创造性和地的顺承性，人能够并且应该发挥天地生生的崇高德性，使人类自己得以发展和完善的同时，也使万物得到繁荣兴旺。《易传·乾文言》说：“夫大人者，与天地合其德，与日月合其明，与四时合其序，与鬼神合其吉凶，先天而天弗违，后天而奉天时，天且弗违，而况于人乎！况于鬼神乎！”这在天人关系上是一种比较正确的看法。人兼具天地的乾坤刚健柔顺之道，既应该顺应自然规律，与天地的自然变化相一致，又应该积极进取，按照天地万物的属性来改造和利用自然，克服自然本身的缺陷和不足，以减少自然的不利变化对人类和万物造成的消极影响，使之更好地为人类的生存和发展服务。《易传》主张“财（裁）成天地之道，辅相天地之宜”（《易传·象传》）；“范围天地之化而不过，曲成万物而不遗”（《易传·系辞上》）。《易传》强调人应对自然进行引导和调整的观点，与《中庸》里的“参赞化育”的观点相一致，只是在侧重点上有所不同。

《中庸》指出：“唯天下至诚，为能尽其性。能尽其性，则能尽人之性。能尽人之性，则能尽物之性。能尽物之性，则可以赞天地之化育。可以赞天地之化育，则可以与天地参矣。”这段话道出了儒家关于人在宇宙中的地位和人与万物关系的精髓。它认为，天道真实无妄，它就表现在万物之性和人性之中，人性若能尽其诚，则可以合于天道。万物不能尽己之性，更不能尽人之性，而人则能够由诚而明和由明而诚达到尽已之性，尽人之性，进而尽物之性，弘扬天地的生生大德，促进万物的生长和繁荣，与天地并立为三。人在宇宙中的地位高于万物，与天地卓然并立；人在宇宙中的作用是协助天地化育万物，促进万物的顺利生长；人与天地万物的关系是互济互利、相互依存的协调关系。这里，我们可以看到儒家人文主义价值观的一个重要特点：儒家强调人道，但又不将人与自然的关系切断。它高扬人的价值，但又不否定自然存在物的价值。因为，在儒家的观点看来，天地是一个生生不息的创造本源，而人则是宇宙创造过程的辅助者和促进者。人和万物皆由于禀赋天地之性而具有其价值，但人同时还具有为万物所缺乏的道德品格和智慧，因而人不仅能够沟通天地，还能够把自己的内在德性开发出来，以协助万物潜能的充分实现。人是宇宙进化过程中参天地、赞化育的共同创造者。

《易传》和《中庸》的共同点是，人作为天地所生的万物中最高贵者，具有与天地相同的崇高德性，能够发挥自己的独特作用，促进万物的发育与成长，使天地中的生命和万物日益臻于繁荣，从而把天地赋予的生生之仁和创造能力完全加以实现，因此能够与天地卓然并立为三。其区别在于，《易传》强调的主要是“裁化”之道，即在认识和依循自然法则的前提下，在实践上辅相天地之宜，积极利用自然，为人类的生存发展目的服务，同时求得人与自然的和谐相处；而《中庸》则突出的是“诚明”之路，主张通过心性修养来尽人之性，尽物之性，诚己诚物，从而以内在超越之路来实现与天地参。前者与荀子相似，后者与宋明理学相同。但二者又相互补充和完善，从而构成儒家环境管理和自然保护的整个学理基础。

儒家的环境管理是施行王道仁政的重要措施。孟子提出按照自然的生态节律和动植物的生长特点去利用自然资源的生态道德要求："不违农时，谷不可胜食也；数罟不入洿池，鱼鳖不可胜食也；斧斤以时入山林，材木不可胜用也。谷与鱼鳖不可胜食，材木不可胜用，是使民养生丧死无憾也。养生丧死无憾，王道之始也。"（《孟子·梁惠王上》）这是因为谷物、鱼鳖、木材等老百姓养生丧死所需之物，有一个养护生长的自然之理。"故苟得其养，无物不长；苟失其养，无物不消。"（《孟子·告子上》）即对生物资源要加以合理的养护和利用，才能使其生长茂盛，繁殖兴旺，否则各种生物资源就会在人们的违时获取和过度利用中耗尽，丰茂的山林就会变成不毛的荒山。这种看法就是在今天也还具有保护自然资源的积极意义。

荀子继承和发展了儒家"取物以顺时"和"以时禁发"的思想，比较系统地提出了环境管理和保护自然资源的学说。他非常清醒地认识到，尽管人类的价值高于自然万物的价值，但人类社会与自然界又是相互依存的，人类也是自然大家庭中的一员。为了使自然界为人类提供更多的物质财富，必须把管理社会的原则推广到自然界中去，对天地万物施以仁爱的精神，在人与自然的关系中建立起协同互济、相互制约的秩序。荀子指出："君者，善群也。群道当，则万物皆得其宜，六畜皆得其长，群生皆得其命。故养长时，则六畜育；杀生时，则草木殖"（《荀子·王制》）。他已经看到，在自然的生态秩序中，万物皆有其适宜的位置，用现代的生态学术语来说，就是有其生态位，各种生物的生长成熟和衰亡也有其时间上的特点。因此要按照自然生态系统动态平衡的需要，建立一个依时采伐林木和猎取生物资源的环境管理制度："圣王之制也：草木荣华滋硕之时，则斧斤不入山林，不夭其生，不绝其长也；鼋鼍、鱼鳖、鳅鳝孕别之时，罔罟毒药不入泽，不夭其生，不绝其长也；春耕、夏耘、秋收、冬藏，四者不失时，故五谷不绝，而百姓有余食也；污池、渊沼、川泽，谨其时禁，故鱼鳖优多而百姓有余用也；斩伐养长不失其时，故山林不童而百姓有余材也。"（《荀子·王制》）按照荀子的看法，人类的生存依赖于自然界提供的各种物质资源，而只有圣王按照自然生态的演化法则对环境进行合理的管理，用养结合，爱物节用，使万物各得其宜，才能有足够的食、用、材等资源来养活百姓，才能维持社会的长期稳定。这种将社会经济生活与自然生态环境联系起来加以考虑的生态思想，与今天人们所提倡的可持续发展思想非常相似的。

从生态道德上看，儒家对于生物资源的保护，尤其突出地表现在对动物的行为上。司马迁在《史记·殷本纪》中讲了一个“网开三面”的故事。“汤出，见野张网四面，祝曰：‘自天下四方皆入吾网。’汤曰：‘嘻，尽之矣！’乃去其三面，祝曰：‘欲左，左。欲右，右。不用命，乃入吾网。’诸侯闻之，曰：‘汤德至矣，及禽兽。’”这个记载说的是，夏朝末年，汤在野外看见有人在张网捕鸟，捕鸟者在东西南北四面都布下网，并祈祷所有的鸟都飞入网中。汤见此情景，立即命令撤去三面之网，并祈祷说：“天下之鸟愿意向左的向左，愿意向右的向右，如不听此命令者，就自投罗网。”诸侯听到此事后赞叹着说：“汤的恩德真是高到了极点，已经施及禽兽身上。”

儒家的创始人孔子也从对动物的仁爱之心出发，提出过类似的道德思想。他要求人们“钓而不纲，弋不射宿。”（《论语·述而》）。即获取鱼类作为食物，可以钓鱼，但不能用渔网捕鱼，对于鸟类，也不能用弓箭射杀归巢的飞鸟。朱熹在注释这一句话时引洪氏之语说：“孔子少贫贱，为养与祭，或不得已而钓弋，如猎较是也。然尽物取之，出其不意，亦不为也。由此可见仁人之本心矣。”（《论语集注》）在《孔子集语·论政》中也有关于孔门弟子保护小动物的记载。孔子的弟子宓子贱在单父为官。“三年，巫马旗短褐衣敝裘而往观化于亶父，见夜渔者，得则舍之。巫马旗问焉，曰：‘渔为得也，今子得而舍之，何也？’对曰：‘宓子不欲人之取小鱼也。所舍者小鱼也。”巫马旗归，告孔子曰：‘宓子之德至矣……’”宓子不让人们取小鱼，即使到手，也要放回水中，让其长大，这显然是孔门重视保护幼小动物的生态道德传统的具体表现。儒家明确规定“天子不合围，诸侯不掩群”，反对大规模地灭绝动物种群的狩猎行为。在日常生活与宗教祭祀活动中，如果没有正当的事由，也不能随意杀害动物和家畜。“诸侯无故不杀牛，大夫无故不杀羊，士无故不杀犬豕，庶人无故不食珍。”（《礼记·王制》）儒家的上述环境管理制度、措施和保护生物资源的生态道德，继承了中华民族自古以来的美好传统，对于我国几千年来农业文明条件下合理利用自然资源、保护生态环境起到了一定的作用。

五、人与自然的和乐之美

儒家“参赞化育”的“天人合一”思想包含着追求人与自然和谐相处的生存境界。所谓和，就是诸多性质不同的事物构成的互济互补、均衡协调、和谐有序的有机统一体，即史伯所说的：“夫和实生物，同则不继，以他平他谓之和。”（《国语·郑语》）荀子继承了史伯的这一思想，进而把“和”当作是万物得以产生和发展的综合协调机制。“万物各得其和以生，各得其养以成。”（《荀子·天论》）“天地合而万物生，阴阳接而变化起，性伪合而天下治。”（《荀子·礼论》）和与合同义，都是万物化生与成长的基础和依据。《易传·上象》说：“乾道变化，各正性命，保合太和，乃利贞。”其认为天道的运行规定着万物各自的性质，保持和调整着万物间全面和谐的关系，于是达到普利万物的中正状态。《易传》强调阴阳刚柔的和合对于规范万物性质、法则、秩序、统一的作用，而对阴阳刚柔的体会能帮助人们通晓万物的属性、天地的原则和造化的神妙高明的用意。《易传·系辞下》说：“乾，阳物也；坤，阴物也。阴阳合德，而刚柔有体，以体天地之撰，以通神明之德。”《中庸》则提出：“喜怒哀乐之未发，谓之中，发而皆中节，谓之和。中也者，天下之大本也；和也者，天下之达道也。致中和，天地位焉，万物育焉。”这就把中和从喜怒哀乐的性情推广和提高到位天地、育万物的道德形而上学高度。这里“中和”强调了在事物的和谐过程中无过无不及的“合适度”。

儒家所追求的和与中和的“天人合一”的生存境界，是一种真善美相统一的理想境界。所谓真，就是经过由诚而明或由明而诚的途径，去洞悉天地创生万物的宇宙过程，把握人在宇宙中的位置，效法天地的生生之仁性，积极地发挥人的参天地、赞化育的作用，自觉地与天地合其德。所谓善，就是认识到天地创生万物之生生过程包含着一种至善的德性，这就是生生之仁。儒者追求“天人合一”，就要像天地一样生养万物，关切万物，使其各遂其生，各得其所，有“民胞物与”和“仁者与天地万物为一体”的博大胸襟。“于万物为一，无所窒碍，胸中泰然，岂有不乐！”（《朱子语类》卷三一）人若进入到这种境界，就会超越个人的私欲，把自己的情感融入万物之中，从人与万物的一体感受中获得审美快乐。所谓美，在生存境界上，就是人对天地万物之和谐一体的精神体验而产生的最高快乐。《礼记·乐记》说：“乐者，天地之和也”“大乐与天地同和”。乐就是主体与对象结合产生的审美体验。在人对天地万物的和谐产生的审美体验中，人的情感与万物景象交融为一。人因自然的和谐产生愉悦和快乐，自然的和谐之美因人的体验而更美。天与人，景与情，本身又是和谐不分的。这种人与自然的和乐之美，正像《论语·先进》所记述的曾点之志那样：“莫春者，春服既成，冠者五六人，童子六七人，浴乎沂，风乎舞雩，咏而归。”孔子所赞赏的曾点之志，就是人完全融入自然，实现了人与自然完美和谐所产生的审美境界。当然，儒家天人合一中包含的乐的境界，并没有排斥天地生生之实理的真，也未否定其中的仁。可以说，在人与自然的真善美的统一中，如果说道家的道法自然思想主要强调人与自然和谐的真与美的结合，儒家则主要体现了善与美的结合。儒家乐的境界与仁的境界合而为一，在对天人合一的审美评价中带有强烈的道德色彩。

孔子提出“智者乐水，仁者乐山”（《论语·雍也》）的命题，赋予山水以人的情感、气质特征和个性品格，把山水人格化，实际上开了儒家“比德说”的审美观的先河。智者之所以乐水，是因为水有类似人的智、礼、勇、德、公正、知天命等德性；而仁者所以乐山，也是由于山有生草木、育鸟兽、成万物、殖财用、无私予人等至善的品格。这是从对自然美的欣赏中发现了自然美与人的某些品德、情操的相通之处，而以山水之美托情寄意。孟子也以山水之美比喻君子之道德：“孔子登东山而小鲁，登泰山而小天下。故观于海者难为水，游于圣人之门者难为言。观水有术，必观其澜。日月有明，容光必照焉。流水之为物也，不盈科不行；君子之志于道也，不成章不达。”（《孟子·尽心上》）荀子在《宥坐》中也将水势与水的不同形态与人生的“九德”加以类比。这些事实说明，儒家“天人合一”的最高生存境界是真善美三者融合为一体的境界，人与自然的和谐之美不能脱离真和善，尤其是不能脱离道德内容。由此，决定了儒家反对人与自然的分离和对抗，不主张通过改造自然来创造人工自然的美，而只是赞赏在静观自然之美的过程中来实现人与自然之美的主客合一、心理合一、情景合一。这也是儒家传统生态伦理观中的一大特色。

第三节　“慈悲利他”——佛教对生命及其生存环境的关切

佛教产生于印度，在传入中国的过程中，不仅吸取了印度佛教的基本思想，还经过了对中国社会和传统道家、儒家及民间思想的适应，促使其不断地改变和不断地发展，最终形成了一个既不同于印度佛教、也不同于道家和儒家思想的中国佛教。中国佛教是中国传统文化的一个重要组成部分，与道家和儒家的思想传统一样，也包含着非常独特而丰富的生态伦理思想，这些思想同样是我们重建人与自然和谐关系的宝贵的文化资源。

一、众生平等与万物平等的价值观

一般而言，所有佛教的派别都承认，一切有情众生（即有情识的生物），包括通常所说的“六凡”“四圣”这十界，都具有内在的佛性，具有内在佛性的众生当然具有自己的价值。尽管众生由自己的因缘和业报不同而在现实居住的“器世间”中和达到的果位（境界）有所不同，但由于众生都具有相同的佛性，因而大家的价值都是平等的。对于植物而言，在印度佛教的教义中没有明确地肯定其生命价值，即承认植物等生命具有佛性，这可能是出于佛教不杀生戒的考虑。如果把植物也当成戒杀的对象，佛教徒就会失去生存的来源。在中国佛教中，天台宗、华严宗和禅宗等佛教宗派都承认一切众生都具有佛性，但它们对佛性的理解各自不同。天台宗主张十界互具，即六凡四圣皆有善恶。佛界具有菩萨以下九界之性，包括地狱界的恶性，即诸佛不断性恶；地狱界也具有畜生以上九界之性，即地狱不断性善。因此，佛与众生，由性具见平等，由修行见差别。佛虽然也具恶性，但由修行，尽善绝恶；众生尽管也有佛性，但受贪欲支配，则大都放弃善而没于恶。华严宗则提倡净心缘起观，认为佛性是一切凡圣之终极原因。众生与佛，原本无二，究竟而论，佛即众生，众生即佛。但由于妄念有无之不同，而有众生与佛的区别。通过修行，去掉无明与妄念，众生就可以回归于纯净无染之如来藏清净心，就可以达到佛的一真法界。禅宗主张即心即佛，离心无佛。自心是佛，佛就在自己心中。作为万法本源的真如本性，即自性，对众生而言，就是众生之心。因此，自性若悟，众生是佛；自性若迷，佛是众生；自性平等，众生是佛。只要离相无念，去掉有执和迷妄之心，就能明心见性，顿悟成佛。由于对佛性的理解不同，华严宗、天台宗和禅宗关于佛性存在之范围的观点也不相同。天台宗认为无生命的所有事物都具有佛性。华严宗只承认有情众生具有佛性，而反对无情之物有佛性的观点。禅宗不仅肯定有情的众生具有佛性，还承认无情的草木等低级生命也有佛性。

佛性论是一种价值论，一如中国道家的道德论和儒家的天地生生论是一种价值论一样。从中国最具创造力的三个大乘佛教的教派不同的佛性论来看，似乎华严宗承认有情众生具有价值，有点类似于西方的动物自由主义者，肯定人类生命与有感觉的动物生命的价值平等；天台宗则类似于大地伦理学，它肯定宇宙间的所有事物都具有平等的价值；禅宗则类似于生物中心论，它肯定一切生物，不管是高等的还是低等的，也不管是有感觉的还是无感觉的，是动物还是植物，它们都具有平等的价值。因此，由中国佛教的佛性论价值观可以导出众生平等论、生命平等论与万物平等论，它们对环境伦理学的发展具有重要的启发意义。

华严宗和禅宗承认有情的众生和无情的花草都具有自己的内在价值，已经超越了人类中心主义的价值观。尤其是后者，可以说已经属于一种生物中心论的价值观。禅宗从六道轮回的转生思想来怜悯动物，反对杀生，从佛性的普遍存在来关爱花草树木，是一种主观心情与客观事物合一的独特的存在体验。虽然与生态学从生态系统进化的角度客观地理解自然物的内在价值的途径不同，但是二者都要求尊重生命本身的价值的思想却是殊途同归的。这两种对生命价值的尊重态度都可以产生出尊重生命的伦理学，不过前者侧重于对生命物种与生态系统健康存在的道德关心，而后者侧重于对生命个体所受痛苦的拯救和对生命之美的关心。后者更具有道德心理的体验性和感召性，它可以自然地引起人们产生对生命的关爱，当然其理性内容则不足，有时甚至只是一种神秘体验。

天台宗的无情有性论把有价值的东西扩大到宇宙中的所有事物，在道德范围上要更加宽广，可以说是一种宇宙伦理学。这种伦理学要求以平等的态度尊重和对待万物，因为万物由于具有佛性因而具有内在价值和尊严性。如果人破坏了万物的内在价值和尊严性，那么反过来也会危害人的价值和尊严性。这正如英国著名历史学家汤因比指出的那样，宇宙全体，还有其中的万物都有尊严性，它是这种意义上的存在。就是说，自然界的无生物和无机物也都有尊严性。大地、空气、水、岩石、泉、河流、海，这一切都有尊严性。如果人侵犯了它的尊严性，就等于侵犯了我们本身的尊严性。在当代，这种对自然万物尊严性的侵犯，最终通过生态破坏和环境污染反过来恶化了人类生存的条件，结果也侵犯了人的尊严性。这样一种万物平等的价值观是一种宇宙主义的观点，它从宇宙的范围把人类与自然联系起来，能够为人类解决环境问题提供一种价值取向上的新基础。它不是把人类价值看得高于自然的其他部分的价值，而是把人的价值看作自然价值的一个有机的组成部分、一个平等的部分，由此克服了人类中心主义犯下的错误，即人类只是为了实现自身的利益而不断寻求征服自然系统中其他部分的手段和方法。人类必须重新形成一种尊重万物价值并与自然和谐相处的正确态度，因而这种万物平等的价值观有助于人们从狭隘的传统伦理学转向崭新的大地伦理学。根据大地伦理学，人类与万物都具有自己的内在价值而没有等级差别，人与万物都是大地共同体中平等的一员。大地共同体不能缺少组成它的所有成员，人类的智力特征并不是其优于其他组成部分的理由，它不过是自然的天赋和分工的不同。为了维护大地共同体的存在，自然系统的每一部分器官和功能都是不可或缺的。因此，人类应当平等地尊重大地共同体的所有成员，以维护这个共同体的完整、稳定和美丽。当然，天台宗的无情有性论所缺乏的是从生态科学的角度去把握自然整体中每个成员价值的相互依存性和与生物圈的系统价值的关系，但这是时代的限制，是不能苛求于古人的。

二、业报论与对生命及其环境的尊重

业报论是佛教慈悲行为的重要思想基础。“业”意为造作，泛指所有的身心活动。其分类很多，一般分为三业：身业（行动）、语业（亦称口业，言语）、意业（思维活动）。“报”即报应，果报。“业报”就是众生作业必然产生的相应的报应或果报。在佛教的业报论中，有正报和依报的说法。所谓正报，是指有情众生因过去所作之业而得此身的果报；所谓依报，是指众生所依之而住的国土世界，即山河大地、房舍等环境所受的果报。正报也称别报，它是由众生个体自己所造的“不共业”带来的，它只影响造业的个体主体；依报也称共报，它是由众生共同所造的业，即“共业”所产生的，因而会影响到所有众生。业是众生个体和它所居住的世界的根源。善业能产生有益于众生身心的结果，即得善报；恶业能产生有害于众生身心的结果，即得恶报；不产生有益和有害于众生身心的结果，是无报。这里，正报、别报的概念体现了佛教对生命的尊重，而依报、共报概念则体现了对生命存在的环境的关怀。

根据业报论，佛教主张众善奉行，诸恶不做，拯救生命，由善业获人天之善报，进而摆脱“六道轮回”，由“无漏”（断除生死流转）的善业，获得阿罗汉、菩萨和佛的善报。佛教反对杀生，以免杀生恶业使众生堕入地狱、饿鬼、畜生这“三恶趣”。因此，在诸罪业之中，杀罪为重；在诸功德中，救生第一。佛以慈悲为怀，慈者，与一切众生乐，悲者，拔一切众生苦。佛视大地众生，皆如一子。他不光拯救人类生命于苦海之中，也一视同仁地拯救非人类的其他生命。

中国佛教徒依据各种佛教经典和教义，也主张食素，提倡戒杀生。不但不可杀人，而且亦不可杀害其他动物，因为鸟兽虫鱼及一切动物都具有佛性。人类与生物在共同的缘起关系之中，是自它相依的。杀害其他生命，必然导致堕人恶道，也会造成被杀的恶报。从心理情感上说，人不愿被杀害，难道其他动物就甘愿被杀害？如此，人们怎么可以去杀害动物？由此就会对杀生产生愧疚感。只要人人都能持此戒律，则天下的所有杀具就会毫无用处。通常，人们杀生一般是为了人的吃肉。但“食肉断大悲种”，佛教徒修行，是要普度众生，救一切众生苦，为了吃肉而忍心杀害众生的生命，还有什么慈悲心呢？因此，佛教徒不能食一切众生肉而必须吃素。吃素是中国佛教的传统习惯。不食肉有很多原因，但主要是为了长养慈悲。这种慈悲可以使人类把对自己生命的关怀扩大到所有动物。中国佛教徒的这种身体力行的慈悲，已经引起了当代的环境伦理学家的重视和赞誉。例如，英国著名的动物自由主义者辛格在其具有世界性重要影响的著作《动物解放》的中文版《致中国读者》中指出："使人类的关怀及于动物，这对于中国读者来说该并不陌生。毕竟，影响了中国许多世纪的佛教传统的一个中心理念是众生平等，甚至要求信徒不杀生；这与西方把人与动物截然分开，强调只有人才是上帝的刻意创作，因而天赋统治其他动物之权的观点大异其趣。"[1]他认为，佛教众生平等和不杀生的传统是一种高尚的伦理。这种伦理有利于改变人类肉食习惯和虐待动物、不利健康、浪费资源、毁灭环境的行为，有助于拯救人类居住的地球。"然而，对于动物目前在中国的处境来说，这种高尚的佛家伦理的影响已很微弱，动物仍属于'异类'，常常被非常残忍地当成'物品'来看待。"[2]现在，在不少的城市里，有些人已经不满足于一般地吃家畜的肉，而是迷恋于吃野味，甚至特别爱吃天鹅、穿山甲、老虎、娃娃鱼等珍稀动物，从而导致农村出现了对各种野生动物和保护性动物的毁灭性捕杀行为。如果能够把中国佛教徒的戒杀生、素食传统与生态科学和饮食科学的知识结合起来，就一定能够大大改变这种既不利于环境又不利于健康的愚蠢行为。

中国佛教对众生生命的尊重，还包括对生命所居住的环境的关心。佛教徒所追求的"净土"是一种理想的清净国土，是他们对美好的生态环境的渴慕。在佛教对净土的描绘和赞颂中，天国的环境仿佛是现实中最好的生态状况：那里有清凉甘甜的水，有细润柔和、香洁光辉的杂色花露，有万紫千红的芬芳鲜花，有和风吹拂的繁茂树木，有大雁、白鹭、鹦鹉、孔雀等可爱的鸟类……但印度佛教的天国美景只在未来的彼岸世界，而不在现实世间。随着佛教在传入过程中受中国本土道、儒两家文化的濡染，中国最具创造力的本土宗教大都主张在此生修佛，同时认为净土即在世间，并把佛教寺庙所在的园林环境当成净土的表现。因此，佛教不仅制定戒律，禁止乱伐树木，破坏森林和山水，反对破坏生态环境的行为；而且自觉选择名山大川周围最好的自然环境以建造寺庙，力求使佛教庄严的宗教精神与优美的自然环境和谐一致，使自然环境的美成为帮助人们修行成佛的重要条件。

---

[1] 辛格．致中国读者[M]．梁从诫，译//辛格．动物解放．孟祥森，钱永祥，译．北京：光明日报出版社，1995：2.

[2] 辛格．致中国读者[M]．梁从诫，译//辛格．动物解放．孟祥森，钱永祥，译．北京：光明日报出版社，1995：2.

俗语云："天下名山僧占多。"我国的众多名山胜水中到处都坐落着寺庙、庵院，到处都有佛塔、石窟。自魏晋以来，我国大规模地封占山水，修建寺庙，已蔚为时风。无论是在深山幽谷、高崖险峰，还是在流泉飞瀑、海岛水滨，到处都有佛教寺庙的踪影。长期以来，中国佛教徒栽花种树，美化和维护着寺庙周围的环境，鸟语花香，游鱼走兽，明月秋风，造就了启悟人参透佛性的禅机。无怪乎中国最流行的禅宗佛教，其大师常常以山水花草等自然景物作为禅境的方便入门。因此，禅悟也通常在自然景物中触发。从更深刻的意义上说，禅境即是自然之景。真正进入悟境的人，他对佛性真如的体验已经完全融入了一山一水、一草一木之中。万象同化为一的生命整体既是宇宙的真实境界，又是法我合一的最高精神境界：

同时，按照佛教"依正不二"的原理，生命主体与其生存的环境是一个不可分割的有机整体。"以依正不二故，众生有佛性，则草木有佛性。以此义故，不但众生有佛性，草木亦有佛性也。若悟诸法平等，不见依正二相，故理实无有成不成相，无不成故，假言成佛。以此义故，若众生成佛，一切草木亦得成佛。"吉藏《大乘玄论》佛教以"依正不二"来说明草木有佛性，并认为草木与众生互为依正。从佛性的立场上看，众生与草木都是平等的。既不可强以草木为依，众生为正；又不可倒过来，以众生为依，草木为正。可以说，这种看法一方面包含着作为高级生命的主体与作为低级生命的草木在主体与环境关系上的相对性，另一方面包含着生命与环境的一体性思想。这种看法与当今生态学关于生物与环境的整体性原理是非常相似的。由此出发，中国佛教徒立志行善修佛，建立人间净土，不仅发誓救度众生，还尽力保护和美化着所有生命生存的环境。这种理念和行为为人类消除全球生态危机提供了深远洞识。

第三章　中国传统生态伦理观与西方生态伦理观的跨文化比较

对人与自然关系的探索是人类意识产生以来的一个不变的主题，古今中外关于解决环境和生态问题的思想理论和精神资源硕果累累。尽管生态伦理观在中国和西方的发展有着不同的路径，但都对实现人类与自然的和谐相处有着重要的现实意义。

第一节　中国传统生态伦理观的发展

中国传统文化的内涵相当丰富，流派众多。在许多流派中，如《汉书·艺文志》所列墨家、阴阳家、农家、杂家等，都有生态伦理思想，其中道、儒、佛三家对后世的影响最大。这些思想不仅是中华五千年文明史得以延续发展的道德基础，还是现代生态伦理学健康生长的历史养分和建设社会主义生态文明的无穷宝藏。

一、“天人合一”的核心思想

“天”与“人”的关系问题是中国古代哲学的主要命题，也是中国传统文化的重要内容。“天”与“人”的含义是什么？学界大致有两种看法。一种看法认为“天”指大自然，而“人”即指人类。“天人合一”就是人与大自然的合一。“天人合一”不否认人与自然的区别，但强调人与自然的统一以及两者相互依存的关系。另一种观点则认为“天”指封建伦理道德，“人”是“宗法关系的个体承载者和能动的维系者”。“天”被神秘化、伦理化了；“人”也往往被剥夺了主体性，或被唯心地注解了。该观点认为“天人合一”是封建人伦的放大，即将封建人伦放大到天命的高度。尽管人们对“天人合一”的内涵有不同的理解，但在中国传统文化道家、儒家的“天人合一”观中含有人与宇宙或自然应和谐一体的层面是确定无疑的。

“天人合一”哲学表达的是一种人与自然和谐统一的思想。“天人合一”包含了三个层面的意思：其一，在天与人的关系定位层面上，天人一体构成了完整的系统。趋向在合，不在分；其二，在生态道德目标层面上，天人共生共荣，自然生态和谐，人类才和谐；其三，在生态道德准则层面上，人应遵循自然规律，法则自然，不违背客观规律。

“天人合一”观的思想源起于《周易》，后为我国古代大多数哲学家所遵从、解说和发展。如道家“天人一体”思想，即庄子的“天地与我并生，万物与我唯一”(《庄子齐物论》)。儒家董仲舒认为，天、地、人三者虽处于不同地位，有不同作用，但它们是合而为一的。他说：“事各顺于名，名各顺于天，天人之际，合而为一。”(《春秋繁露·深察名号》)张载最早提出“天人合一”命题。他说：“儒者则因明至诚，因诚至明，故天人合一。”(《正蒙·乾称》)宋儒程朱学派也提出了“人与天地万物为一体”的思想，发展了“天人合一”哲学。虽然古代哲学家对“天人合一”有不同解说，但对它关于人与自然和谐的基本思想均予认同。张岱年先生认为，“天人合一”比较深刻的含义是人是天地生成的，人与天的关系是部分与全体的关系，而非敌对关系，人与自然应和谐相处，这样“天人合一”思想就可以作为生态伦理与可持续发展的哲学基础。❶

在中国传统文化中，“天人合一”不仅是一个存在论的命题，还是一个价值论的命题。从价值论的视角来看，这一命题把追求和谐作为一种至高的价值目标，而和谐的根据不在人之外，就在人自身，所以追求和谐就成为人生的当然使命。正如李约瑟所说：“中国人的世界观依赖于另一条全然不同的思想路线。一切存在物的和谐协作，并不是出自他们自身之外的一个上级权威命令，而是出自这样一个事实，即他们都是构成宇宙模式整体阶梯中的各个部分，他们所服从的乃是自已本性的内在成命。”❷

二、“天道生生”的哲学思想

“天道生生”在中国哲学中是与“天人合一”并列的重要思想。这里，“天道”是自然界的变化过程和规律；“生生”是产生、出生、一切事物生生不已。儒家主张“天道生生”。《易传》把“生生”（即长养生命，维护生命）作为人的“大德”，强调世界“生生不息”，“生”是最重要的，它的最基本的思想是“生生之谓易”《易传·系辞上》和“天地之大德曰生”《易传·系辞下》。所谓“易”就是生生，世界万物生而又生，生生不息。这里，“生”（人和其他生命）和“德”（善行）是相互联系和统一的，万物生生不息是最崇高的德行，是“至德”和“大德”。

❶ 张岱年．论中国哲学发展的前景[J]．传统文化与现代化，1994(3)： 4.

❷ 李约瑟．中国科学技术史：第二卷 科学思想史[M]．何兆武，李天生，胡国强，等，译．北京：科学出版社，1992： 619.

老子哲学认为，“道”是宇宙的本原，它先于天地存在，并以它自身的本性为原则产生万物，这就是“道生一,一生三,二生三,三生万物”(《老子》第四十二章)。它产生千差万别的世界，包括人。

三、“道法自然”的哲学思想

“道法自然”是老子哲学的主要观点，“尊道贵德”是老子哲学的理论核心。道家认为天地并不是最根本的，最根本的是“道”。世界上的一切包括天地万物和人都是从这个“道”产生的。老子说：“道生一,一生二,二生三,三生万物。”(《老子》第二十五章)其意思是“道”为宇宙万物之本原。由此，“道”有三层基本意思。第一，它先于天地存在，并作为天地万物存在的根据产生了天地万物。第二，它是世界万物运行的基本规律。道虽然无为，但世界没有任何一件事物不是它所为。因而，人要遵循自然法则。“人法地，地法天，天法道，道法自然”(《老子》第二十五章)，这就是自然法则。第三，它是人类追求的最高道德境界。圣人之治就是按照“无为”的原则，符合“天道自然本性”的原则，“为无为，则无不治”(《老子》第三章)。这是人的最高德行。关于“道”的含义，其中最重要的一点是“道法自然”，即“道”是世界万物运行的基本规律，道家的生态伦理思想正是建立在此基础之上并以此为出发点的。天地万物的运动变化是有规律的，老子哲学把这种规律称为“天道”或“天之道”。它既是自然万物所遵循的规律，又是人类行为应遵循的法则。老子认为，人应当顺应自然，遵从“道”，人只不过是自然中的一部分，天道与人道、人与自然是和谐统一的。人以地为法则，地以天为法则，天以道为法则，道的法则就是自然而然。老子提出的师法自然的思想，虽然是从人类行为的一般意义上说的，但包含着人类的道德行为，因此道德法则应遵循自然法则的思想。

四、“和合”哲学思想

“和合”二字最早见于甲骨文、金文，表示和谐。张立文认为，和合是中国文化的精髓，也是被各家各派所认同的普遍原则。“无论是天地万物的产生，人与自然、社会、人际关系，还是道德伦理、价值观念、心理结构、审美情感，都贯通着和合。”[1]

---

[1] 张立文．中国文化的精髓—和合学源流的考察[J]. 中国哲学史，1996(1-2)：43.

“和合”是中国古代哲学的重要概念。西周末年，史伯提出“和实生物，同则不继”的思想，认为“和”（即多样性的统一）能生生不息，“同”（即单一的求加）则没有持续发展。“和”指不同事物和因素的结合，事物是差异和多样性的对立统一；“同”指完全相同的事物和因素的结合，它排斥差异，是不能产生新事物的直接同一。这一思想为历代哲学家所认同和发展。孔子把“和”的概念主要应用于人际关系，主张“为政应和”。他说：“君子和而不同，小人同而不和。”（《论语・子路》）孟子强调“人和”，他说：“天时不如地利，地利不如人和”，因而“得道多助，失道寡助”。荀子把“和”与“神”联系起来，他说：“万物各得其和以生，各得其养以成，不见其事而见其功，夫是谓之神。”（《荀子・天论》）意思是说，万物因为各自需要的和谐之气而生存，因为各自需要的滋养而成长，虽然看不见它们如何工作，却看见了它们的成绩，这就是“神”。董仲舒更进一步地把“和合”提到天地生成的本能、万物生成发展的机制，并首次把“和”与“德”联系起来。他认为，“和者，天地之所生成也”（《春秋繁露・循天之道》），因而“德莫大于和”（《春秋繁露・循天之道》）。这种“和合”思想对处理当今的人与自然关系、促进可持续发展具有重大意义。

五、尊重生命的生态伦理思想

中国传统尊重生命的生态伦理思想在儒、道、佛各学说中都有所体现。儒家提出“仁爱万物”的生态伦理原则。儒家讲人际道德，也讲生态道德。孟子根据“人皆有不忍人之心”（《孟子・公孙丑上》）的性善论，通过“仁者以其所爱及其所不爱”（《孟子・尽心上》）的逻辑推理方法，提出：“君子之于物也，爱之而弗仁；于民也，仁之而弗亲。亲亲而仁民，仁民而爱物。”（《孟子・尽心上》）孟子认为道德系统是由“爱物”的生态道德原则和“亲亲”“仁民”的人际道德构成，这是一种由人际道德扩展到生态道德的依序上升的道德关系。《易传》进一步发挥了孟子的“爱物”思想，提出“厚德载物”命题。孔子说：“断一树，杀一兽，不以其时，非孝也。”（《礼记・祭义》）董仲舒则认为：“质于爱民，以下至于鸟兽昆虫莫不爱。不爱，奚足以谓仁？”《吕氏春秋・贵生》从“本生”“全生”“重生”到“尊生”提出“圣人深虑天下，莫贵于生”的思想。佛教依据“一切众生悉有佛性”（《大般涅槃经》），众生皆可成佛，因而制定“不杀生”的戒律，要求佛教徒“普度众生”“拯救众生”。佛教由“以法为本”提出“依正不二”原理，认为生命主体与环境是不可分割的整体。

六、可持续发展思想与实践

对于可持续发展，中国古代思想家也有精辟而深刻的论述。第一，《易经》"太"与"久"统一，是发展与持续性的统一，人类事业追求发展，即"大"。发展是大，是正，就是正大，正大是天地之法则，是天地之情，但是只有"久"才能坚持发展。如何方能实现"久"与"大"的统一，从而见"天地万物之情"呢？《易经》认为："九二贞吉，以中也。""说以行险，当位以节；中正以通。天地节，而四时成。节以制度，不伤财，不害民。"也就是说，只有节制，具备中正的德性才能久；圣贤要效法天地，建立制度，以节制人的无穷欲望，才不会造成伤害。因此，"大"与"久"即圣人之业、圣人之德。"可久则贤人之德，可大则贤人之业。"保持久，持续发展，这是有才能的人的智慧；不断壮大，持续发展，这是有才能的人的事业。我们追求的可持续发展是"大"与"久"的统一，这是人类社会持续发展的总纲领。第二，古代阴阳学说强调阴阳消长地持续发展，"阴阳"是中国古代最基本的哲学概念。"阴阳者，天地之道也，万物之纲纪，变化之父母，生杀之本始，神明之府也。"《易经》用阴阳变化说明世界的一切现象，认为万物都有阴阳，阴阳相互作用、相互转化，阴阳交互是"天"之道，阴阳互补又是一种持续而稳定的状态。阴阳消长反映了世界物质运动的基本规律，揭示了物质循环运动规律的本质，只有通过阴阳消长的循环，世界才生生不息。循环运动是世界事物运动的基本规律，任何事物的变化都遵循循环的形式，没有循环，就不可能有无限性，不可能有持续发展。

中国古代不但有丰富的可持续发展思想，而且有宝贵的持续发展实践。第一，重视自然循环的有机农业实践。"是故人君者，上因天时，下尽地财，中用人力。是以群生遂长，五谷蕃殖。教民养六畜，以时种树，务修田畴，滋植桑麻。肥垸高下，各因其宜。"（《淮南子·主术训》）这样逐渐形成有机农业的特色，发展了重视自然循环的有机农业传统。第二，"地为政本""每土有常"，因而要"审其土地之宜"，做到"地尽其利"。土地资源可持续开发利用的实践造就了桑基鱼塘和修筑梯田等农业生产方式。第三，为了保护生物和环境，制定"圣王之制"，实施"虞衡"制度，以保证生物和林数积草的可持续利用。

第二节　西方生态伦理观的发展

19 世纪末 20 世纪初，伴随着西方社会环境保护运动的兴起，生态伦理学作为一门新兴的学科诞生了。西方的生态伦理观主要体现在生态伦理学中，因此西方生态伦理观的发展即是西方生态伦理学的发展历程。

一、孕育阶段：19 世纪下半叶至 20 世纪初

早在 18、19 世纪，人口学家马尔萨斯已经敏锐地察觉到自然资源的有限性，警告人口的增长速度将大大超过食物的开发能力，从而造成严重的饥荒。此后，德国动物学家 E. 海克尔于 1873 年创造了“生态学”一词。但在此后的 100 多年的时间中，其观点并没有得到应有的重视。[1]

19 世纪下半叶至 20 世纪初，随着现代工业的蓬勃发展，西方国家的生态资源遭到严重破坏，工业城市出现严重的空气污染和水污染事件。一些有远见的西方学者开始重新审视人与自然的关系，对 200 多年来在西方占统治地位的人类中心主义伦理思想提出了质疑，纷纷著书立说，要求尊重大自然的权利、关怀动植物，呼吁建立正确的生态伦理道德。这就诞生了最初的生态伦理学著作，如美国学者 H. D. 梭罗的《瓦尔登湖》（1854 年）、美国地理学家 G. P. 马什的《人与自然》（1864 年）、英国学者达尔文的《物种起源》（1859 年）和《人类的起源》（1871 年）、英国学者塞尔特的《动物权利与社会进步》（1892 年）、美国学者 F. 哈尔西的《回归自然》（1902 年）、美国学者贾·詹姆斯的《人与自然：冲突的道德等效》等。在这一阶段，许多思想家从伦理学的视点对人与自然关系进行了多角度的阐述。在这些著作中已开始出现人类中心主义生态伦理学和自然中心主义伦理学的理论分野，但其基调仍是人类中心主义，内容较简单。

二、创立阶段：20 世纪初至 20 世纪中叶

1962 年，雷切尔·卡逊出版了科普读物《寂静的春天》，对西方工业化国

---

[1] 刘小勤．当代中国生态伦理思潮理论探源 [J]. 贵州大学学报（社会科学版），2003，21（4）：27.

家滥用滴滴涕一类的有机农药而造成巨大的环境灾害发出了严正的警告。卡逊认为，化学有机农药的滥用不仅使毒素沿食物链传递和富集，还会威胁到鸟类的生存，使生机勃勃的春天归于一种可怖的死寂状态；并且环境污染将严重破坏人类与所有生物共享的生命之网的安全，从而危及整个人类的生存。卡逊的著作是环境问题研究的转折点，由此产生的争论引起了人类对环境污染问题的深切关注，人类的环境危机意识与日俱增。

现代环境危机大多是由人类利用工业文明的科学技术所产生的，所以人们开始批判近代以来的科学技术观，希望寻求一种与生态规律相适应的有利于环境的新技术。在对西方近代科学技术的检讨中，西方少数有识之士已经认识到西方的环境危机只是深刻得多的文化危机的一个方面。美国历史学家林恩·怀特在其著名论文《我们的生态危机的历史根源》中对此有着深刻的揭示。他指出，解决环境危机问题的根本办法不可能从科学技术那里获得，因为科学技术仅是人类操纵大自然的手段和工具。《圣经·旧约》宣称，上帝在按照自己的形象创造出人之后，还赋予了人类统治自然界中的一切生命物种的绝对权利。他要人类生养众多，遍满地面，治理这地；也要管理海里的鱼、空中的鸟和地上各种各样的活物。对于非人类的所有自然物，上帝明显地安排所有这些存在物服从人的利益和统治，除了为人的目的服务，它们都没有自己的任何目的。西方近代的科学技术不过是这种创世神学的二元论的外推，是人优越于自然并具有合理地统治自然的教义的实现。怀特主张要解决人类的生态环境危机就必须改革和重构宗教。怀特提议把 13 世纪能与鸟兽说话的阿西西的圣·弗兰西斯尊奉为生态学的圣者。他要求人们按照一种生态精神改革传统的基督教，引导科学技术的发展，从而推动人类对生态环境危机的解决。

怀特对生态危机所做的批判性检讨引起了较长时间的激烈争论。此时，正值东方的佛教禅宗与道教在西方流行，加之怀特自称是一位对禅与道都非常赞赏的生态爱好者，所以自然地在环境哲学中引发了一种转向东方文化和亚洲宗教的倾向。但怀特本人并不主张以东方宗教取代西方的基督教传统，而是提倡在以生态精神改革传统基督教的前提下，建设性地吸取东方文化传统中的智慧。

在这一转向过程中，东方的佛教禅宗、道教和印度教等受到了反主流文化的极大重视。越来越多的西方人认为，可以采纳东方宗教的观点来指导人们改善人与自然环境的关系。东方的古老思想与现代生态学的观点非常契合。例如，张华荣、艾普、雷阿利等学者认为，禅宗对佛性的顿悟能够使人们觉悟到一切动物甚至青草都具有内在价值，都具有生存和存在的权利，人类应该用尊重和敬畏的态度取代西方的功利主义；道教主张“万物与我为一”，要求人们把自我融进自然界这个更大的有机整体中，这就消弭了人与自然和谐相处的隔膜关系与思想障碍；印度教的灵魂再生信仰、多神主张和神秘主义也可以提供敬畏大自然的思想基础。[1]但是，在20世纪七八十年代，西方环境哲学家对东方宗教传统中的生态思想的探索受到了较大的阻碍，甚至出现了一定程度的停滞。正如尤金·哈格诺夫所分析的那样，一些学者毫无根据地担心东方文化会对西方文明产生消极的影响。在这方面，澳大利亚著名哲学家和历史学家帕斯莫尔就是一个典型。帕斯莫尔认为，亚洲的哲学是一种农民的哲学，其整体主义是一种危险的神秘主义，如果让其传播和侵入西方社会，就会出现像弗雷泽（民族学著作《金枝》一书的作者）和利奥波德（大地伦理学的开创者）那样的反科学的、神秘主义幻觉的“整体哲学”，从而使西方文明的理性主题笼罩在最危险的幻觉中，甚至逐渐削弱西方的科学和技术基础，危及西方文明的将来。帕斯莫尔还认为，东方的宗教和哲学传统与西方形式的政治自由是格格不入的，即使为了真诚地解决环境危机而引入东方文化也会葬送西方的这种宝贵的政治自由制度。在他看来，就算是一个污染的世界也比缺乏政治自由的专制制度要好，更何况东方的哲学和宗教传统并未能有效地阻止自己的环境退化。因此，他得出的结论是，任何改变文化方向的成功都只能意味着西方文明的死亡。正是这类对东方思想的恐惧和误解影响了西方学术界对东方环境思想的研究、借鉴和吸收。

正如哈格诺夫历史地考察和批判地分析所表明的那样，东方的思想传统并非与西方的传统绝对不相容，以至于大部分的西方人无法理解它，并存在一种担心西方文明被东方化的毫无根据的恐惧心理。事实上，东方和西方之间在很多世纪以来已经有了相当程度的跨文化交往。在17、18世纪，欧洲人已经从中国园林中借鉴和吸收了关于大自然的审美观并将其用于发展自己的园林艺术。对大自然的美学享受为欧洲出现类似的审美价值打开了通道。东方的自然美感在西方对自然美的感觉的产生过程中扮演着重要的历史性角色。

越来越多的西方学者认识到，东方的环境思想传统并非是无意义的，它具有非常重要的当代价值。因为现代的环境危机是全球性的危机，它不仅需要西方的生态科学和环境哲学，还需要古老的东方生态伦理传统。事实上，现代西方的环境哲学在推动自己的主流哲学前进的时候已经将来自东方的传统思想有

[1] 纳什.大自然的权利[M].杨通进，译，青岛：青岛出版社，1999：140.

选择性地吸收了，已经失去了它们的外国风味。更为重要的是，西方在吸收和普及东方的思想文化传统时，不仅能够促进西方环境思想的发展，还将反过来引起东西方的对话，从而在一个文化多样性的背景下形成多种系列的智力和对待环境的态度与价值观的增长。这既有利于超越各种文化框架的束缚，推动具有普遍意义的价值规范的发展；又能促进世界上所有国家、地区、宗教和具有文化差异性的具体的生态世界观和环境价值观的完善，从而给人类拯救地球的环境危机带来更大的希望。西方的学术界正是在逐渐放弃了对东方思想传统的疑虑、误解和担忧之后，才在20世纪80年代开始进入了广泛、深入地研究东方生态思想文化传统的新阶段。其中，对中国生态伦理传统的热情也与日俱增地升温。

这个时期先后发生了两次世界大战，不仅严重破坏了许多国家的经济，还直接或间接地破坏了有关地区的自然生态环境，加剧了帝国主义国家对自然资源的掠夺式开发。这唤起了人们的生态环境意识。许多学者进一步审视人与自然的关系，在更高层次上要求把环境问题与社会问题联系起来提出创立生态伦理学的任务，并写下了一系列生态伦理学著作，如，法国学者A.施韦兹的《文明的哲学：文化与伦理学》（1923年）、《敬畏生命：50年来的基本论述》（1963年）和美国学者福格特的《生存之路》（1948）等。在这些著作中，人们抨击了人类中心主义，主张自然中心主义。施韦滋认为，传统伦理学对“善”的理解过于狭隘，应加以扩展。自然万物间的生命是平等的，应当创立新伦理学——尊重生命的伦理学。利奥波德的《大地伦理学》第一次系统地阐述了自然中心主义的生态伦理学，因而他被誉为自然中心主义生态伦理学的创始人。利奥波德认为，新伦理学要求改变两个决定性的概念和规范：一是伦理学正当行为的概念必须扩大到对自然界本身的关心，从而协调人与大地的关系；二是道德上的“权利”概念应当扩大到自然界的实体和过程，并赋予它们永续存在的权利。

三、发展阶段：20世纪中叶以来

在这一时期，世界各国相继走上工业化道路。这促使越来越多的人对传统的经济发展模式提出质疑，深刻反思人与自然的关系，检讨人类对待自然的态度和行为，从经济技术层面深入文化观念和价值层面。这一时期生态伦理学理论向实际应用扩展。具有代表性的生态伦理学著作有美国学者蕾切尔·卡逊的《寂静的春天》（1962年）、罗马俱乐部的《增长的极限》（1972年）、澳大利亚学者辛格的《动物解放：我们对待动物的一种新伦理学》（1975年）、罗尔斯顿的《哲学走向荒野》（1986年）等。其主要理论探索围绕以下两个问题展开：一是生态伦理学的基础或根据是人类的利益还是大自然的“利益”，自然是否具有独立于人类利益的“内在价值”及“权利”；二是道德的界限应当划在哪里，或者说大自然中哪些事物应当被包括进道德共同体中。其中，蕾切尔·卡逊的《寂静的春天》拉开了现代环境运动的序幕，引发了整个现代群众性的环境保护运动，对此后的生态伦理学产生了深远的影响。

在这一时期的生态伦理发展中，一个值得瞩目的成果就是有学者提出了将发展思想与生态伦理思想相结合的可持续发展思想。较早的研究是蕾切尔·卡逊的《寂静的春天》。此后，1972年美国罗马俱乐部的《增长的极限》的出版对人类社会不断追求增长的发展模式提出了质疑和警告，促使人们对传统片面追求经济增长的发展模式进行深刻反思。《增长的极限》中所阐述的“合理的、持久的均衡发展”为可持续发展思想的产生奠定了基础，此书是将生态伦理与发展思想相结合的先驱。

第三节　中国传统生态伦理观与西方生态伦理观的异同

由于文化背景、社会制度和所处现代化历程的不同，中国传统生态伦理观与西方生态伦理观的发展路径存在差异。考察中西生态伦理的异同将有助于通过中西两种视角来把握和审视人类发展模式在当代的根本转型。

一、中西生态实践的历史形态比较分析

从人类文明的整个演化过程看，人类在数百万年间都是过着逐水草而生、浪迹天涯的日子，因而长期作为生物链上的一个环节具有适应生态系统的自发行为和模糊意识。但是，人类真正自觉的生态观念和环境意识则是形成于农业文明产生之后。我国作为具有悠久农业文明历史的国度，在长期的生存实践中形成了整个人类历史上非常典型和系统的生态伦理传统。这与中华民族特殊的文化进化道路相关，是自然史和人类史相互作用的结果，深受我国特殊的自然生态环境状况制约。从中华农业文明起源的生态环境看，我国幅员辽阔、腹地纵深，有东西走向和东北西南走向的大山脉以及多种地形地貌，还有多种多样的气温、水热条件的气候类型和各种类型的土壤、丰茂的植被和多样化的动物等生物资源。这些有利因素，不仅适宜作为食物获取模式的农牧业的发展，还

形成了多种生态区域类型，由此也形成了中华农业文明以黄河流域为主的多元起源，产生了仰韶文化、大河村文化、龙山文化、大汶口文化、屈家岭文化、河姆渡文化、马家浜文化等。尽管各个区域的生产实践方式存在着不同的特点和区别，但大都具有重视农业生产的自然环境，主张遵从生态规律，保护重要的自然资源，要求人们合理利用和谨慎管理好自然环境。这就逐渐形成了农业文明条件下朴素的生态伦理传统。

这种农业生产实践对生态伦理的影响主要表现在以下几个方面。

第一，重视天时变化，要求人们按照气候变化的法则安排农事活动。农耕文化是一种与生命事物打交道的方式，农作物的生长、发育和成熟特别容易受到气候变化的影响，因此天时观念在农业生产实践中是最重要的观念。我们的祖先在长期的农业生产实践中通过观察自然天象的物候变化逐步形成了一年中二十四个节气的经验知识系统，用以反映四时季节、气温升降、物候变化等复杂的自然现象。《左传》中已经有“分”与“至”的提法。《吕氏春秋》中明确了立春、立夏、立秋、立冬四个季节和十二月令。汉代《淮南子·天文训》中则根据北斗运行的规律完整地记载了二十四节气的名称，提出了它的天文学依据。由此可见，中华民族很早就已经系统地掌握了自然气候变化的经验知识，并利用它来指导自己的农业生产活动。

第二，保护土壤和水等农业生产的重要资源。土地是农业文明中人们最重要的物质基础。对于以农立国的中国而言，土地一直都是生死攸关的主要方面。由于土地资源的极端重要性，我国劳动人民长期以来一贯坚持重土、用土、养土、守土，非常珍视土地的利用和管理。据《尚书·禹贡》记载，早在夏朝之初，就已经尝试对土壤进行分类，以便在农业生产中进行合理的利用。之后，《周礼·职方氏》《管子·地员》《淮南子·地形训》有更进一步的发展。再后来，各类农书更加充分和详尽地对土地类型、垂直和水平的气候带分布状况、肥瘦程度、土壤所含各类物质成分以及适宜种植的各类农作物等进行了分析和说明，同时在对土地的利用方面，我国古代的农学家总结出了“顺天之时”“因地之宜”“尽人之力”，通过科学利用、用养结合，使土壤肥力得到周期性的恢复甚至提高，从而达到“地力常新壮”的宝贵经验。耕作的技术方式也经历了从原始的刀耕火种，到锄耕、犁耕，最后发展为精细的园圃农业阶段。夏商时期，我国的土地利用方式实行粗放型的撂荒制，即新开垦的土地在连续耕种两三年后便会随着土地肥力的消耗被弃置不用。从西周起，土地利用开始采取已耕地和撂荒地定期轮换的经营方式。战国时，已采取土地连种和轮作复种的方式。及至汉代，又出现了间作套种的土地利用方式。在此之后，又形成了由土地连种、轮作复种、间作套种构成的三位一体的较完善的利用土地的方式，并在后来继续得到充实和发展。

第三，合理利用与保护动植物等重要的生物资源。植物和动物是重要的农业生产条件，也是人们重要的食物及财富的来源。我国先民早已明确地认识到了这一点，故在生产生活中自觉地坚持合理利用与积极保护的原则，并且制定了环境保护法规和设立保护机构。据传黄帝教导人民要“时播百谷草木，淳化鸟兽虫蛾，旁罗日月星辰水波土石金玉，劳勤心力耳目，节用水火材物”（《史记·五帝本纪》）。这里已经提出了按照季节变化，植树造林，种植五谷蔬菜，适时收采、捕猎等保护野生动植物资源的思想。《逸周书·大聚解》载有夏代的禁令：“春三月，山林不登斧，以成草木之长；夏三月，川泽不入网罟，以成鱼鳖之长。”周代更有严峻的生态保护的《伐崇》规定：“毋填井，毋伐树木，毋动六畜。有不如令者，死无赦。”对随意毁屋、填井、砍树、猎杀动物的人处以死刑。周代还建立了世界上最早的环境保护的管理机构，如“山虞”（掌管山林）、“泽虞”（掌管湖沼）、“林衡”（掌管森林）、“川衡”（掌管川泽）等，较好地保护了当时的动植物资源。春秋时，齐相管仲非常重视环境保护，他采取严厉的立法和执法措施来实现这一目的。他提出的“以时禁发”的思想反对过度开发森林资源，强调资源的永续利用。

在农业文明时代，人与自然的关系是一种特殊的生态适应性关系，这种适应性关系在获取食物和其他重要的物质生活资料的模式上是依赖直接的经验形态的生产技术实现的，而不是通过理性形态的科学技术所指导的生产来实现的。因此，它不能发展成为生态大循环的现代农业，其物质转换和能量循环的规模非常有限，不能适应今天人们既要维护好自然环境，又要满足大量人口基本的物质生活需要。而为这种适应性模式规定的中国传统的生态伦理，实质上就是要调节好农业社会中的人们如何正确地获取、利用和管理生存资源，以保障农业生产能够长期延续下去的生态功能的正常发挥。故道家和儒家在生态伦理的应用规范上都主张顺天时、尊农时，按自然的四季、十二月令、二十四节气、七十二物候去安排农事活动，坚决反对违背农时。在对自然资源尤其是生物资源的获取和利用上，他们都要求“以时禁发”“取物以顺时”“取物不尽物”“节用而爱物”。道家提倡以自然的方式平等地对待自然物，以慈善的胸怀去哺育万物的成长，对万物利而不害，反对“以人灭天”，以节俭的态度节约地利用自然，反对贪欲和奢侈的“益生”行为。儒家倡导“钓而不纲，弋不射宿”，提倡恩及禽兽，仁民爱物。天台宗、华严宗、禅宗等中国佛教宗派更是好生恶杀，主张尊重所有生命的内在佛性，倡导普度众生，对一切生命施之以慈悲，同时大力抑制人的物质欲望，主张素食和放生，由此减少对资源的浪费，并培养一种向善的崇高品格。在人与环境的整体关系上，道家和儒家都追求人与自然的“和”的状态，即“天人合一”境界。中国佛教也追求人与自然的一体性，即“依正不二”状态。道家追求的这种“和”，是人完全遵从自然生态过程的无为状态，是人无知无欲地与天地交融合而为一的状态，其最高的理想境界是“同与群兽居，族与万物并”“万物不伤，群生不夭”“太和万物”的“至德之世”，也就是农业文明起源之初，自然资源充裕、生态功能健全、自然风景优美的“小国寡民”的时代。儒家的“和”强调通过人发挥参赞化育的作用，使天地万物将其自然属性和潜力充分实现，从而有效地保护生态环境和合理利用资源，满足人们的生存和发展对物质财富不断增长的需求。中国佛教强调“依正不二”，即环境与生命主体的一体性，表达了生命之间、生命与环境之间价值关系的相互依存性和转换性，也间接地表达了维护环境与维护人类生存价值的伦理意义。

与中国生态伦理传统存在的农业文明条件不同，现代西方生态伦理思想产生于人类工业文明对全球生态环境带来的灾难后果的理性反思。工业文明最先是一种人类生存的区域性适应的进化模式。在不断增长的人口压力、资源短缺、食物供应不足的情况下，欧洲最早采用了利用机器进行生产的先进技术，由于工业文明的生产技术成功地减少了资源波动，这种计算方式所生产的巨大物质财富满足了不断增长的人类的物质需要，因而在短短几个世纪里就扩张到全球各大洲的大多数国家和地区，取代了曾经占有主导地位的农业文明的生产技术方式。但工业化的生产技术方式从作用机理上看是反自然的，它分割、毒化、破坏和瓦解所有的生态系统和地球生物圈，对包括人类在内的所有生命的生存构成了严重的威胁。从20世纪60年代起，西方一些有见识的学者开始从西方爆发的大量环境污染和生态破坏事件的直接的严重后果出发，揭示西方工业技术的生产方式与自然生态系统的尖锐对抗和不相容性，要求人类改变这种破坏生态规律的生产技术方式，重新实现人与自然的和平相处，以求得人类的长久生存。

日益加深的环境危机意识促使西方学者开始把生态学与伦理学结合起来，尝试建立一门以生态科学为基础的非人类中心主义的崭新的伦理学。这一新的生态思想潮流的发展产生了《环境伦理学》《深层生态学》《生态哲学》《伦理学与动物》等新的学术杂志和大量的论文与著作。人们把当代环境伦理的创立追溯到20世纪20年代施韦策创立的“敬畏生命”的伦理学。在20世纪30年代的美国资源保护运动中，利奥波德提出的大地伦理学。更有人把非人类中心主义的环境伦理学的思想根源归于19世纪浪漫主义的田园思想家亨利·梭罗和约翰·密尔，说他们已经提出了把道德对象扩大到人类之外的生物的观点。20世纪70年代中期，西方的环境伦理学或者说环境哲学产生了众多不同的流派和相互对立的观点。

从总体上看，西方生态伦理学或环境哲学分为人类中心主义与非人类中心主义两大类。就其共同性来说，这两类生态伦理学都强调理性地认识人类与其生存的自然环境的有机联系，为了人类的长远生存利益必须建立一系列人类利用和保护自然的伦理道德规范，以促进人类保护好自然生态环境。但人类中心主义流派只强调人的道德主体地位，信守人类利己主义原则，把人与自然的关系归结为人与人的利益关系，把人对自然关系的伦理简单地看作人类伦理的延伸。非人类中心主义伦理学则从包括人类在内的所有生命的利益出发，通过生物进化论和生态系统科学来认识人类生命和非人类生命在进化过程与生物圈中的有机联系，从而提出了一系列对待自然物的伦理原则和行为规范。动物解放/权利论从感知能力或生存权利出发，要求人类尊重动物的生存，不要对动物施以增加其痛苦的错误行为；生物中心论以生命个体的目的为依据，要求人类以道德的态度对待所有的个体生命；大地伦理学的环境整体主义着眼于生命共同体的完整、稳定和美丽，强调物种、生态系统和生物圈整体的价值，并以此判断人类对待自然行为的对错与善恶；深层生态学肯定任何生命形式存在和发展权利的平等性，主张人的自我实现与所有生命自我实现的统一，要求人类通过自我实现来维护生物圈的繁荣；自然价值论从自然物尤其是生态系统的客观价值出发，主张建立一种尊重和保护自然的环境伦理。尽管在上述各派的观点之间还存在着严重的分歧和激烈的争论，但现代西方生态伦理学具有一个共同的突出特征，就是西方生态伦理学在建立人与自然的道德规范时，总是力图对这些伦理行为的前提、原因、结果及其合理限度，给出一个科学意义上的严谨的、深入的、系统的说明，试图为其找到一种具有普适意义的理性基础和逻辑形式。

在各种不同的生态思想和环境伦理观的影响下，20世纪70年代的西方社会开始进行各种形式的生态实践和道德实践。对于人类中心主义而言，开发对自然环境污染程度较小、能为生态系统所承受的各种新兴技术，如综合利用资源的技术，污染治理的技术，封闭循环的生产工艺，清洁生产的技术，利用太阳能、风能、水能、地热等“软能源”的技术正在不断地得到发展，以不断提高环境质量标准为依据的各种自然资源保护法规尤其是珍稀野生动植物保护法规也在不断增多和日益健全，人类中心主义的环境伦理开始应用于建筑设计、农业生产和森林管理方面，人们的消费方式和生活方式也在朝着有利于自然环境的方向转变。对于非人类中心主义者来说，他们不仅争取濒危动物和所有野生动物的生存权利，反对人类剥夺动物天赋的生存权利，以各种方式反对和阻止对动物栖息地的侵占，要求改善家养动物的处境。“动物解放阵线”的成员从实验室中解救出将被活体解剖和化妆品溶液折磨的各种动物。更激进的环境主义者以整体主义的环境伦理观为行为指南捍卫荒野、生态系统，甚至岩石、河流以至一切自然存物的存在权利。如“地球优先”组织的成员把铁钉打入树中，使铁锯不能锯开树木。有的“生态斗士”甚至企图以拆毁水库大坝来解放“被束缚的河流”。这些解放大自然的激进行为是以人与自然都具有平等的存在权利和自由权利为前提的，它与工业社会统治自然的意识形态完全相反。

从上述生存实践的分析看，中国的传统生态伦理观和现代西方生态伦理思想在产生方面和道德内容规定方面有着自身明显的时代特征和区别。中国的传统生态伦理观产生于人类改造自然的能力还很弱小的自给自足的自然经济的农业文明条件下，人与自然的和谐关系本质上具有被动地适应自然生态规律的性质，其实践方面的道德规范也是对直接的生存经验的归纳和概括，缺乏科学理论上的深入研究作为其依据。现代西方生态伦理则是在经历了市场经济条件和工业文明在全球范围扩张的形势下，以现代生态学的科学理论对其灾难性的后果进行深入分析为前提的。因此，中国传统的生态伦理思想不是我们这个时代的范畴，尽管它有其深刻、独到的合理见解，但不能直接地、现成地套用，而必须经过现代科学的批判改造和加工，赋予它时代的内容，如此才能作为解决当代人和自然之间的矛盾关系的指导思想。

二、中西生态伦理理论层面的比较分析

在理论层面，中国古代人与自然和睦相处的生存方式及其生态伦理规范是以宇宙生存论、有机整体论、生命价值论与天人合一论为理论基础的。这与现代西方环境伦理学所依据的关于自然的自组织进化观、生态整体观、人类价值论和自然价值论、人与自然重返和谐关系的理想有着许多共同的地方和深刻的一致性，但也有其独特的内容和重大的时代差异和文化差异，充分体现了不同生态文化传统的理论特质。

中国传统生态伦理观对人与自然的生态关系的理解主要表现为对人与生命万物共同根源的直接感悟和觉察，其中最重要的是关于人和万物存在共同起源的宇宙生机论的创生思想。道家的宇宙创生论认为，道是天地万物的终极之源，在宇宙创生之前，它是由道自身的作用而形成没有形迹的混沌，是创生天地万物的始源。

宇宙生成论对中国传统生态伦理思想具有非常重要的意义。中国传统文化一向把人看作宇宙创生过程的产物，人类是宇宙生成过程中诸种力量协调、诸种阶段整合的宇宙体。宇宙生成论直觉地领悟到物质起源的动力学、生命起源的动力学和人类起源的动力学的和谐性，人类和宇宙生成的各个阶段是相关的与和谐的。生命与人类的产生和进化是天地生生不息的结果，是一种宇宙现象。现代宇宙学中的人择原理认为，人的产生与宇宙的生成过程息息相关，如地球岩石形成所需要的丰富的重元素和地球上生命所需要的各种物质原料以及其他前提都是宇宙自大爆炸后逐渐生成的，人体的结构和功能与宇宙过程的演化存在着密切联系，人的生命节律与宇宙节律有着对应关系。例如，动物和人体的免疫系统中某些蛋白和抗体的产生与每天及季节性的周期相一致；太阳通过黑子爆发改变地球的磁场而使人的心脏发病率升高，甚至通过对人体的干扰导致航空事故的增加；等等。人是宇宙过程的产物，人类与宇宙有共同的根源性。按照中国生态伦理传统中天道生生不息的思想，人类需要适应宇宙过程的变化，才能得以生存。

在中国传统生态思想中，“天人合一”学说既是人与自然关系的一个基本观点，又是人们所追求的一种崇高的生存境界。从理论角度看，“天人合一”论可以看作宇宙生成论、有机整体论、生命价值论的完成或逻辑结论。因为天地万物与人是道或太极在宇宙的演化过程中动态地生成的，它们在演化的过程中由于共有同一根源，使它们不仅具有时间上的直贯的关系，还具有旁通的联系，并且人与万物由于禀赋天地的生机因而都具有价值。人要充分实现自己的价值就要实现与天地的合一，与自然和睦相处，直至促进整个宇宙的进化。这种“天人合一”论在道、儒两家具有不同的表现形式。

道家的“天人合一”强调人与道的合一、人与自然的合一、人与宇宙生命和宇宙精神的合一。在天与人皆来源于道的自然演化的含义上看，天与人本来是依自然之性而产生的，而且原本就处于一种自然而然的本来状态，故它们是合一的而不是对立的。但是，人类违逆万物的本性，把自己的意志强加给万物，同时以仁、义、礼、智等道德规范去戕害人自身的自然本性，这就造成了天与人的对立。因此，道家的“天人合一”就是要通过体验宇宙过程的自然本性认识到自然之化是生命之本源和宇宙精神的最高体现，从而依循自然而为，去除一切对天地万物和人本身的有意造作和加工，无心地返归生命之源，把人的生命融入自然生态的大化过程中。同时，天、地、人具有统一协调的关系，社会秩序亦为天道运行自然形成的一部分，因此人类社会只有依循天道运行的法则，才能治理好社会，也才能实现社会系统与自然系统的和谐相处。

儒家把天地的自然演化当成一个生生不息的自然过程，认为天道刚健流行，是原始的创造力之源。它统摄万物，维持整个世界的正常秩序。地道柔顺宽容，顺承天道的创造性，养育、辅助和成就万物，具有厚德载物的慈善品格。虽然人和万物皆具有价值，但人还具有为万物所缺乏的道德品格和智慧，因而人不仅能够沟通天地，还能够把自己的内在德行开发出来，以协助万物潜能的充分实现。人应该成为宇宙创造过程的辅助者和促进者。

中国传统生态伦理观中的“天人合一”是人与自然的合一、人与宇宙本源的合一、人的主体精神与客体世界的合一，这种合一也包含着真善美的统一。正如英国学者唐通所说：“中国的传统是整体论的和人文主义的，不允许科学同伦理学和美学分离，理性不应与善和美分离，在人与自然的有机联系被工业文明撕裂的今天，整个人类都在努力寻求克服全球性的生态危机的科学理论、实践途径，以实现一种人与自然和睦相处、协同进化的理想目标。作为一门理论探索的重要的新兴学科，西方的环境伦理学在当代实践和科学发展的条件下系统地提出了自己的见解。这种见解与中国传统的“天人合一”思想比较起来，不仅体现了不同时代知识水平的差异，还体现了不同文化传统的差异。

西方环境伦理学中的人类中心主义与非人类中心主义具有现代生物学、生态学、进化论等科学背景，但在如何解决人与自然关系的生态危机，建立人与自然的协调关系问题上，双方存在不同的理论立场。现代人类中心主义把人类的自身价值看作自然界中的最高价值或唯一价值，主张从人类的根本利益、整体利益和长远利益出发，在尊重生态规律的前提下利用、管理和保护好自然环境。非人类中心主义则从自然的内在价值（生物中心主义）或生态系统的价值（生态中心主义）出发，主张不仅要从人类利益的立场本身去保护自然环境，还要从自然本身利益的立场去保护环境。这种按照西方人所说的“浅层环境论”和“深层生态学”的对立，明显地体现着西方文化中主客体二分、人与自然割裂的文化传统的遗迹。两者相比起来，前者的分离色彩更浓，后者则没有那么突出，尤其是后者中的“深层生态学”和“自然价值论”等大量地吸纳了东方传统的生态智慧，因而在一定程度上具有认同中国“天人合一”、物我一体思想的特征。但是，在后现代的生态思想中，与过分强大的科学理性相比，它的人文精神尤显不足。因而，以真善美相统一为特征的中国的“天人合一”思想能够补充西方科学理性的不足。

当然，中国的“天人合一”传统由于时代的限制也存在着一些缺陷。如过分强调人与自然关系中的和谐的一面，比较忽视人与自然关系的冲突一面。过分强调价值理性而忽视工具理性，过分强调人的内修内证的精神体验，忽视在物质实践中对生态环境的现实关切和具体保护。尤其是在缺乏科学的生态知识情况下，一方面把人与自然的相互作用拟人化，导致天人感应等迷信学说和迷信活动的泛滥；另一方面过分地因任自然，比较被动、消极地顺随自然的变化。虽然存在上述这些不足，但是中国的“天人合一”思想作为东方农业文明的实践经验和生存方式的总结，其对待人与自然关系的基本态度是正确的和可取的。它的人文主义精神与后现代生态思想中的科学精神的互补有可能形成人类战胜生态危机，开创未来生态文明的主导价值取向。

三、中西生态伦理思维方式的比较分析

思维方式是一个民族审视、思考、认识和理解他们生存于其中的世界的习惯方法、定式和特定的倾向，是影响一个民族发展的心理底层结构。中国生态伦理传统中的思维方式与当代西方环境伦理学中的思维方式具有非常不同的特征，同时后者有与前者趋同的一些地方。这种思维方式上的异同在很大程度上决定了中国传统的生态伦理思想与现代西方环境伦理学的不同时代面貌和两者基本精神的一致性。

中华民族的传统思维方式的形成过程大致可以上溯到从新石器时代的农耕生活到西汉时期。它的形成受着独特的自然地理环境的影响和语言形式的制约。如第一章所说，中华农业文明形成时期具有优越的多样化的植物区系适宜农耕生活的气候以及相对封闭的自然环境。由于农业生产与自然环境的关系非常密切，故中国的先民很早就注意到了人类的农业生产与天象、气候、植物、土地等的依赖关系。考古发现表明，在新石器时代农业文明兴起之际，多有关于表现这种关系的岩画。例如，1979 年在江苏连云港的将军崖发现的新石器时期的岩画就刻有太阳、月亮、北斗、多种星云以及植物和人面图形。植物通常被绘成禾苗图形，并且常常用一条线（表示土地）与人面图形相连。这不仅直接表示了人类对土地和庄稼的依赖关系，还体现了人类与农作物和天地自然之间的

关系。这些岩画可以理解为天人关系的朴素的直观思维成果。中国先民在农业生产实践中的观察经验是其传统思维方式形成的基础，其观察的特殊方式就是以象观物。

以象观物对中国传统思维方式的重大影响还表现在中国语言的形成上。众所周知，中国语言是以象形文字为基础，而非西方语言以声音文字为基础。中国的象形文字，就是起源于中国先民的以象观物。“古者包牺氏之王天下也，仰则观象于天，俯则观法于地，观鸟兽之文与地之宜，近取诸身，远取诸物，于是始作八卦，以通神明之德，以类万物之情。”（《易传·系辞下》）中国文字的构造就是以象观物构造出来的，中国的方块字最早就是一幅幅关于人们身边的事物的生动逼真的图画，语言就是用来表达象，而象表征着天、地、人和万物以及它们之间的变动不居的关系。象形文字是视觉性的空间语言，它的形成依赖自然环境的有规则的周期性的变化以及它与人们比较密切的和睦关系。正是在这种情况下，人们才能以象形文字来把握既是多样性的又比较稳定的自然环境。这与西方以声音文字为基础的听觉性的时间语言完全不同。西方的声音语言产生于古希腊比较贫乏的自然资源条件、地中海沿岸非常恶劣的气候、开放的一望无际的大海。在自然环境极不稳定、民族之间的关系很生疏的条件下，人们只能借助约定俗成且能够准确地表达语义的声音语言来进行交流。由于声音不能加以形象化，声音语言就不能掌握对象的生动形象，而只能形成抽象的概念。这就决定了声音语言必须按照严格规定的音节、词语和语法关系指示稳定不变的对象，去除偶然的、不稳定的因素，由此造成西方语言向严格的概念分析和逻辑推理方向发展，使其精于对事物进行概念的本质分析、层次结构的深入解剖、事物间关系的稳定法则的掌握，而疏于对事物的整体关系和变化过程的把握，并在对自然的关系上产生了主客体分离的二元论。

作为农业文明实践经验产物的中国传统的思维方式，其倾向在形成生态伦理观方面具有重要作用。它主要有以下几种倾向。

（一）过程思维的朴素自组织倾向

中国的传统思维方式具有典型的过程思维的特征，这种过程思维与关于自然界的自组织具有实质上的共同性。难怪自组织哲学范式的创立者詹奇称，道家的哲学为精巧洗练的过程哲学，并引用老子的“道生一，一生二，二生三”的宇宙演化模式来表述自己的自组织进化的宇宙观。耗散结构理论的创立者普里戈金也把中国的传统思想当作自组织思想。他认为，只有将中国的自组织思想与西方科学相结合，才能更真实地把握复杂的宇宙。过程思维是一种演化取向的思维，它把事物看作在时间中产生、发展和衰亡的过程，是过去向未来开放的过程。演化取向的思维与结构取向的思维不同，它不是把事物的存在和消失看作在恒定不变的宇宙背景中由不同基本构件产生的组合与分解，而是将其看作在演化过程中创造性地生长。因此，根据这种思维方式只能形成宇宙生成论的朴素自组织的自然观，而不可能形成实体构成论的机械自然观。中国传统的过程思维倾向主要表现为气化论的流变特征。无论道家的宇宙生成图式，还是儒家的宇宙生成模型，都认为自然界是由一个共同的、无形的总根源而生，通过混沌之气的分化，然后经由阴阳二气的交感、氤氲逐渐地化生出天地万物和人类。道或太极的运行是气化流行，生生不息，气由混沌分为阴阳，再由阴阳结合而化生万物，这是中国传统思维方式的共同特征。而中国传统思想中所说的元气是一种充满太虚、没有间断的连续性物质，它不是一种永无生灭的原子实体，而是类似现代科学中包含着能量的场。物质性的实体就是在能量流动之场的演变中生成的，这种气化论的直觉与当代自组织进化范式关于自然演化的基本思想是一致的。场中的能量流动是一个具有创造性的永恒变化过程，它在流变过程中不断创造出新的事物并使旧事物消失。以这样的观点描述宇宙连续的统一进化过程，如宇宙的进化、生命的进化、意识的进化和社会的进化，与中国传统的过程思维所描述的宇宙生成论非但不相矛盾，而且非常相似。只不过前者更为精确和深刻，后者比较模糊和简单罢了。

同时，中国传统的、自发的自组织思想在思维方式上还表现为一种整体思维或关系思维，具有朴素的系统思维特征。这种思维习惯把整个自然界看作一个由许多部分有机联系组成的系统，而构成整体的部分又是由更小的部分组成的子系统。这样的整体思维之所以可以说成是朴素的系统思维，是因为它对系统思维的把握具有比较原始和初级的特征。

中国传统的整体思维的另一个突出特征就是注重从事物的功能关系把握整体，而比较忽视从事物的物质构成关系把握整体。中国传统阴阳、五行的思维模式鲜明地体现了这一点。阴阳五行结合的传统思维模式是一种整体地把握天、地、人之象的直观思维，包含了许多感知经验的内容。这种思维模式不像古希腊那样重视属加种差，着重思考概念所表达的事物的形式本质；而是注重概念所反映的实际事物内涵的多样性和复杂性。例如，中国五行学说把人按照金、木、水、火、土分为 5 个大类 25 个小类，而古希腊则把人定义为理性的动物或政治性的动物。中国人在推理上也不是像西方人那样，以严格的三段论的演绎推理垂直地把握事物的因果联系，而常常是以类推、比附、象征、比较横向地表达事物间的同异关系或相互联系。所以，中国的传统思维模式具有非常突出的多样化统一的横向逻辑特征，因而被西方人称之为联想的思维或协调的思维，这些特征鲜明地体现在中医理论、生态农学、社会管理等中。

（二）价值思维与道德的自我完善性要求

中国传统思维方式是事实与价值合一的。如前所述，它在道家表现为把道在自发运行过程中产生的一切事物既视为事实，又当成价值。道是产生一切价值的根源，任何事物由于得道而具有了自己得以所生的“德”，从而具有了自身的价值。道产生事物的过程同时是一个价值的创生过程。但道家特别强调任何事物价值的平等性、自然性和非人为性。儒家则把天地或太极视为所有事物具有价值的总根源，但其认为万物与人由于禀赋天地灵气之清浊差异而有价值上的高低贵贱之不同。儒家尤为强调不同事物在宇宙演化过程中的价值差别，特别强调人类的价值高于所有自然物的价值，极为重视人的道德价值。中国佛教主张一切有情众生和无情的自然物都具有佛性，人与动物生命的价值可以相互转化，没有不可逾越的鸿沟。尽管各派的看法有所区别，但是他们将事实和价值统一为一体的思维方式使他们在理论上和实践中不仅关注事物的客观性质的一面，还关注其价值性的一面。这种关注主要体现在三个方面：其一，肯定任何事物自身的内在价值，同时看到一事物对其他事物的外在价值或工具价值，从而主张按照事物的特性和规律合理地利用他物；其二，把事物间的整体关系和秩序同时视为价值关系和价值秩序，主张在事物的价值关系和价值秩序中来把握事物在整体中的地位和作用；其三，主张一种尊重万物价值，尤其是尊重生命价值和人类价值的伦理态度。因此，这样的价值思维势必有利于形成人与自然和睦相处的生态伦理传统。

同时，这种价值思维与系统思维强调天人的一体相通，人可以通过体验天道实现自身的自然本性（道家）或至善本性（儒家），实现人类自身的本真价值或最高价值。因此，它是一种自我反思的内向型思维，而不是西方那种对象性的向外扩张的外向型思维。这种思维虽然也建立在对外在世界的经验认识的基础之上，但它对外在之物的认识并不是为了精确地认识其客观对象的组成因素和各种性质，而是为了获得人与世界关系的意义。尽管中国传统思维也主张认识天道和自然，但是天道和自然不是作为与人分离的客观对象而存在，而是与人紧密地结合在一起并内在于人本身。只要认识了人的本性，也就认识了天道或自然。因此，人们就不必对自然界中的事物进行客观化、概念化、形式化的分析和认知，更不能以对抗的态度去征服自然，这就把人的价值与道德品质的完善和实现导向了一种内修内证、主体的、自我修养的实践道路。其最高的精神境界就是要在主体的意识中实现“天人合一”。

（三）辩证思维的矛盾和谐论归宿

在中国的传统思维方式中，从事物的多样性的对立中把握统一与追求和谐是辩证思维的一个非常突出的特征。辩证思维是对立思维长期发展的结果，它强调事物由对立的双方所生，两者相互依存和相互转化，如老子讲善恶、美丑、真假、祸福、有无等都是共存和互补的。中国传统的辩证思维承认对立和冲突的存在，但它偏向于强调追求和谐。因为它把对立和冲突当作和谐存在的条件以及事物在发展过程中实现和谐目的的手段，即通过对立和斗争达到最终的和谐。例如，道家强调“知和日常”“阴阳和静”，儒家强调“乾道变化，各正性命，保合大和”。在对和谐的追求中，道家的思维倾向是在对立现象的性质中发现其两两相待、彼此相通，从大道来看，一切都是各依本性，相待而有，可以在以道观物的透视中发现万物一律平等、自适其性，并在道的整体中直接获得其统一性与和谐性。儒家则把宇宙整体当成一个不断创新的、等级有序的和谐体系，人通过效法天地，参赞化育，发挥天赋的仁性，就能够实现人与宇宙完全的、和谐一体的目标。

无论道家还是儒家，尽管他们在对宇宙内所有和谐关系的追求中，如人本身的和谐、自然自身的和谐、人与社会的和谐、人与自然的和谐（“天人合一”），包含着非常合理的因素；但是由于对和谐的过分强调，产生了把和谐当成正常状态，把不和谐当成不正常状态的严重缺陷，忽视了万物之间普遍存在的相互冲突、无序和不和谐的一面。因此，在中国传统的辩证思维中，不是积极地利用事物之间的冲突力量去追求和谐，而常常是主张消弭冲突以实现和谐与统一。在人和自然的关系上表现为顺应自然本身的和谐，而不是在人与自然的冲突中利用自然规律，在改造和利用自然的活动中，建立新的、更高水平的人与自然的和谐关系。

总之，在农业文明的生存实践中把握世界的中国传统思维是一种动态的、有机整体的辩证思维，是一种已经完成和完全定型了的典型的思维类型。它在变化流行的宇宙中，通过观物取象的功能归类把握世界的复杂关系，确认人类自上而下参与自然演化的一体性、事实与价值的同源性与互渗性，在人与自然的对立与互依关系中实现彼此的和谐相处。这种思维模式影响了中国生态伦理传统的实践特色，同时铸造了它的理论特质和鲜明的表达风格。

与中国传统生态伦理观中的思维方式相比，西方环境伦理学是在人与自然的关系出现严重危机的情势下产生的一门新学科，是处于工业文明向后工业文明或生态文明转折的新学问。它不仅受到东方传统生态伦理思想的影响，还受到西方自身的文化传统和现代科学中一系列复杂性学科的影响。因此，不只是学科本身尚未成熟，其思维方式也未完全定型。尽管如此，我们还是可以从西方环境伦理学考察问题的方式中，发现其与中国传统思维方式的一致性和相异处。

首先，西方的生态思维也从过程取向和有机整体的观点把握整个自然的复杂性，把整个宇宙的无机界、生命世界和人类社会描述为一个自发的自组织过程的结果，这与中国传统朴素的自组织思想是非常一致的。但是，这样的思维并不是建立在直观经验的知识基础之上，而是以各门现代自然科学，如宇宙学、地球科学、生命科学为材料，同时以一系列的复杂性科学，如耗散结构理论、突变理论、超循环理论，协同学、一般系统论和系统哲学等为科学方法，从而整体综合地建立了一个宇宙连续统一的自组织的复杂图景。这个描述宇宙综合进化的图景的基本观点是由非平衡态热力学，尤其是普里戈金的耗散结构理论提供的。普里戈金认为，我们生存的世界是一个远离平衡态的开放世界，在这个世界中存在的事物都是远离平衡态的开放系统。在与环境进行物质、能量和信息的交换过程中，这个系统因自身存在着自催化机制而对环境的涨落产生自放大作用，由此而导致系统的自创生存在和自组织进化。普里戈金在不违背热力学第二定律的前提下，提出了一个定量地描述系统与环境相互作用的公式，把克劳修斯的宇宙退化论和达尔文的生物进化论在更高的科学水平上协调起来，从而为人们把握宇宙过程的演化提供了一个具有普适性的理论基础。詹奇将耗散结构理论作为自然系统的动力学原理，结合超循环论、协同学等复杂性科学的最新成果，吸收东方传统哲学的合理因素，描述了宇宙通过一系列对称破缺，由原始宇宙进化出物理化学系统、生命系统、生态系统、社会文化系统的整个过程。系统哲学家拉兹洛也把非平稳态的系统观和突变分叉理论作为基础，结合自身组织理论的科学成果，提出了一个包括物质进化、生命进化和社会进化的广义综合理论的进化范式。可以说，这两个在西方影响很大的进化范式体现了生态伦理学的过程思维和整体思维的特征，与中国传统的朴素系统思维存在许多相似之处。例如，它们都描述了宇宙从混沌到有序的自组织进化，都把事物的发展当作各种复杂因素相互作用的有机过程。中国传统思维中对宇宙演化过程的把握更多的是一种对直观经验的思辨猜测，而不包括科学理论的说明。现代西方生态思维把握宇宙过程的复杂演化则是对一系列复杂性科学知识的概括，包含许多实证知识和科学概念。虽然在某种意义上，西方的生态思维经过现代的发展又重新返回到东方的朴素系统思维和自组织思维；但是这种返回是经历了近代科学和现代文明的发展，而不是简单地回归于东方。两者存在巨大的知识水平上的差距。中国朴素的传统思维要进化为现代的整体论思维，还需要大力发展科学知识。

其次，从价值思维的特征上看，现代人类中心主义与非人类中心主义的生态伦理学存在较大的分歧。前者一般不承认自然物具有内在价值，而只承认其对满足人类需要的工具价值，只有默迪等少数学者除外。现代人类中心主义完全从人类价值的唯一性的思路考虑生态环境的保护，而不把人类以外的生命个体、种群、生态系统和地球生物圈当成道德关心的客体，只把人类对环境的关心和保护当成人类之间伦理关系的延伸。非人类中心主义则肯定自然物存在自身的内在价值，并由自然物的内在价值推论出人类对自然对象的道德义务。其中，动物权利论是将动物生命体验的能力作为具有内在价值的依据；生物中心论则将生命是自身目的的中心，拥有自身的善作为具有内在价值的依据；自然价值论则把自然界在进化过程中的创生能力和在生态系统积累起来的成果视为客观的内在价值。非人类中心主义认为，人类不仅为了自己的生存和发展的利益需要保护生态环境，还需要从自然物自身的内在价值出发，去尊重、保护和合理利用这些具有内在价值的自然物，承担对它们的道德义务。尽管关于内在价值的本质是什么、它的存在又应以什么为标准的问题至今依然没有得到解决。但是，从动物行为学、生态学和伦理学的进展看，仅仅承认人类这一个物种才具有内在价值，以人类意识、理性和道德能力等作为内在价值的标准，将非人类物种排斥于外，由此而否定人类对生命个体、物种和生态系统的道德义务，的确属于跟不上时代进步的、狭隘的、利己主义的伦理观。人类中心主义反对将内在价值赋予非人类的存在物，在一定意义上是害怕将人的尊严和价值降低到动物的水平，甚至为了生态系统牺牲人类个体的利益。但是，这种担心是多余的，因为承认非人类存在物的内在价值，要求人们尊重自然物，并不等于要求人们毫无差别地对待动、植物和人类，而是要区分对象和它们所处的具体境遇，有差别地给予恰当的尊重和关心。承认非人类存在物具有内在价值也并不意味着人类与它们的道德地位完全平等。因此，非人类中心主义考察自然物的内在价值、工具价值和系统价值的关系，并从这些价值与人的内在价值、工具价值以及文化价值的关系引申出人类在与野生生命的内在价值和利益发生冲突时公平对待各方的优先原则和行为规范，应该说这是一种新颖的探索解决人与自然共生、协同进化问题的可取思路。但是，在非人类中心主义的生态伦理学中，也存在与人类中心主义仅仅从人类的价值和利益思考环境保护的相反的极端立场。一些学者认为，自然中生命的存在是人类产生的前提。人类依赖自然界而存在，自然界却不依赖于人类存在。因此，人类应该尊重所有生命的内在价值，而不管这些生命是否对人类有益。这种看法的片面性在于，生命的内在价值只是人类对其行使道德义务的必要条件而不是充分条件。在自然生态系统中，生命都以生命为食，大多数动物都要伤害和消费其他生命的内在价值，才能维持自己的生存。人类作为生命物种之一，也有通过遵循生态规律来利用和消费其他生物的权利，问题是这种消费在许多情况下是否合理，需要以什么行为原则来衡量，这就不是仅凭内在价值的观点就能确定的，而是必须考虑人与自然双方的价值关系的相互依存性，确定人类合理利用自然价值的准则和界限。

再次，现代西方生态伦理对人与自然的和谐目标的追求，在思维方式上主要表现为三种基本对立关系的协调取向。其一，现代人类中心主义的主张以人类整体的、长远的根本利益为出发点，反对为了个体的物质欲望和一己私利破坏性地利用生态环境，要求人类在遵从生态规律的前提下合理地利用自然资源，实现人类与自然的和谐相处，以使人类的生存和发展获得健康的生态系统的支撑。其二，动物解放论和生物中心主义从个体生命的角度出发，反对人类对非人类生命的伤害和杀戮，要求人类尊重个体生命天赋的内在价值和生存的平等权利。由于生命个体之间以及生命与环境之间是一种相互依赖的网络关系，因此也要求人类对生命之网的干预不要过大，要求维护和保障生命个体与环境之间的和谐关系。其三，以大地伦理学、深层生态学和自然价值论为代表的生态中心论则从生态系统的整体性出发，把人类看作这个整体中的一个平等的成员，要求人类维护这个整体的健康、完整和美丽，尊重这个大家庭中其他成员的价值和存在权利，把人类的自我融入生态系统的大我之中，从而在整体的和谐关系中扩大和实现自我。应该说，这三种解决人与自然和谐关系的取向各有偏重，都具有一定的合理性，并且具有人类生态学、生物学和生态系统理论的科学依据。但是，这三种取向之间又是难以协调的，这是由于它们没有基本的共同原则，难以以一个共同的思想为基本尺度实现不同思想的互补与融合。

与西方现代环境伦理学对人与自然和谐关系的致思倾向相比，中国传统思维对人与自然和谐关系的追求虽然存在道、儒两家的不同态度，但是双方能够取得互补与协调的结果。这是因为两家都把“天人合一”作为最高追求目标，都以和谐为正常的状态，而且都以阴阳双方的动态平衡和自我修身为实现和谐的基本方法。因此，尽管道家强调自然，儒家强调人为；道家强调天道，儒家强调人道；道家强调返璞归真，儒家强调参赞化育；但是两者又有其根本原则上的共同性，即天与人处于同一个系统之下，自然界与人类社会具有同源、同序和同构的关系。人不必通过“为学”和“见闻之知”的理智方法具体地认识自然对象的复杂结构和性质，只需要掌握“为道”和“德性之知”的方法，就能实现物我感通，消除主客之间的距离和冲突，从而实现人与自然的和谐。应该说，中国传统思维从人与自然的同源性和统一性以及自然系统本身的有序性的整体背景下谋求人与自然的和谐是包含合理因素的。现代科学也发现，自然界中虽然存在物种之间的竞争，但是这种竞争是在整体和谐背景下进行的竞争。如果没有宏观整体的协同与和谐，局部的竞争就无法进行。然而，中国传统思维忽视自然界与人类社会本身的多样性和差别性。现代西方生态伦理学则是承认自然系统和人类系统都存在竞争、冲突的复杂问题，并希望在把握生态规律的基础上提出各种适宜的原则和行动方案来解决这些冲突，从而实现人与自然的和谐，这是更加现实和明智的。

第四章　中国传统生态伦理观引领下的美丽中国建设

美丽中国是我国生态文明建设的宏伟目标，生态伦理道德是生态文明不可或缺的重要内容，建构和弘扬生态伦理道德并使其融入现代化建设各方面和全过程是生态文明建设的题中应有之义，也是美丽中国建设的必由之路。

第一节 美丽中国提出的时代背景与内涵

中国正处于工业化和城镇化加速发展的重要阶段，发达国家两三百年间逐步出现的环境问题在中国集中显现，呈现出结构型、压缩型、复合型特点，环境总体恶化的趋势尚未根本改变，压力甚至还在持续加大。从党的十七大报告指出“我国经济增长的资源环境代价过大”，到党的十八大报告警示“资源约束趋紧、环境污染严重、生态系统退化”，解决我国传统发展模式的困境已经到了刻不容缓的地步。

一、美丽中国提出的时代背景

党的十八大报告提出：“要把生态文明建设放在突出地位，融入经济建设、政治建设、文化建设、社会建设各方面和全过程，努力建设美丽中国，实现中华民族永续发展。”这标志着中国现代化转型进入了一个新的阶段。倡导生态文明不仅是中国经济社会可持续发展的必然要求，还是中华民族对全球关注的、日益严峻的资源与环境问题做出的庄严承诺，有着深厚的时代背景。

（一）人类进入生态文明新时代

文明是人类改造世界的物质和精神成果的总和，是人类社会进步的标志。人类文明的发展历程既是以物质资料生产为基础的经济、政治、文化等要素相互促进的社会进步过程，又是人类不断认识自然、利用自然、改造自然的过程。人类文明的发展从一定意义上说，就是一部人与自然的关系史，其发展与变化折射和反映了人类文明的更替和变迁。

在原始文明时期，社会生产力水平极其低下，人类完全依赖自然界生存；在农业文明阶段，随着生产力的逐步发展，人类对自然界的依附性减弱，但两者仍处于较低水平的平衡状态；在工业文明阶段，科学技术不断发展，生产力水平大幅提高，人类试图成为自然界的主宰，以牺牲自然为代价，在积累巨大物质财富的同时，人与自然的矛盾迅速激化，出现了全球性的环境问题。特别是20世纪60年代以来，人口激增、资源短缺、环境污染、生态破坏等问题日益突出，直接威胁到整个人类自身的生存与发展。在这些问题面前，人们日益认识到，不能一味地向自然索取，必须尊重自然、顺应自然、保护自然，维持生态平衡。

几乎所有的资本主义工业大国都经历了资源高消耗、环境高污染的阶段。这种代价高昂的发展模式导致了自然的异化，也是造成全球性生态危机的根本原因。例如，比利时马斯河谷烟雾事件、美国多诺拉烟雾事件、日本水俣病事件、印度博帕尔事件、苏联切尔诺贝利核泄漏事件等震惊世界，至今仍令人不寒而栗。这些惨痛的教训深刻暴露了传统工业文明给生态环境带来的严重破坏，使人类自身发展陷于困境，也促使人们重新思考人类与自然的关系。在“生态环境的可持续发展”的共同话题下，生态文明成为人类文明演进的必然选择。

1962年，美国生物学家蕾切尔·卡逊出版《寂静的春天》，在世界范围内引起了人们对野生动物的关注。她那惊世骇俗的关于农药危害人类环境的调查将环境保护问题推到了各国政府面前。1972年，环境保护运动的先驱组织、著名的罗马俱乐部提出第一份研究报告《增长的极限》预言：在未来一个世纪中，人口和经济需求的增长将导致地球资源耗竭、生态破坏和环境污染；除非人类自觉限制人口增长和工业发展，这一悲剧将无法避免。1972年6月5日—16日，联合国在斯德哥尔摩召开了有史以来第一次人类环境会议。会议讨论并通过了著名的《人类环境宣言》，郑重声明“只有一个地球”，人类在开发利用自然的同时，承担着维护自然的义务，从而拉开了全人类共同保护环境的序幕，也意味着环保运动由群众性活动上升到了政府行为。

随着人们对全球性环境问题认识的不断深入，可持续发展的思想逐渐形成。1983年11月，联合国成立了世界环境与发展委员会。1987年，该委员会在长篇报告《我们共同的未来》中，第一次提出了可持续发展的理念。1992年，在巴西里约热内卢召开的联合国环境与发展大会通过的《21世纪议程》，更是高度凝结了当代人对可持续发展理论的认识❶。人与自然、人与生态，不再是征服与被征服的关系，而是共存共荣。2012年6月，联合国可持续发展大会发表的《我们憧憬的未来》报告，标志着可持续发展已成为时代潮流，绿色、循环、低碳发展正成为当今世界新的趋向。

---

❶ 丁吉林.生态文明——构筑人类共同的家园[J].理论参考，2012(5)：9.

在这种大背景和时代潮流之下，世界发达国家在经济社会发展的过程中，高度重视生态技术的研发和应用。德国、美国、日本、丹麦等国家在这方面走在了世界的前列。德国政府运用税收政策促进了风能、水能、生物能、太阳能等可再生能源的开发和利用。德国的许多城市建立了生态村，并正在打造世界级的可持续发展的生态城市。美国在污水处理技术、河流生态恢复工程技术、新一代转基因技术方面处于世界领先水平。日本在利用水资源、生态材料、垃圾处理、防止温室效应等方面拥有许多先进技术。丹麦的风能发电量已经占该国总发电量的20%。德国政府把生态环境保护纳入政治决策、法制建设、国民教育的体系之中，从政府到非政府组织、从企业到公众都有浓厚的环保意识和切实的环保行动，为保护生态环境营造了良好的社会氛围。在法制建设方面，德国关于环境保护的法律规定有2 000多项，其环境标准十分严格，甚至高于欧盟的标准。在德国21世纪环保发展纲要中，将生态作为经济发展和创造就业的重点，并通过税收手段、许可证制度、经济资助和政策性订单等手段扶持环境友好型企业的发展。与此同时，德国建立了全面环保教育体系，从幼儿园开始就教导儿童了解并保护环境。德国有370多个森林幼儿园，让儿童生活在自然环境中，从小感悟自然的神奇，并意识到自己有保护自然的责任。小学生人手一本环保记事本，记录自己的环保活动，在日常生活中养成环保习惯。在大学开设环保教育和环境科学方面的课程，使学生建立人人对环境负责、相互监督的观念。

多年来人类文明的实践进一步昭示，生态文明是对现有文明的超越，是人与自然、人与人、人与社会和谐共生、全面持续发展的文化伦理形态，是人类文明发展理念、发展道路和发展模式的重大进步。

（二）中国传统发展模式亟待转型

第一，资源约束日益加剧。近年来，能源问题日益成为国家生活乃至全社会关注的焦点，成为制约经济社会可持续发展的瓶颈。一方面，我国能源资源短缺，化石能源可持续供应能力不足。另一方面，我国能源需求过快增长，对外依存度高。与此同时，我国油气进口来源相对集中，进口通道受制于人，远洋自主运输能力不足，金融支撑体系亟待加强，能源储备应急体系不健全，应对国际市场波动和突发事件能力不足，能源安全保障压力巨大。

第二，环境约束进一步凸显。一是水体污染严重。生态环境部数据表明，2017年，全国109个监测营养状态的湖泊（水库）中轻度至中度富营养湖泊（水库）的比例为30.3%，5 100个地下水水质监测点中较差至极差点位高达66.6%，近岸海域中除黄海水质良好外，其余都为水质差和水质极差。二是大气污染严重。2017 年，全国 338 个地级及以上城市中有 70.7% 的城市环境空气质量超标，出现酸雨现象的城市占 36.1%。三是土壤侵蚀和土地荒漠化问题严重。2017 年，土壤侵蚀总面积占普查范围总面积的 31.1%。第五次全国荒漠化和沙化结果显示，截至 2014 年，全国荒漠化土地面积为 261.16 万平方千米，沙化土地面积 172.12 万平方千米。四是生态环境质量普遍不高。2016 年，在全国 2 591 个县域中，58% 的县域生态环境质量为一般或较差[1]。

第三，国际责任和压力不断增大。环境问题是一个涉及经济、政治、社会、文化、科技多层次、多维度的复杂体，是全球面临的共同挑战。作为国际社会中的一员，作为世界上最大的发展中国家，我国有责任也有义务解决好国内的环境问题，促进国际环境领域的交流与合作，为世界环境问题的解决做出贡献。一方面，全球环境问题的改善与解决对中国提出了越来越高的要求。2002 年，南非约翰内斯堡峰会将全球环境问题聚焦在水资源、能源、健康、农业和生物多样性五个方面，而在这五个方面，中国至今仍面临巨大的挑战。虽然各国不遗余力地推进环境治理，但是宏观趋势的复杂性以及各国对自身利益的考量，使以全球可持续发展为目标的《21 世纪议程》等重要文件的执行情况远未达到预期，全球生态危机不但没有根本扭转，而且一些新的环境问题层出不穷。与此同时，输入性环境问题，如物种入侵、危险废弃物转移、气候变化等负面影响持续显现，气候变化 - 粮食安全 - 能源安全 - 海洋的复合效应也越来越突出，内外交织情况越来越普遍，对我国提出的挑战也越来越多。另一方面，全球经贸摩擦和对绿色经济的重视给中国带来的压力日益增大。在世界科技和产业调整变革中，绿色经济、环境技术扮演着越来越重要的角色。一些国家开始频繁使用环境保护手段达到保护本国产业与市场，维护和增强其竞争力的目的。利用环境保护增强竞争力的本质就是提高本国市场门槛，增加外国产品成本，进而形成本国的竞争优势。

二、美丽中国建设的内涵

美丽中国是时代之美、社会之美、生活之美、百姓之美、环境之美的总和。经济持续健康发展是重要的物质前提，人民民主不断扩大是根本要求，文

---

[1] 中华人民共和国生态环境部．2017 年中国生态环境状况公报 [R/OL].（2018-05-22）[2018-05-31].http：//www.huanjing100.com/p-4248.html.

化软实力日益增强是强大的精神支撑，社会和谐、人人共享是基本特征，生态环境优美宜居是显著标志。其中，优美宜居的生态环境最为重要。

（一）自然环境优美

美丽中国是环境优美的中国。从一定意义上说，建设美丽中国就是建设生态文明，实现环境优美宜居；而且环境优美不仅是自然意义上的视觉效果，还应包括生存条件和生存质量的情感体验。说到底，生态文明要求人与自然、人与社会、自然与社会、社会与经济时刻保持和谐共在的生存格局。

（二）人民精神生活丰富

美丽中国不仅是人民群众物质生活富裕，还应该是精神生活丰富的中国，自然美并不是完整意义上的中国之美，人美及其所带动和创制的社会之美、自然之美才是完整意义上的中国之美。人民群众的精神生活之美主要是指心灵和道德精神之美，一个道德缺失、心灵丑陋的人，其外表再美也只能是一种残缺的美，这样残缺的美与建设美丽中国是格格不入的。因此，只有拥有道德精神之美的人，才能对国家、民族、社会、人民心怀敬意，敢于担当，敢于牺牲，才能真正建设美丽中国。

（三）社会和谐

美丽中国应该是和谐的中国。和谐社会说到底就是指人与自然和谐、人与社会和谐、人与他人和谐、人与自我和谐、经济与社会和谐。其中，人与自我和谐是其他和谐的前提与基础，每个人的最大敌人就是自己，最难战胜的人也是自己，战胜了自己就是战胜了世界。人是一种悖论性的存在，在人的内心深处自始至终存在灵与肉、物质与精神、自然与超自然、感性与理性、眼前与长远、局部与全局、个人与集体的矛盾、困惑。人如果能够处理好自己面对的这些二律背反问题，就能解决其他所有的问题。

（四）制度文明

美丽中国还应该是制度文明的中国。制度文明是建设美丽中国的重要标志。不可想象，在一个制度混乱落后的社会能够建设美丽国家。历史的教训告诉人们，丑陋总是与落后、不文明的社会制度联系在一起的。它们是一对孪生兄弟。因此，建设美丽中国要先建设社会主义的制度文明。

建设美丽中国是一个伟大复杂的系统工程，既要搞好顶层设计，明确方向、目标和任务，又要采取切实有效的措施，扎实推进。建设美丽中国的核心就是按照生态文明建设的要求，通过建设资源节约型、环境友好型社会实现经济繁荣、生态良好、人民幸福。

建设美丽中国需要积极探索在发展中保护、在保护中发展的环境保护新道路。环境保护是建设美丽中国的主干线、大舞台和着力点，探索环境保护新道路是建成美丽中国的一个路标。建设美丽中国需要建设全社会共同参与的大格局。建设美丽中国是全社会共同参与、共同建设、共同享有的事业，关键是政府、企业、公众各尽其责、各尽其能、各尽其力。

三、新发展理念下的美丽中国建设

党的十九大指出："在全面建成小康社会的基础上，分两步走在本世纪中叶建成富强民主文明和谐美丽的社会主义现代化强国"。建设美丽中国是我党针对发展过程中出现的环境污染、资源枯竭、生态退化的严峻现实提出的重大战略思想和战略任务，要顺利完成这项任务，离不开正确的发展理念。"发展理念是发展行动的先导。"党的十九大报告中强调，"必须坚定不移贯彻创新、协调、绿色、开放、共享的发展理念"，为我国的未来发展描绘了新蓝图，为美丽中国建设提供了正确的思想引领。

（一）创新——美丽中国建设的动力之源

一般来说，经济上贫穷落后的国家无论如何谈不上美丽。美丽中国应该是富强中国。在马克思主义社会发展理论中，经济发展是一切发展的物质基础，发展的价值最先表现为经济价值。唯物主义历史观认为，生产力作为经济社会发展的基础，在发展过程中起着举足轻重的作用。在社会发展和美丽中国建设过程中，长期以来，我们走的是一条以扩大要素投入为主、大量消耗能源资源，甚至不惜以破坏环境为代价的外延式、粗放式的发展道路。这就是我们进一步发展所面临的实际情况。粗放型经济增长方式曾经在我国发挥了很大作用，也确实加快了我国经济发展的步伐。但在经济发展进入新常态的形势下，再按照粗放型的发展方式来做，国内条件和国际条件都不支持，是不能实现发展目标。首先，从国内方面看，长期的粗放型发展给我们带来了巨大的生态问题，严重影响了我国的进一步发展。其次，从国际方面看，我国出口优势和参与国际产业分工模式面临新挑战，要求我国必须把经济增长动力放在创新驱动上。因此，实现发展方式的根本转变、实施创新发展战略是我国经济向形态更高级转化的必然要求。

创新是转变经济发展方式、实现可持续发展、推动美丽中国建设的动力之源。低成本劳动力和资源投入是传统发展方式的主要依靠，而新的经济发展方式则主要依赖于创新驱动。创新驱动离不开科学技术的支持，我们必须瞄准世界科技前沿，通过自身不懈的努力形成一批有中国特色的创新成果。在此基础上，逐步推进科技成果产业化，用创新促科技进步。习近平总书记指出："当前，从全球范围看，科学技术越来越成为推动经济社会发展的主要力量，创新驱动是大势所趋。"具体地说，建设美丽中国，实现创新发展，一要高举改革创新的旗帜，对新一轮世界科技革命及其产生的影响必须给予高度关注，用更多的新技术达到低能耗、高产能的效果；二要实现发展动力的转换，除了借助科学技术的力量外，还要在制度和管理方面创新思路，不再以传统资源消耗为代价推动我国经济的发展，而是以创新技术推动发展，化解生态与经济两者之间的矛盾；三要优化产业结构，提升新兴产业的科技含量，要加快互联网、物流、信息服务等现代行业的发展，力争通过这些第三产业的发展减少第一和第二产业发展带来的资源与能源的消耗以及环境污染。

（二）协调——美丽中国建设的内在要求

改革开放以来，我国经济和社会得到了飞速发展，逐步解决了人民的温饱问题，迈入全面建成小康社会的决胜阶段。我国在经济总量上实现了世界第二大经济体的目标，国际地位和社会影响力大大提升。然而，在快速发展的同时，伴随而来的是生态环境的破坏和资源的快速消耗。党的十八大指出："面对资源约束趋紧、环境污染严重、生态系统退化的严峻形势，必须树立尊重自然、顺应自然、保护自然的生态文明理念，把生态文明建设放在突出地位，融入经济建设、政治建设、文化建设、社会建设各方面和全过程，努力建设美丽中国，实现中华民族永续发展"

建设美丽中国不仅是环境与生态方面的要求，还是经济、政治、文化以及社会建设的要求，是我国社会主义现代化建设的重要目标。要实现这样的目标，就必须把协调发展理念作为内在要求，开创中国特色社会主义各方面建设协调发展的局面。协调发展理念体现了一种全面的发展观，具有系统性、整体性与科学性。这一发展理念从整体性思维出发，认为社会主义建设过程中包含的各种因素之间相互联系、相互变化以及相互影响，强调总揽中国特色社会主义事业全局，对我国各个领域的建设都具有重要的指导意义。也只有通过社会的全面协调发展，美丽中国建设的目标才有希望实现。

中国特色社会主义现代化事业是涵盖经济、政治、文化、社会和生态文明建设的完整体系。这就表明，我国的现代化建设既不是不分主次，又不是单打一，而是在坚持经济建设为中心的前提下，实现与其他方面建设的协同发展和动态平衡。经过不懈努力和辛勤付出，我国在五大建设层面都取得了显著进步，但仍有亟待补齐的短板。只有把各个领域的短板补齐，我国才能继续在中国特色社会主义道路上坚定不移地前进，稳步推进我国社会主义现代化建设，最终实现美丽中国的奋斗目标。

当前，生态文明建设无疑是我们需要补齐的短板。党的十八大后，我党总结了生态文明建设与其他四个方面建设的关系，将生态文明建设落实到社会主义现代化建设的总体格局中，贯穿到经济社会生活的各个方面，上升到治国理政方略的空前高度。这种地位的升格表明生态文明建设具有特殊意义和重要作用，也是我们党从中国全方位建设的现实出发的结果。

中国特色社会主义各方面建设相互协调、相互促进，是美丽中国建设的内在要求。我国的现代化事业必须全面进行各方面建设，并在建设过程中感受众多因素的相互作用。社会主义建设的各个因素之间相互联系，共同构成了美丽中国建设进程中不可或缺的重要组成部分，因此要尤为重视各环节之间的利益平衡，注重各因素之间的协调发展，避免出现发展不一致的情况。"五位一体"的总体布局深化了社会主义建设的规律，符合唯物辩证法的基本原理，是发展中国特色社会主义的思想引擎。

（三）绿色——美丽中国建设的应有之义

建设美丽中国是社会主义现代化建设的主旨和归宿，也是实现民族复兴的重要内容。习近平总书记指出："走向生态文明新时代，建设美丽中国，是实现中华民族伟大复兴的中国梦的重要内容。"在过去比较贫穷的时候，中国人民"盼温饱"；现在我们逐步摆脱了这种贫穷状态，在解决了绝大多数人的温饱问题之后，"盼环保"就成为民心所向，追求良好生态成为当今中国的时代特色。绿色正在装点当代中国人的新梦想，绿色发展就是美丽中国建设的题中应有之义。

绿色发展是针对当前生态问题面临的严峻现实提出的重大战略思想和战略任务。改革开放以来，我国社会发生了翻天覆地的变化，人民温饱问题得到解决，小康社会可望在近几年内全面建成。然而，我国的快速发展也付出了环境被严重破坏和资源被快速消耗的生态代价。面对这种形势，为了营造良好的生态环境，党的十八届五中全会提出了绿色发展理念。这一理念契合美丽中国建设的愿景，为我国的未来发展指明了道路，为美丽中国建设提供了指导。

绿色发展就是为改善自然环境提出的，在绿色发展模式下，发展不再是人类对自然的征服、统治，而是开启了人与自然和谐相处的全新模式，正如党的十九大指出的"坚持人与自然和谐共生"。根据我国国情确立的绿色发展是全面的、可持续的发展，是符合我们需求的发展，是绿色循环的发展。党的十八大以来，以习近平同志为核心的党中央清醒地认识到保护自然的重要性，特别强调在发展经济政治的同时，必须学会全面与长远地思考问题，强调发展经济应充分考虑自然的承载力和承受力，必须注重保护自然，学会与自然和谐相处。一个社会乃至一个民族的发展也必须紧紧依靠良好的自然环境。自然环境与社会环境不是相互分离的，而是以某种形式融合，形成新的自然秩序规则。要尽量避免生态危机的出现。如果生态危机呈现社会化趋势，就可能导致极为严重的后果。因此在发展经济的同时，必须将生态问题纳入考虑范围。只有将经济与生态融合发展，并从综合发展的角度设计生态问题的解决方案，才能符合长久发展的趋势与基本要求。

从当前的客观现实看，没有美丽中国，就谈不上富强中国，或者说美丽中国是富强中国的另外一种表达方式。一个国家的富强不应该只体现在经济的增长上，还应该体现在环境的美丽和生态的平衡上，缺少了后者，富强也将是不可持续的，甚至是短暂的。习近平总书记指出："人民群众对清新空气、干净饮水、安全食品、优美环境的要求越来越强烈。"当前，我国的淡水和森林的约束在加剧，其他很多资源都很紧张，甚至远远低于世界平均水平，成为我国现代化建设的制约因素。对此，习近平总书记发出号召："为子孙后代留下美丽家园，让历史的春秋之笔为当代中国人留下正能量的记录"。美丽中国是坚持绿色发展的必然归宿。无论从理论高度而论，还是就日常实践而言，绿色发展理念都坚守着美丽中国的主旨。中国共产党旨在让中国美丽的崭新思路和具体实践，是我们党实事求是思想路线在发展理念和发展实践上的真实展现和生动表达。

（四）开放——美丽中国建设的必由之路

兴盛总是与开放相伴，衰落总是与封闭相随。党的十八大以来，我党深刻把握人类社会开放的基本规律，主动顺应国内外发展大势，创新马克思主义对外开放理论，提出了开放发展这一全新理念，进行了一系列开放发展的重要实践，为美丽中国建设开启了必由之路。

从十一届三中全会起，中国开始实行对外开放的基本国策，并取得了重大成果；对外开放的力度不断加大，中国日益与世界各国成为命运共同体，致力从世界汲取发展动力，同时让中国发展成果惠及全世界。习近平总书记指出："中国对外开放的力度将会越来越大。"这既是我国改革开放以来的宝贵经验总结，又表明了对外开放对中国发展与建设的重要性以及我们国家坚持改革开放的决心。开放发展理念的确立使我们的眼界变得开阔，使我们多了一些参照，使我们的发展不再盲目，使我们的美丽中国建设之路渐入正轨。

放眼世界，我们即将迎来一个不同于原始文明、农耕文明和近代工业文明的全新时代。各主要经济体，特别是西方发达资本主义国家目前正在向生态文明方向演进。生态文明已经成为全球性的共识和行动，绿色发展成为当今时代的必然要求。2008 年，联合国倡议“发展绿色经济”，对绿色经济的意义给予了充分认识，对绿色经济的地位给予了明确肯定，对绿色经济的作用给予了高度认可。随后，各主要发达经济体，包括美国、欧盟、日本、韩国等，都制定了相关的绿色发展战略，一些发展中国家也纷纷响应。2015 年 9 月 28 日，国家主席习近平在纽约联合国总部出席第七十届联合国大会，就绿色发展观发表了题为《携手构建合作共赢新伙伴，同心打造人类命运共同体》的重要讲话。2018 年 5 月 14 日，习近平总书记在纪念马克思诞辰 200 周年大会上的讲话中指出：“自然是生命之母，人与自然是生命共同体，人类必须敬畏自然、尊重自然、顺应自然、保护自然。”工业文明带来的消极后果，我们必须用绿色发展的理念去解决，使人与自然高度和谐统一，最终实现经济的可持续发展和人的全面发展。习近平总书记从人类文明发展的角度概括指出：“生态兴则文明兴，生态衰则文明衰。”这一正确概括正是我党在开放发展视野下对人类文明趋势的正确解读，为当代中国实现绿色发展和中国建设提供了时代依据。

建设美丽中国必须树立开放的发展理念。综观世界历史发展的历程，任何强国都具有同样的特征——开放。开放发展理念的提出为中国的建设，尤其是美丽中国建设提供了条件。开放与生态治理有着必然的内在联系，生态治理必然要求开放，开放促进生态治理水平的提升，开放已经成为生态治理体系和治理能力现代化的基础性标志。因此，在美丽中国建设中，必然要贯彻落实开放发展理念。一是要向治理资源开放，善于利用各种资源，包括经济、政治等其他方面的资源，也包括各国各地区生态治理的有益经验；二是向各类群体与社会组织开放，采纳他们关于资源环境保护与生态治理方面的合理建议；三是向各国开放，学习与借鉴各国的关于资源、环境与生态方面的优秀经验，包括如何保护环境、如何高效利用资源等先进的制度与技术。

当今世界是开放的世界，必须促进国内外联动，树立“命运共同体”意识，积极学习和借鉴西方的资源环境保护与生态治理的先进模式与制度，通过开放为美丽中国的建设提供必要条件。纵观中国的历史，只有开放才能促进中国各方面建设的发展，才能使国家不仅富强、美丽。开放是中国建设，尤其是当下美丽中国建设的必由之路。

（五）共享——美丽中国建设的根本目标

党的十八届五中全会指出："共享是中国特色社会主义的本质要求。必须坚持发展为了人民、发展依靠人民、发展成果由人民共享"。人民群众是中国特色社会主义的建设者，是社会主义物质财富的创造者，是社会主义精神文明的创建者，理应享受自己所创造的一切成果，这是中国特色社会主义的内在要求，也是美丽中国的重要标志。

共享意味着人民共享改革开放成果，共享发展福利，共享优美的自然环境。党的十九大明确指出："我们建设的现代化是人与自然和谐共生的现代化，既要创造更多物质财富和精神财富以满足人民日益增长的美好生活需要，也要提供更多优质生态产品以满足人民日益增长的优美环境需要。"人民群众既是改革开放和社会主义现代化建设事业的广泛参与者，又是改革开放和社会主义现代化建设成果的充分享有者。我党反复强调的要使改革开放和社会发展的成果惠及全体人民正是从这个意义上来讲的。作为具有现实需要的主体，人民群众享有的最重要的成果，或者说最基本的需要还应该包括良好的生态环境。这种生态环境不应该因为经济的发展而受到破坏，也就是说，经济发展不能以牺牲群众的生态环境需要为代价。习近平总书记强调："我们既要 GDP，又要绿色 GDP。"针对以往粗放式发展带来的环境被破坏的现实，我们坚持绿色发展的一个重要目的就是力求改善人民群众的生存环境。因此，建设美丽中国必须把人民群众对良好生态环境的向往作为奋斗目标，牢固树立生态为民、生态惠民、生态利民的理念。党的十八届五中全会强调："要坚持绿色富国、绿色惠民，为人民提供更多优质生态产品，推动形成绿色发展方式和生活方式，协同推进人民富裕、国家富强、中国美丽。"

美丽中国的建设成果要求全体人民共享，这是由社会主义的本质决定的。资本主义私有制的内在本质是为少数群体谋利益，这就决定了剥削与社会两极分化的产生。社会主义社会消灭了阶级剥削和两极分化存在的前提，能够做到最终实现共同富裕，实现社会财富的共享。社会主义就是要使全体社会成员过上富裕幸福的生活。邓小平指出："社会主义与资本主义不同的特点就是共同富裕，不搞两极分化。"在生产发展、生活富裕、生态良好的基础上，消灭剥削，消除两极分化，最终达到共同富裕，让发展成果由全体人民共享。

在全面建成小康社会的最后阶段，我们必须树立共享发展的理念，从与人民群众直接相关的问题入手，提高生态产品质量和生态服务水平，让人民群众的幸福感增强，具体要做到以下几点：一要加强生态公共服务意识，提升社会各方面的生态共建能力和共享水平，不断完善基本生态服务体系，尽力做到环境质量进一步改善、植被覆盖率明显提高以及损害群众健康的突出环境问题得到有效解决，并推动这些成果在各地区的共享；二要综合整治城市环境和全面改善农村环境，针对城市环境和农村环境问题的不同，采取相应的措施推进城乡环境的改善，推进城乡基本公共服务均等化，促进城乡共享美丽中国建设的成就；三要形成合理的资源与能源消耗体系。

发展理念是随着社会的发展而不断改变的，理论来源于实践，又应用于实践并指导实践。马克思曾指出："理论在一个国家的实践程度，决定于理论满足于这个国家的需要的程度"。五大发展理念的提出顺应了美丽中国建设的时代要求，在全体人民的不懈努力下，人民富裕、国家富强、中国美丽的壮丽蓝图必将出现在中华大地上。

第二节　美丽中国建设的生态伦理价值

环境社会学认为，生态文明不仅应表明人与自然的关系，还应表明人与人之间的和谐与文明。社会学不断扩大和深入地研究人与人的和谐共生这一问题，我们在此需要特别指出的是生态环境平等这个问题。这是生态文明建构过程中一个重要的社会学视角。

一、美丽中国建设中的生态文明思想精髓

（一）生态文明是人与自然和谐共生的文明

社会学是关于社会良性运行和协调发展的综合性具体科学，因此是从整体上考察社会与自然的关系问题。将人置于自然这个大的背景中看，人和自然是合一的；作为人类存在方式的社会也是自然的一种表现形式，是和自然合一的。虽然人们通常在语言中、概念上把人和自然分开处理，但是这只是常规思维中为了认识和解释方便而采用的一种概念化方式。人类社会的规律就是自然的规律，人类社会的原则就是自然的原则。

社会学认为，人与其生存的环境是一个系统。社会系统论的代表人物是维尔弗雷多·帕累托和塔尔科特·帕森斯，尽管他们的理论体系各有侧重和特色，但是有一个明显的共同点，即都从社会系统的角度对社会做出了研究。帕累托认为，社会是一个系统，系统是由相互依赖的因素构成的，影响系统的任何部

分都会对系统整体产生影响。社会系统只要存在着，就处于一种均衡状态中。这种均衡状态是由社会系统中那些起整合作用的力量成功地克服那些试图破坏这种系统的力量获得的。他解释说："社会是处于复杂的相互关系中人类分子的一种制度，它之所以能达到均衡或保持均衡状态，是因为构成社会制度的内部因素或元素协调一致，内部同外部也协调一致"。可见，内部同外部的和谐包括人与自然的和谐。因此，社会学视域下的生态文明首要的就是人与自然的和谐与文明。

（二）生态文明是生活于社会中人与人之间的和谐与文明

人们共同生活在地球上，生活在一个共同的社会生态系统中，彼此相互作用、相互影响。在社会不平等的大背景下，生态环境的不平等问题产生了。比如城市边界迅速扩张，在拉美城市中，强势群体占据了环境优美地段的高级住区，这成为城市消费景观环境不平等的有力实证。强势群体利用自身的经济、政治优势占据了城市中环境和设施相对优越的区域，并形成与周围区域隔离的堡垒式高级居住区，这在拉美已经成了一种常见的现象。随着全球化时代的到来，发达国家通过产业转移对发展中国家实行生态殖民主义。在国内，东部的污染转移到西部，城市的污染向农村转移，富裕人群消费导致的污染由贫困人群承受。这些都是社会学关注的问题。因此，社会学理解的生态文明应该也必须是生存于其中的人与人的和谐与文明。

（三）生态文明是人与社会和谐相处的文明

社会是人类生活的共同体，它不是个体的简单叠加，而是人们相互交往、相互作用的产物，它是以共同的物质生产活动为基础的人类的有机总体。根据社会学理论，社会是由在一定地理区域内拥有一定生活方式的一定数量的人口组成的动态稳定体系，一定的生态区域构成了社会的地理基础，一定的生活方式构成了社会的经济基础，一定数量的人口构成了社会的生物基础。另外，一个社会还需要有其心理基础、文化基础和法律基础。

社会发展是指社会的前进运动，以社会物质文明、精神文明、政治文明、生态文明进步为标志。社会发展实际上是社会的生态、经济、人口、心理、文化和法律因素综合作用的产物，最主要是生态环境、经济和人口三个因素相互博弈的结果。生态环境包含着人类生存所需要的资源，经济意味着人们的生活方式，人口既意味着生产，也意味着消费。环境社会学一直在追求社会发展，但这种发展是有限度的。同时，社会学还特别指出，社会发展是长远的发展，既要满足当下人的需要，又要兼顾后代人的利益。这一问题是代际公平的问题，说明社会学意义上的发展是可持续的发展。在这种发展观的指导下，生态文明是人与社会的和谐。人们只有意识到自己是生活在社会之中的人，是人类社会的有机共同体，才能意识到后代人的发展问题，才能坚持有限度的发展。所以，社会学指出，生态文明应是人和社会和谐相处的文明。建设生态文明的社会发展模式是一个整体的系统工程。生态文明包括在这种发展模式中的人与人之间、人与社会之间的和谐与文明，是多维度的。因此，构建生态文明应注意以下几个方面的问题。第一，生态环境条件是社会运行的一个基础条件。人类与其生存的环境协调发展是社会良性发展的基础，要实现这种协调发展，就必须科学地、合理地开发使用资源。第二，生态文明社会是人与人和谐共存的社会，社会阶层分析、社会不平等等问题的研究要放到生态文明的视阈中研究，解决生态公平的问题同样是生态文明的重要内容。第三，生态文明社会必须关注人与社会的和谐与文明，注重代际公平，实现可持续发展。

生态文明是人类文明形态和文明发展理念、文明发展模式的重大进步。生态文明是绿色文明，是在自然生态平衡的基础上，依赖人类自身和资源，经济社会和生态环境整体系统化相互协调发展的文明。它主张把经济建设和生态建设有机结合起来，使两者相互促进、相得益彰，让人们在享受经济发展成果的同时，依然能够生活在一个优美的自然环境之中。生态文明的社会存在模式是构建以生态可持续原则为基础的社会存在模式，生态文明是对工业文明所倡导的物质性理念进行的一种转向，它是重新确立的一种新的自然观、消费观和发展观。生态文明的提出是人类对人、生态、生命、环境的进一步深入认识和理解，它促进了资源的重组及理论的深化，追求更高层次的“天人合一”，让人、自然、社会三者之间达到真正的平衡与和谐统一。它是人类对灰色文明泛滥恶果的积极反思和实践，促使人类文明的内涵与内容更加丰富；同时作为一种新型的文明形态，生态文明正在逐步向更深层次的文明迈进。

二、生态文明是实现美丽中国的必由之路

生态文明是促进天人和谐的凝聚力。生态文明通过人与自然交往过程中的生态意识、价值取向和社会适应，维护和增强自然生态系统的供给、调节、支持、文化四项服务功能，实现自然资源和生态环境的生态价值、经济价值、社会价值和文化价值。可以说，中华民族比世界上任何一个民族都更加懂得尊重自然、顺应自然、保护自然。“天人合一”“道法自然”等朴素生态文化哲学智

慧，过去、现在和将来，都将伴随和影响实现中华民族伟大复兴的进程，成为凝聚人民追求梦想、鼓舞斗志的力量源泉。

生态文明是推动绿色发展的原动力。绿色发展理念是对奢侈消费、资源低效高耗、污染高排放经济发展方式的彻底否定，是科学发展观的思想精髓，也是生态文明的时代内容与创新。绿色发展的思想渊源主要来自中国传统文化的生态智慧、马克思主义自然辩证法和可持续发展理念。正是由于绿色发展追求人与自然和谐共生的文化内涵，所以显示了中国转变发展方式，坚持走生产发展、生活富裕、生态良好的文明发展道路，从源头上扭转生态环境恶化趋势，形成节约资源、恢复生态和保护环境的空间格局、产业结构、生产方式、生活方式，为人民创造良好的生产生活环境，为全球生态安全做出贡献。

生态文明是建设美丽中国的向心力。生态良好、环境健康、可持续发展状态和高尚的心灵境界是构成美丽中国的基本要素。人们都向往蓝天白云、青山绿水、气清地净，老百姓渴望能喝上干净水、呼吸清新空气、吃上安全食品、住上敞亮房子、有个舒适的宜居环境。这是人民群众最基本的生活诉求，也是生态文化体系建设的重要内容。我国通过森林文化、湿地文化、荒漠绿洲文化和竹文化、花文化、茶文化、园林文化等生态文化载体建设和生态制度建设，大力发展生态旅游，出版科普读物及音像制品，开展生态文化公益活动，为人们提供丰富多样的生态产品和文化服务，提高弘扬生态文化，倡导绿色生活，共建生态文明的公信度和参与度，增强珍惜自然资源、保护生态、治理环境的自我约束力和社会影响力。

生态文明是提升国家软实力、实现中华民族复兴的驱动力。文化软实力已日益成为民族凝聚力和创造力的重要源泉以及综合国力竞争的关键因素。改革开放以来，我国综合国力和国际影响力不断增强，但中国文化在世界上的影响力却不尽如人意。中国是文化资源大国，却不是文化强国。民族的复兴必须有文化的复兴作为支撑，生态文化的兴盛是中华民族伟大复兴不可或缺的重要内容。我国必须继承、发展和弘扬生态文化，提升公民综合素质，增强核心凝聚力、竞争力，充分发挥生态文化在提升国家软实力中的作用，让中华民族的生态文化走出国门，以其巨大的渗透力和感染力屹立于世界民族文化之林。生态文化代表了当代中国先进文化的前进方向，追求社会主义文化大发展大繁荣也是生态文化的根本价值向度。深入生态文化研究、挖掘、修复，继承、发展和创新建设，不断增强生态文化与时俱进的适应性，将有利于增强我国文化发展活力，切实推动社会主义文化大发展大繁荣。

环境保护是生态文明建设的主阵地和根本措施。建设生态文明，环保系统使命光荣、责任重大，必须按照生态文明的要求，努力做建设美丽中国的引领者和实践者，先行一步，走在前列。探索环保新道路是通往美丽中国的一个路标。要坚持在发展中保护、在保护中发展的指导思想，遵循代价小、效益好、排放低、可持续的基本要求，形成节约环保的空间格局、产业结构、生产方式、生活方式，推进环境保护与经济发展的协调融合。生态文明与美丽中国紧密相连。建设美丽中国，其核心就是按照生态文明的要求，通过建设资源节约型、环境友好型社会，实现经济繁荣、生态良好、人民幸福。建设美丽中国，需要积极探索在发展中保护、在保护中发展的环境保护新道路。美丽中国是我们未来的目标和希望，生态文明是托起美丽中国的强有力的臂膀。

第三节　中国传统生态伦理观在美丽中国建设中的意义

中国传统生态伦理观中蕴含的生态智慧是中华民族的伟大财富，为美丽中国的建设提供了不竭的思想资源。中国文化中关于人与自然互相协调的整体观念为现代生态学的构建提供了一种合理的思维方式。从某种程度而言，整个中华文化正是在这一价值和道德基础上衍生出来的。因而“天人合一”是中国传统生态伦理的总理念，是中华文化的根本特征。

一、中国传统生态伦理观为现代生态伦理学的建构奠定了哲学基础

“天人合一”反映了中国文化中整体思维的特征。中国传统文化一向注重整体思维，即从事物发展的全面性考虑处理各方面的关系。“天人合一”就是把人置于自然之中，认为人与自然是不可分割的整体。人对自然环境的依赖性更强，没有自然环境给人类提供物质基础，人类的生存和发展就无从谈起。中华思维乃至整个中华文化的重要特色就是自始至终坚定不移地把自己的物质创造活动和精神创造活动与自然紧密联系起来。尊崇自然、注重现实人生是中华民族在漫长的历史演进过程中形成的价值定位，重现实、轻鬼神和不追求彼岸世界是中华民族的性格基调，由社会生活出发引申出我们对自然环境的思考，进而把对自然本质的认知和体察作为人类安身立命的价值依据。认识自然，依靠自然，讴歌自然，始终如一地与自然为邻为友，相感相通，和谐相处。中国古代先哲们在这一思想的指导下，道家倡导的“天人并生”“天与人一也”等思想

与儒家倡导的“仁民爱物”“民胞物与”等思想，都把宇宙看成一个不可分割的整体，认为万物无不相互依存、共生共荣，尊重和爱护天地间的一切生命，指导人类自觉肩负起保护动物、植物和天地万物健全的生存与发展的责任，履行人类维护整个生态体系内在平衡的崇高义务。这种思想比起现代生态伦理学，有过之而无不及。当今西方学者都不约而同地从中国的“天人合一”中汲取营养，因为“天人合一”早就展示了人与自然关系的终极归宿和最高境界。

在对天人关系的不断探索中，中国古代思想家既明示了人的受动性，又注意到了人在自然中的能动性。“天人合一”从朴素、直观的角度揭示了人是自然的一部分，在认识自然和改造自然的过程中既要发挥人的主观能动性，又要尊重客观规律，要自觉合理地保护人类的生存环境，以达到人和自然的和谐统一。

从思维方式看，古代先哲们对人的主体能动性的认识，有利于人类对自然界的总体把握。在人类认识史上，人类之所以经常“被浮云遮望眼”，陷入认识的误区，在很多情况下是因为没有跳出系统看系统，正所谓“不识庐山真面目，只缘身在此山中”。另外，在生态伦理意义上说，对人的能动性的认识在一定程度上赋予了人对自然界的责任感，强化了人的责任意识。

用哲学的术语讲，生态环境的危机就是人与自然矛盾的尖锐化。现代生态环境问题所具有的综合性的特点说明，人类解决生态环境问题，协调人和自然的关系必须采用辩证综合的方法。事实使人们认识到，只有辩证综合的方式，才可能帮助我们找到解决生态问题的出路；只有以辩证综合的方法为导向的人类活动，才可以与自然相协调。中国古代道、儒等主要学派都明确地意识到了辩证方法在协调人与自然关系中的重要作用，这是古代的辩证思维在生态伦理问题上的集中体现。

二、中国传统生态伦理观有助于生态伦理学体系的构建

中国传统生态伦理思想如“天人合一”“天道生生”“仁爱万物”的思想，“道法自然”和“尊道贵德”的思想，“圣人深虑天下，莫贵于生”和“与天地相参”的思想，等等，主张把道德对象的范围从人际关系领域扩展到人与自然关系的领域。这是一种对伦理学的理论突破。法国思想家施韦兹在他创立的尊重生命的伦理学著作中，多次提及中国思想家老子、孔子、孟子、庄子、墨子等人，认为在他们的思想中，人和动物早就具有重要地位，在伦理学原则上确定了人对动物的义务和责任。道家生态伦理思想对伦理学的突破主要体现在道家从“道法自然”出发，不但以“道”表述对世界的看法，而且主张从“道”

到“德”的众生万物平等、“尊道贵德”的观点。老子认为，“道”生长万物，“德”繁殖万物；体质构成万物的形状，样式完成万物的品类，因而万物都尊“道”而贵“德”。这种被尊崇和被认为是贵重的是自然而然的。所以，大自然生长万物而不据为己有，帮助万物而不自恃有功，引导万物而不宰割它们。这就是最深远高尚的道德，这是“道家自然哲学”。道家是从本源上提出了解决现代人与自然紧张关系的原则和方案，重新建立人与自然之间原本存在的亲和力，使两者均处于和谐的存在序列中相生相养、相照相温的境界。在这个境界中，人与天地自然万物之间有一种交感的关系。人们需要从自然中吸取其生存的养分，开发自然资源以求生存，但没有宰割和奴役自然的意欲，而换之以互依互存，感激自然光泽，不采取“竭泽而渔”的态度；在这种态度下，人们将从“征服自然”表明自己力量的方式，改变成以“赞天地之化育”的方式体现人之作为万物之灵。它从万物平等的立场阐述了从“道”到“德”，把人与自然万物的关系视为一种由伦理原则调节和制约的关系，把道德关怀的对象扩展至所有的存在物。

儒家的生态道德是一种真正地推己及人、由己及物的道德。它以“仁爱”为基点，把人类社会的仁爱主张推行于自然界。其维护自然生态环境的目的，首要的是人类自身的生存需要，其次才是对自然万物的爱护和同情。因此，人际道德是基本道德，生态道德是次要道德。两者的关系是以人的血缘亲疏和社会等级的贵贱为核心，逐步地由内向外扩展的。同时，儒家已经清楚地认识到，尽管人类的价值高于自然万物的价值，但人类社会与自然界又是相互依存的，人类也是自然大家庭中的一员。为了使自然界为人类提供更多的物质财富，必须把管理社会的原则推广到自然界中去，对天地万物施以仁爱的精神，在人与自然界中建立起协同互济、相互制约的秩序。

三、中国传统生态伦理观是当代可持续发展思想的渊源

在中国传统生态伦理思想中，“与天地相参”包括“和合”和中庸的思想，是一种追求人的本性发展、协同天地万物的生长变化、人与天地并立为三、天地人和谐发展的理想境界，其中蕴含着丰富的生态伦理思想。从可持续发展的基本内涵可以反观中国传统生态伦理思想的现代价值。

可持续发展战略是人类发展的崭新方向，其首要含义是兼顾未来的发展。当代的发展要把未来的可持续发展作为重要前提看待，两者要结合起来，统一起来，从而保证人类社会具有长远的不断发展的能力。

中国传统文化中的生态伦理思想正是依循天地“生生”这一最高的自然和伦理法则，深受“顺天无为”“制天有为”和“天人合一”等哲学思想的影响，提倡人类在利用资源时“取之有时”“取之有度”“俭啬有度”，禁止在野生动植物幼年期、繁殖期和生长旺盛期狩猎或采伐，使资源可持续利用，保持经济和社会自身的可持续性。因而，可持续性发展应是中国古代生态伦理思想中的已有之义，它要求人类从整体利益和长远利益出发考虑人与自然的关系，提倡保护自然资源，珍惜和节约资源。

在这里，中国古代生态伦理思想启迪我们，应从人与自然的和谐、人与人的和谐、人自身肉体与精神和谐的关系看待科学技术对人类的影响。如果忘记科技实践活动应该具备天、地、人生态伦理意义时，科学技术的功能就会被自私、狭隘、短见、孤立的功能扭曲，最终导致人与自然失谐、人与人失调等局面。它要求人们一方面要把握适当的发展速度。另一方面要珍惜资源，最大限度地提高资源的利用率，杜绝浪费，避免环境污染，充分开发可再生资源，最终达到人与自然和谐共处、共生共荣，以实现“与天地相参”的崇高道德境界。

可持续发展的另一个含义是整体发展。地球是一个整体，资源、人口、环境相互依存，因此必须摒弃传统的社会发展观，用整体战略把生态系统、社会系统和经济系统的矛盾与利益加以整合，变经济单兵独进为物质文明、精神文明与生态文明共同进步。而以儒家思想为代表的东方文化的思维方式是讲究综合，讲究整体概念，讲究普遍联系的。古代先哲始终把宇宙看成一个大的“人”，万物和人都是其整体的一个有机组成部分，彼此相通，互相依赖，血肉相连，一荣俱荣，一损俱损。道家、儒家、佛家等各主要学派都竭力主张天人一体，反对人与自然分割和对立。这虽然是一种朴素的整体思维观念，却可为可持续发展战略的建立提供理论思维方面的借鉴。因此，中国古代生态伦理思想有助于我们解决在落实可持续发展战略时面临的两难选择。我们要发展，因为“发展才是硬道理”，但经济的发展必须与人口、环境、资源统筹考虑。这就要求人们必须抛弃单纯以追求经济效率和效益为中心的发展观，必须抛弃以损害环境为代价追求经济快速发展的急功近利的思想。

可持续发展还意味着平等发展。除了当代与后代、发达国家与发展中国家、发达地区与落后地区、汉族与少数民族、农村与城市之间都应有生存发展的权利和平等竞争的机会外，它还要求人与自然万物平等相待、共生共进。如果人类的现代化是以环境污染、资源匮乏、水土流失、气候变异为代价，那么自然界的报复就会给人类带来空前的灾难，社会也不可能有什么持续发展。从伦理学立场看，这种平等发展体现在三个方面：第一，代内公平，即在同代人之间实现人类利益分配公平；第二，代际公平，即当代人与后代人之间资源利用利益分配公平；第三，种际公平，即不同物种之间平等相处，实现生物多样性的延续。中国古代处理人我关系的第一个基本原则就是“推己及人”。孔子曰：“己所不欲，勿施于人。”“己欲立而立人，己欲达而达人。”孟子曰：“老吾老以及人之老，幼吾幼以及人之幼。”这些都是这种高尚道德观的表现。因此，当代人在开发自然资源以满足自己需要的同时，不应破坏人类世世代代赖以生存和发展的自然资源和生态环境，而要明智地担负起在不同代际之间合理分配自然资源的职责，使当代人和后代人有平等的发展机会。

可持续发展战略的这种持续性、整体性和平等性特点实际上就是将经济再生产与自然再生产和谐，将经济系统与生态系统相和谐，将“人化自然”与“未人化自然”相和谐。换句话说，即人与自然统一，生态的持续、经济的持续和社会的持续的统一。这是可持续发展的基本内容和必然要求。它们正是中国古代以“天人合一”为核心的生态伦理的应有之义。中国古代生态伦理思想依循天地“生生”这一最高的自然和伦理法则，尊重和爱护天地间的一切生命，指导人类自觉肩负起保护动物、植物和天地万物健全的生存与发展的责任，履行人类维护整个生存体系内在平衡的崇高义务，从而为社会可持续发展奠定了坚实的观念基础。

四、中国传统生态伦理观为制定现代环境保护法规提供了参考价值和借鉴意义

依据中庸原则和“天人合一”原则，古代先人约定俗成出许多法规和措施，以保护万物的正常发展。夏禹禁止春季三月伐木，以利树木生长；《周礼·地官·山虞》记载“仲冬斩阳木”；《礼记·王制》记载“草木零落，然后入山林”；《孟子·梁惠王上》记载：“鼋鼍、鱼鳖、鳅鳝孕别之时，数罟不入洿池，鱼鳖不可胜食也”；《荀子·王制》记载：“罔罟毒药不入泽，不夭其生，不绝其长也”。古人极力反对人类对动植物生态资源的掠夺，以保证生物的持续发展。这些“取物不尽物”“取物以顺时”的主张诸多典籍中都有论及，并且对违反时禁的行为提出严厉警告。人类如果以杀鸡取卵、竭泽而渔的态度对待自然，无限度地开发，占有和糟蹋自然，生态平衡就会被破坏，和谐美好的局面就不会出现，各种自然灾害就会频繁发生，这些规约在今天仍有重要的借鉴意义。

古代生态伦理法规中“取物不尽物”的中庸原则仍具有强大的生命力。当前，人类之所以面临严重的生态环境危机，就是因为违背了这一中国传统生

态伦理原则。人类为了满足自己的私欲，凭借现代科学技术，无节制地砍伐森林，过度地捕杀禽兽、水产，过度地开采矿藏和地下水体，过度地排放工业污染物（废水、废气、废渣），过度地自我生产，造成人口爆炸等恶果。我国在生态环保上制定的《水土保持工作条例》（1982 年）、《中华人民共和国森林法》（1984 年）、《中华人民共和国渔业法》（1986 年）、《中华人民共和国矿产资源法》（1986 年）、《中华人民共和国森林法实施细则》（1986 年）、《中华人民共和国野生动物保护法》（1988 年）等生态环保法律，继承和发展了中国古代"取物不尽物"的中庸原则，规定"对森林实行限额采伐、鼓励植树造林、封山育林、扩大森林覆盖面积"；"合理使用草原，防止过度放牧"；在捕鱼时，"不得使用禁止的渔具、捕捞方法和小于规定的最小网目尺寸的网具进行捕捞"，"禁止炸鱼、毒鱼"；"禁止使用军用武器、毒药、炸药进行捕猎"。从这些法律条文中可以看出，我国古代思想家提出的"取物不尽物"的中庸原则在当今仍具有强大的生命力。

古代生态伦理法规中"取物以顺时"的主张对制定现代环境保护法仍有参考价值。"取物以顺时"的时禁主张现实地包括在当时的法令政策中。如战国时秦国法律《睡虎地秦墓竹简·田律》（1975 年湖北云梦出土）中就规定二月林木生长，不得砍伐；不到夏天不得取草烧灰，以免影响幼草生长；等等。可见早在 2 000 多年前，统治者就在一定程度上认识到自然生态的规律，采取了周密的管理措施，并通过法律法令加以保护。先哲们明确地把自然生态保护分为三种：一是森林资源及其具体保护措施；二是动物资源及其具体保护措施；三是农谷资源及其具体保护措施，构成了一幅农业社会的完整的自然环境保护思想体系。这种"取物以顺时"的生态伦理思想，不但在长达两千多年的农业社会有重要意义，而且在现代社会也有重要的参考价值。

面对森林资源锐减，大批生物物种濒临灭绝，生态环境失衡严重的生态环境危机，我国不得不在近年制定的环保法律中吸取古代"取物以顺时"的思想，规定在禁渔期间，"禁止捕捞有重要经济价值的水生动物苗种"，禁止捕捞"怀卵亲体"；在育林期间，"不得滥砍幼树"，禁止在幼林地内"砍伐、放牧"；在禁猎期内，"禁止捕猎和其他妨碍野生动植物生息繁衍的活动"。从这些法律条文可见，中国古代揭示的动植物"依时而长"的生态规律具有永恒的社会价值。

第五章　美丽中国建设与实现中华民族伟大复兴的中国梦

中国梦是绿色的梦，幸福的梦，伟大的梦！习近平总书记在生态文明贵阳国际论坛 2013 年年会的贺信中强调：走向生态文明新时代，建设美丽中国，是实现中华民族伟大复兴的中国梦的重要内容。只有建成了生态文明，才能为中国梦的实现奠定坚实的绿色财富基础，才能为中华民族的永续发展提供不竭动力。

第一节　美丽中国建设与和谐社会

社会和谐是中国特色社会主义的本质属性。具体来说，我们要建设的社会主义和谐社会是一个“民主法治、公平正义、诚信友爱、充满活力、安定有序、人与自然和谐相处的社会”。构建社会主义和谐社会与大力推进生态文明建设之间不仅紧密相连，而且相互影响。深刻认识并正确把握两者之间的关系，了解两者之间存在的问题，寻求相应的解决路径，对保护生态环境、促进人与自然和谐相处具有重要的理论意义和现实价值。

一、生态文明建设与和谐社会的关系

（一）人与自然和谐相处是生态文明建设与构建和谐社会的共通之处

人与自然和谐相处既是生态文明建设的实质，也是构建和谐社会的目标。纵观人类发展史，人与自然的关系经历了从人类敬畏自然，到依赖自然，再到征服自然的过程；相应地从文明发展角度看，对应了原始文明、农业文明和工业文明三个阶段。在后工业文明时代，伴随着自然灾害频发、资源日趋紧张、环境污染严重等问题，人类开始更加全面、客观地反思工业化的结果，重新认识和定义人与自然的关系，提出了人与自然和谐相处的理念。中国共产党在此基础上，从社会发展的角度提出了构建社会主义和谐社会的目标，从文明发展的角度提出了走向社会主义生态文明新时代的召唤。

从这一意义上讲，这一社会是以人与自然的和谐相处为基础、以人与人之间的和谐相处为核心、以人与社会之间的和谐相处为目标的社会。人与自然和谐相处是社会主义和谐社会的应有之义。

生态文明是人们在开发、利用、改造自然的同时，不断克服有可能产生

的各种生态负面效应，积极改善和优化人与自然的关系，进而形成和维护一个有序的生态运行机制和良好的生态环境所取得的物质、文化、制度等方面成果的总和。生态文明要求人们树立尊重自然、顺应自然、保护自然的理念，正确处理好人与自然的关系，既不提倡环境至上的极端“生态中心主义”，认为人类社会应该停止一切改造自然的活动；也不主张发展至上的极端“人类中心主义”，在改造自然的同时造成严重的环境公害甚至人类生存危机；而是要努力寻找生产发展、生活富裕、生态良好的最佳结合点，促进人与自然的和谐相处。

（二）生态文明建设为和谐社会构建提供了良好的环境基础

自然界是人类生存与发展的基础。人类社会发展需要以富足的自然资源、良好的自然环境、平衡的生态系统为支撑。缺乏一个稳定、健康、平衡的生态环境，社会的政治、经济、文化发展也会受到严重的影响，进而危及人与人、人与社会、人与自然之间关系的和谐。因此，推进生态文明建设，珍爱自然、保护生态是构建社会主义和谐社会的必然选择。

人类的生产活动离不开自然资源的供给。缺乏充足的自然资源，经济的发展就无从谈起。而一旦社会经济停滞不前，甚至出现倒退，失业、贫困等社会问题也会随之爆发，政治上难以维持稳定有序的局面，文化上很难出现繁荣，人际关系的和谐也难以维持。

人类的生活也需要自然环境的支撑。一个安全、健康的自然环境是人们享受幸福生活的前提。自然环境的污染与破坏、人为因素引发的各类灾害不仅会导致社会的恐慌、人们对政府的不满，甚至会直接危害人们的生命财产安全。这些都会激化人与人之间、人与社会之间的矛盾与冲突。

从这一意义上讲，大力推进生态文明建设是关系人民福祉的大计。只有科学利用自然资源，合理保护自然环境，维护生态平衡，才能为和谐社会的构建提供前提条件和环境基础。

（三）构建和谐社会为生态文明建设提供了有利的社会条件

建设社会主义和谐社会，需要人们彻底扭转长期沿袭的生产生活观念和行为，消除发展中的不和谐因素，特别是跳出原来“先污染后治理”的桎梏，实现经济社会发展与资源环境保护之间的和谐统一，走出一条生产发展、生活富裕、生态良好的文明发展道路。这种对思想观念、消费行为、发展方式的变革和扬弃，意味着一种有别于传统的文明形态，即生态文明的出现与发展。

生态文明建设虽然具体指向人与自然的和谐相处，但能否实现人与自然之间的和谐，其关键并不在自然界本身。更重要的是，整个人类社会能否正确地认识人与自然的关系，能否将生态文明的理念转化为实际行动，改变不合理的空间格局、产业结构、生产方式和生活方式，主动调整人与自然之间的物质占有关系。

因此，生态文明建设不但要求人与自然和谐相处，而且要求社会和谐发展。如果没有社会的和谐发展作为支撑，也就不可能在全社会形成统一的力量对现有的工业化生产方式进行生态化改造，也就不可能对自然的物质占有关系进行有效的调整，人与自然的和谐关系也就不可能真正建立起来。

二、生态形势严峻是影响社会和谐的重要因素之一

一个和谐的社会不可能建立在资源枯竭和环境恶化的基础之上。但是，由于环境的公共性和资源的稀缺性，工业文明下人们出于逐利性考虑会无节制地开采和利用自然资源进行生产性活动，从而提高生活质量。当人们的生产生活对生态环境造成的影响超出了自然所能承载的范围时，就会引起环境质量下降，甚至出现生态失衡，进而产生严重的社会问题，影响社会和谐。

（一）生态形势严峻

在不合理的生产生活方式的影响下，目前我国面临着资源约束趋紧、环境污染严重、生态系统退化的严峻形势。在资源约束方面，虽然我国的资源严重短缺，但其消耗十分惊人。从资源拥有量看，现已查明的我国石油储量仅占世界的1.8%，天然气占0.7%，铁矿石不足9%，铜矿不足5%，铝土矿不足2%。人均资源量更低，我国人均矿产资源约为世界平均水平的1/2，人均耕地、草地资源约为世界平均水平的1/3，人均水资源约为世界平均水平的1/4，人均森林资源约为世界平均水平的1/5，人均能源约为世界平均水平的1/7，人均石油仅为世界平均水平的1/10。从资源消耗量看，我国的钢材消费量已经接近美国、日本和欧盟钢铁消耗量的总和，约占世界总消费量的40%；水泥消费约8亿吨，约占世界总消费量的50%；电力消费已经超过日本，居世界第二位。油气资源的现有储量将不足10年消费，最终可采储量勉强可维持30年消费。因此，资源约束日趋紧张，如果不能有效提高资源的利用率、发展新能源，那么有可能会危及经济、社会的长期发展。

在环境污染方面，大气污染、水污染、土壤污染问题严重。就大气污染而言，据统计，全国600多个城市中，空气质量达到国家一级标准的不足1%。由于空气污染严重，在北京、河北、山西等地，人们对PM2.5的关注甚至成为一种日常生活习惯。就水污染而言，由于自然和人为的原因，近年来水污染事件

不断发生，如松花江水污染事件、太湖水污染事件、绵阳水污染事件等，直接影响周边人们的饮水安全。此外，工业废水的排放导致很多地区的水质受到严重影响，一些地区甚至出现了癌症村。就土壤污染而言，重金属污染严重。自然资源部统计表明，目前全国耕种土地面积的10%以上已受重金属污染。2008年以来，全国已发生百余起重大污染事故，包括砷、镉、铅等重金属污染事故达30多起，全国多地发现了重金属超标的毒大米。

在生态系统方面，森林、湿地、荒漠三大生态系统虽然占到国土面积的63%，但退化现象严重。森林分布碎片化、质量不高、功能不强的问题突出；湿地生态系统还有一半尚未得到保护，面积减少、功能退化的趋势依然持续；荒漠生态系统问题更加严重，沙化土地面积占到国土面积的18%。

（二）影响社会和谐

人与自然关系的紧张会引发人与人、人与社会关系的紧张。上述严峻的生态形势，在一些领域、一些场合成为影响社会和谐的重要因素。

资源紧张导致利益之争。自然资源的开发利用已经成为影响国际和国内和谐的敏感问题。从国际方面而言，大量的国际纠纷、地区冲突甚至局部战争都根源于各国对自然资源的争夺，关系各国的切身利益。无论是中东地区持续不断的动荡，还是南海地区日渐激烈的争端，矛盾的焦点都在于夺取对稀缺资源的所有权和控制权，维护本国的实际利益。从国内方面而言，自然资源的开采、运输、买卖铸就了一批新时代的暴富阶层，也推动了一些城市的发展奇迹。但是资源是国家的、是共有的，因资源而积累的财富却只聚集在少数人手中，必然导致人们围绕资源展开激烈的竞争，以及因竞争失利而产生的强烈的相对剥夺感，进而产生仇富心理、贫富差距拉大等社会问题，严重影响社会和谐。

环境污染引发社会冲突。在很多经济发达地区，生活条件的改善并没有带来相应的人们幸福指数的提升。相反，人们关心更多的是蓝天、净水、清洁的空气、放心的食物等原本来自大自然的恩赐，正是由于环境污染而日益变得遥不可及，人们的健康遭受各种污染元素的威胁。在此情况下，任何大型化工项目的上马、水污染事件的出现、空气污染的扩散等与环境相关的议题，都会牵动人们脆弱而敏感的神经，成为引发群体性事件的导火索。从2007年厦门市民散步反对PX项目开始，近几年因环境问题引发的重大群体性事件不是减少了，而是增多了。从这一意义上讲，我国已经进入了环境事故高发期，因环境污染引发的事件在数量上急速上升，在对抗性上明显增强，环境污染已经成为引发我国社会不稳定的最主要因素之一。

生态退化影响持续发展。人们过度的生产性活动导致了土地沙漠化、森林递减等生态系统退化问题。从短期看，生态系统退化的影响主要在于降低局部产出和效益。例如，草场的退化使牧羊人的收入减少，草场未来的生产能力和效率降低，进而导致使用草场的牧羊人之间有可能出现关系紧张。更为重要的是，由于生态系统是一个复杂的、巨大的、相互关联的系统。长期来看，生态系统退化不但会导致生态环境发生根本性变化，如绿洲变沙漠；而且还有可能引发一系列的其他问题，如热带雨林面积的减少有可能会导致气候变暖，海平面上升，一些城市被淹没，海啸等自然灾害增多，等等。从这个意义上看，生态系统退化最大的危害在于影响人类可持续发展能力，影响社会的代际和谐。

三、和谐社会视域下推进生态文明建设的着力点

构建社会主义和谐社会，就是要尽可能消除社会中的不和谐因素。其中，日趋严峻的生态形势就是不和谐因素之一。党的十八大报告提出大力推进生态文明建设，为实现这一目标，需要在以下三个方面着力。

在思想观念上，要树立可持续发展理念。可持续发展是指既满足当代人类的需求，又不致损害后代人满足其需求能力的发展。它强调在资源和环境方面的代内公平与代际公平，要求个人发展对他人、社会、环境负责，国家的发展对邻国甚至全球的生态环境负责，当代人的发展对后代人负责。有了可持续发展的理念作为生态文明建设的先导，在处理各类涉及环境资源的利益纠纷中就有了基本指导原则。现阶段利益冲突是导致人与人、国与国、人与社会、人与自然不和谐的最重要因素之一。利益关系协调不好，必然影响社会和谐。重视代内公平、兼顾代际公平的可持续发展理念，在任何时期都是解决人们利益冲突的指导原则之一。此外，社会的公平和正义也是社会主义制度的本质要求，是构建社会主义和谐社会的重要环节。因此，树立可持续发展的理念，有利于协调利益纠纷，增强可持续发展的能力，推进生态文明建设；同时，树立可持续发展的理念，有利于确立代内公平、代际公平的规范，促进社会的公平正义，推动社会主义和谐社会的构建。

在发展路径上，要选择经济与生态的和谐。农业文明时代，人们的生产生活对自然界影响甚微，经济发展与生态环境之间维持一种低水平的和谐。工业革命打破了这一平衡，生产力的大幅度提高既促进了经济发展，给人类生活带来巨大福祉，又给人类社会带来重大的生态灾难，其中尤以环境污染问题最为突出。然而，生产力发展本身并没有错，关键是它在工业文明的指导下，一切

以人类的利益为根本出发点或最终的价值依据，大举向自然进攻和索取，甚至预支未来的自然。在迈向生态文明新时代的进程中，人们要做的不是退回到农业文明以维持经济与生态之间低水平的平衡，而是借助生产力的进一步发展转变经济发展方式，从单纯以经济增长为目标转向经济、社会、资源、环境的综合发展，从只注重眼前利益、局部利益的发展转向注重长远利益、整体利益的发展。通过绿色发展、循环发展、低碳发展的道路，在合理利用资源、有效保护环境的基础上，实现人们生产生活水平的提高，推动整个社会走上生产发展、生活富裕、生态良好的文明发展之路，实现经济发展与生态建设的统一。

在行为方式上，要注重资源节约与环境保护。资源环境的公共性决定了生态文明建设必然是一个充分调动政府、企业、社会、公众各方力量协同发展的复杂过程。政府需要通过制度保障资源节约型和环境友好型社会的建设；企业需要通过转变生产方式和产业结构调整降低能源消耗和环境污染；社会需要通过加强宣传教育和开展监督维权推进生态环境的改善；公众需要通过增强生态意识、转变生活方式践行绿色消费、绿色出行的绿色生活。任何一方的资源浪费和环境污染行为，都会产生负的外部效应，影响其他各方的生态质量，进而导致政府、企业、社会、公众之间关系的不和谐。因此，在推进生态文明建设的过程中，只有充分发挥各方的积极作用，共同努力，我们的生态环境才能有显著的改善和提高，使天更蓝、水更清、地更绿。

第二节　美丽中国建设与小康社会

目前，我们面临的国内外形势日趋复杂，国内经济社会发展中不平衡、不协调和不可持续的矛盾依然比较突出，特别是生态环境整体形势依然严峻，改善民生的任务和挑战依然艰巨。可以说，在我国经济社会发展的新阶段，如何用生态文明的理念引领和推进各地区、各领域的全面发展、协调发展和科学发展，已经成为实现全面建成小康社会宏伟目标的关键所在。

一、以生态文明理念引领全面建成小康社会

生态文明的含义可以从广义和狭义两个角度理解。从广义看，生态文明是以人与人、人与自然、人与社会和谐共生为宗旨，以建立可持续的生产方式、健康合理的生活方式以及和谐共生的生存方式为内涵，实现经济社会、生态环

境与人的全面、协调、可持续发展的文明新形态。这种文明形态表现在人类活动的各个领域，是体现人类取得物质文明、精神文明和政治文明等文明成果的总和。从狭义看，生态文明建设是与经济建设、政治建设、文化建设、社会建设相并列的现实文明形式之一，它着重强调人类在处理人与自然关系时达到的文明程度。在我国经济社会发展的新形势下，建设生态文明，实质上就是要建设以资源环境承载力为基础，以科学规律、自然规律为准则，以可持续发展为目标的资源节约型、环境友好型社会。这既是我国破解日趋强化的资源环境约束、加快转变经济发展方式、保障和改善民生的现实需要，也是全社会的共同心愿和人民群众的热切期盼。因此，生态文明是建设全面小康社会的应有之义，推进生态文明建设是全面建成小康社会的必由之路。

党的十八大以来，党中央从我国发展实际出发，提出了一系列生态文明建设的新理念和新要求，充分体现了党中央、国务院大力推进生态文明建设的坚强意志和决心，也为以生态文明理念引领和推进全面建成小康社会指明了方向。我们要按照党中央的部署和要求，通过加强顶层设计，把生态文明的理念、原则、目标等全面贯穿到经济决策、社会管理和各项规划中予以统筹考虑，努力建设产业美、环境美、人居美、文化美、生活美的美丽城乡，建成人口、经济、社会、生态等协调发展的全面小康。当前，需要注意在现有的战略性、政策性文件和规划等基础上，多部门、多领域合作，共同制定符合生态文明理念、符合地区发展实际的行动规划，进一步明确节能减排、污染治理、生态建设、结构调整等方面的战略目标和任务、发展重点和步骤等，标本兼治、综合施策，在发展经济、改善民生的同时，提高生态环境的质量和水平。

二、以生态文明建设推动全面建成小康社会

生态文明建设涉及生产、生活方式的根本性变革，要坚持以生态文明建设促进经济社会发展各个领域的改革和发展，为全面建成小康社会奠定坚实的基础。

（一）以主体功能定位为依据，加快优化国土空间开发格局

国土是全面建成小康社会的空间载体。我们要根据全国主体功能区规划，按照生态文明的理念，正确处理好人与自然、生态环境保护与经济社会发展的关系，全面优化生产、生活、生态的国土空间开发；按照“因地制宜、分类发展、分类开发、分类考核、分类政策”的原则，进一步明确各地区发展的定位和方向，科学制定分地区、差异化的发展战略，科学布置城乡生产、生活、生

态空间，科学统筹城乡人口、资源、环境以及产业发展、基础设施、公共服务等；大力实施重大生态修复工程，加强对生态环境的保护和污染排放的监管与治理，使生产空间更加集约高效、生活空间更加宜居适度、生态空间更加生机盎然。

（二）以调整优化经济结构为抓手，大力推动绿色、循环、低碳发展

绿色、循环、低碳发展，既是生态文明建设的有效路径，也是全面建成小康社会的重要支撑。我们要坚持节约资源和保护环境的基本国策，把生态基础、环境容量和资源承载力作为发展的前提条件，加大科技创新，不断提高现有资源、能源的利用效率，有效减轻经济活动对生态环境带来的压力；同时，应立足国情、突出重点，因地制宜地培育和发展现代循环农业、生物质产业、节能环保产业、新兴信息产业、新能源产业等绿色新兴战略产业，坚持绿色生产，丰富绿色产品，促进绿色消费，逐步建立起绿色、循环、低碳的经济社会运行体系，努力形成节约资源和保护环境的空间格局、产业结构和生产生活方式。

（三）以小城镇建设与新农村建设为着力点，全面推进美丽中国建设

小城镇建设与新农村建设是推动城乡统筹发展、全面建成小康社会的关键环节。我们要牢固树立尊重自然、顺应自然、保护自然的基本理念，坚持节约优先、保护优先、自然恢复为主的基本方针，在小城镇建设和新农村建设中严格保护耕地，大力推行节能、节水、节地等措施，在合理利用和节约使用土地、能源等资源的基础上，优化城乡空间结构与布局，推动可持续发展；要充分考虑不同地区人文、自然、地理环境的差别，坚持在保护中开发，在开发中保护，科学规划和建设各类城市、乡镇和村庄，确定合理的建设目标，在发展经济的同时保护好城乡生态环境；要注意保持和体现好田园风光、乡土风情、民俗风韵、传统风貌特点，保护好古村落、古建筑、古民居等，建设风貌独特的城乡人居环境；要把政府推进新型城镇化的力度、城乡居民致富奔小康的干劲与全社会建设美丽中国的决心有机结合起来，形成政府强力推进、社会广泛响应、公民积极参与的强大合力，在小城镇建设和新农村建设中实现生态环境与经济社会的全面、协调发展。

三、以全民生态文明行动助力全面建成小康社会

全面建成小康社会是关系国家发展的长远大计，也是广大人民群众的幸福所依。2019 年世界环境日的中国主题是“同呼吸，共奋斗”。“同呼吸”表明对空气污染、水污染、垃圾污染、土壤污染等环保与健康问题，谁也无法独善其

身；“共奋斗”则说明事关全体人民的事业需要全社会共同奋斗。

“共奋斗”要求各级政府要勇于担责。不同的地区虽然经济社会发展水平不同，但都需要为减少污染物排放等做出切实努力，通过联防联控，实现区域生态环境改善的目标。“共奋斗”要求把生态文明建设统筹到经济社会发展的方方面面。制定经济政策、调整产业结构、规划交通体系、推进城市管理，等等，都要把生态文明放在更重要的位置。“共奋斗”要求每个人做出努力。公众既是生态文明建设的最终受益者，也应该是生态文明建设的参与者和主力军，生态文明建设必须共同参与、共同建设、共同享有。

为此，我们要积极营造氛围、拓展渠道，让生态文明理念在全社会广泛普及、达成共识，进而在更高层次形成生态文明的价值观，使生态文化成为时代的大众文化，生态道德成为民众的自觉道德，践行绿色生产生活方式成为良好的社会风尚。要积极拓展和完善公众参与生态文明建设的平台和路径，努力激发公众的积极性、主动性和创造性，使广大人民群众成为“知行合一”的生态文明建设主力军。我国要建立和健全生态文明建设的体制和机制，充分发挥生态环保社团等有关组织的桥梁纽带作用，带动社会力量有序参与生态文明建设，努力形成以政府主导、企业主体、多方参与、全民行动的生态文明建设新格局，为中华民族走向社会主义生态文明新时代构筑坚强的基石。

第三节　美丽中国建设与中国梦

美丽中国是一个集合和动态的概念，是绿色经济、和谐社会、幸福生活、健康生态的总称，是全球可持续发展、绿色发展和低碳发展的中国实践，是对保护地球生态健康和建设美丽地球的智慧贡献。万丈高楼平地起，中国梦只有建立在环境优美的生态梦的基础上，才能达到富裕与美丽的完美结合。美丽中国生态梦是中华民族伟大复兴梦的坚实基石、目标愿景和强大的精神力量。建设美丽中国，走向社会主义生态文明新时代，就是走向实现中华民族伟大复兴梦的新时代。

一、生态文明建设是实现美丽中国的坚实基石

随着各种媒体对中国梦的广泛宣传，中国梦的理念犹如强劲的旋风，刮遍中华神州大地。国家富强、民族复兴和人民幸福是中国梦的核心内容。然而，

国家富强、民族复兴和人民幸福都需要优良的生态环境作为前提条件和坚实基础；否则，就如同在沙滩上造高楼，由于没有根基，造得越高越危险，潮水一来，顷刻瓦解。因此，美丽中国生态梦构成了中华民族复兴梦的坚实基石。所谓美丽中国生态梦，就是要以强烈的忧患意识和危机意识正视我国目前严峻的生态矛盾；要从基本国策和战略任务的高度加强生态文明建设，要以绿色发展、低碳发展和循环发展的理念，构建资源节约型、环境友好型、人口均衡型和生态安全保障型的社会，维护人民群众的生态权益，促进经济和社会可持续发展，实现人与自然的和谐共生，建设美丽中国，走向社会主义生态文明新时代。

生态文明以人与自然协调发展作为行为准则，建立健康有序的生态机制，实现经济、社会、自然环境的可持续发展。生态文明着重强调人类在处理与自然关系时所达到的文明程度，重点在于协调人与自然的关系，核心是实现人与自然和谐相处、协调发展。建设美丽中国，首先要有良好的生态环境，要有自然之美，这是基础和前提。只有加强生态文明建设，使人们在一个优美的自然生态环境中和谐相处，人们才能增强对建设美丽中国的认同和信心，才能推动建成社会主义和谐社会。因此，建设美丽中国，必须重视人与自然和谐相处，必须把建设生态文明放在突出位置。

改革开放以来，在领导和推进中国特色社会主义事业中，人民群众的温饱需求、富裕需求、保障需求、文化需求正逐步得到满足。提出建设美丽中国的目标，就是为了满足人民群众日益增长的绿色需求、生态需求；就是要还大地以绿水青山，还老百姓以绿色家园，使我们的全面小康社会更加美好。随着生活水平的显著提高，人民群众对良好的生态环境有了越来越强烈的需求，对环境质量、生存健康的关注日益强烈，呈现出从“求温饱”到“盼环保”、从“谋生计”到“要生态”的转变趋势。当前，中国社会正步入一个特殊的环保敏感期。在一些地方，涉及环境问题的上访、信访量居高不下，由环境问题引发的群体性事件也不断增多。这些问题处理不好，就会影响经济发展、社会和谐。

在实现中华民族伟大复兴中国梦的进程中，生态梦既是一个最基础和最实在的梦，也是一个最贴近实际、贴近老百姓日常生活的梦。这个梦直接关乎老百姓福祉，关乎未来发展愿景，关乎城市形象和国家形象，是一个恩泽当代、惠及子孙、功在千秋、造福人类的梦，也是实现中华民族伟大复兴梦的前提条件和坚实基础。如果没有美丽中国生态梦，建立在牺牲环境基础上的现代化，只能将人们带进一个无绿色的坟墓；所谓强国梦和人民幸福梦，永远只能是一个梦。任生态环境恶化下去，人们就不能呼吸清新的空气，不能喝上干净的水，不能吃上放心的食品，不能与大地亲近，不能倾听鸟儿和昆虫的鸣叫，就无法仰望到美丽的星空，无法欣赏到大自然的秀美，连外出散步的权利也会被剥夺。在这种情况下，就无法谈论人的自由而全面的发展，无法谈论人的幸福生活，中华民族伟大复兴的梦就只能是一个毫无意义的梦和不可实现的梦。

二、美丽中国生态梦是中华民族复兴梦的目标愿景

梦，不是客观现实，而是思想对未来的展望；梦，不是快乐的畅想曲，而是对现实的忧虑和反思以及在此基础上的超越；梦，不是短暂的瞬间喜悦，而是充满紧张、焦虑和不安的漫长过程。提出要实现中华民族的伟大复兴梦，说明目前的客观现实是中国还处于贫困落后的社会主义初级阶段。即使到 2020 年国民生产总值翻一番，也达不到人均 1 万美元，仍然位居世界后列。实现中华民族的伟大复兴梦，必须破解一系列难题，克服前进道路上的众多艰难险阻。中国梦是不会轻轻松松实现的，要把蓝图变成现实，还将走很长的路，必须为之付出长期而艰苦的努力。

同样，提出美丽中国生态梦，是基于人与自然关系紧张的生态矛盾越来越突出的客观现实，是基于维护人民群众的生态权益越来越迫切的客观现实，是基于构建生态安全保障型社会的任务越来越艰巨的客观现实。生态破坏容易修复难，圆美丽中国生态梦任重而道远，需要举国上下长期的奋斗和努力。

环境污染已成为影响人群健康的重要危险因素，成为引发群体性事件的主要原因，并关乎我们这代人和下一代人能否存活和发展。面对如此严峻的形势，我们必须加强生态文明建设，逐步实现美丽中国生态梦这个宏伟的目标愿景。建设美丽中国，这不但是我们党对人民群众迫切诉求的现实回应，而且将使我们执政的群众基础更加深厚坚实，实现永续发展、长治久安。把生态文明建设放在突出地位，是改善民生、满足人民群众需求的时代要求。我们推动改革发展的根本目的是满足人民群众的需求。人民的需求既包括各种物质、文化需求，也包括清新空气、清洁水源等生态环境需求。面对资源约束趋紧、环境污染严重、生态系统退化的严峻形势，只有树立尊重自然、顺应自然、保护自然的生态文明理念，把生态文明建设放在突出地位，融入经济建设、政治建设、文化建设、社会建设各方面和全过程，才能建设美丽中国，实现中华民族的永续发展。

三、生态文明点燃人类新文明之光

中国梦是在对近代以来 170 多年中华民族发展历程的深刻总结中走出来的，

既记录着中华民族从饱受屈辱到赢得独立解放的非凡历史，又承载着基于中国生态文明传统断裂而形成的历史伤痛和时代阵痛。

当代中国的生态文明建设是在中华生态文明传统断裂的历史背景下负重传承的。当代中国建设生态文明历史基因的复杂性和其特殊性，使世界上没有一个国家的成功经验可以完全帮助中国解决当前的生态环境压力和所面临的严峻挑战。

“美丽中国梦”是从中华民族悠久文明传承中走出来的，具有深厚的历史渊源。中国传统文化的主流是道、儒、佛三家。在它们的共同作用下，中华民族形成了自己独特的文化体系，那就是“中”“和”“容”，即中庸之中、和谐之和、包容之容。它们包含的崇尚自然的精神风骨、包罗万象的广阔胸怀成为中华生态文明立足于世界的坚实基础。“天人合一”既是中华传统文化的主体，又是中华生态文明的特质，显示出中国人特有的宇宙观和中国人独特的价值追求和问题思考、处理问题的特有方法。在人与自然的价值关系中，西方人类中心主义认为只有拥有意识的人类才是主体，自然是客体。价值评价的尺度必须始终掌握在人类手中。任何时候说到价值，都是指对人的意义，人类可以为满足自己的任何需要毁坏或灭绝任何自然存在物。这里找不到中华文化那种“赞天地之化育”“与天地参”“天地与我并生，而万物与我为一”的“天人合一”境界的影子。

在人类历史上，中华文明曾经达到农业文明的最高成就，中国在 2 000 多年的时间里是世界的中心，对人类文明做出了伟大的贡献。只是近 100 多年来中华民族落伍了。进入 21 世纪，中华民族在建设生态文明中重新获得复兴和崛起的生机。这是一个宝贵的战略机遇。中华民族的伟大智慧和强大生机有能力抓住和运用好这个战略机遇，走中国人自己的道路，用生态文明点燃人类新文明之光。

第六章　中国传统生态伦理观在美丽中国建设上的现实应用

以儒、道、释为主体的中国传统生态伦理作为一种思想资源，其万物一体、顺应自然、重生爱物的理念具有很强的现实价值。只有结合当前中国生态文明建设的实际，吸收生态伦理思想优秀成果，才能对中国传统生态伦理思想进行创造性转化和创新性发展。

第一节 深化生态文明体制改革

加强生态文明建设，国家要有明确的政策引导。中国能否走出当前的生态困境，生态文明建设能否持久进行，关键在于能否为生态文明建设提供法律和制度保障，促使生态文明理念成为新时期一种重要的治国理念。党的十八届三中全会提出，建设生态文明，必须建立系统完整的生态文明制度体系，用制度保护生态环境。这既是实现美丽中国愿景的必然途径，又是一场紧迫而艰巨的战役。

一、生态文明制度体系构建的原则

（一）实现法律和制度的生态化转向，保障生态文明建设的规范开展

中国古代兵书《尉缭子》中说“上无疑令，则众不二听”。就是说，上级的指令要逻辑一致，下级才能明确执行。过去，国家一方面强烈要求地方采取坚决的环境保护措施；另一方面又在干部考核任用上使用以经济指标为主的评价标准，谁 GDP 增加得快，即使完不成环境保护目标也无所谓。这就使地方受到错误的引导，显然不利于地方干部树立生态文明、科学发展的观念。在市场经济条件下，由于市场主体天生具有逐利本性，可能会为了发展而不顾生态环境，为了自己的舒适而不顾他人的环境，为了当前发展而不顾后人生存，为了经济利益而不顾生态利益，使生态建设让位于经济建设，使节约资源、保护环境、爱护生态成为一句空话。因此，为了强化全社会的生态文明意识，树立生态文明理念，必须通过强化国家立法的形式，将生态文明建设纳入法制化的轨道，明确社会成员应享有的生态权利和应承担的生态义务，规范公众的社会行为，使生态文明成为社会的主流意识，使生态建设成为公众的自觉行动。

经过多年努力，我国环境资源保护工作基本做到了有法可依，但这些法律法规还不能完全适应生态文明建设的需求，需要从理念上加以升华，从内涵上

加以深化。要以生态文明理念为指导，以当代生态学理论为基础，以建设资源节约型社会、环境友好型社会为目标，完善原有法律制度，引导法律制度朝生态化转向。促进法律朝生态化转向是我国法律修改和完善的目标和方向。审视我国传统法律，在环境与资源保护方面已不能完全适应生态文明建设的要求。传统法律在伦理价值观上是以人类中心主义为价值理念的，较多关注人对自然的权利，而对人类应承担的自然保护义务关注较少；较多关注当代人的利益，而对后代人的生存需求考虑不多，没有体现生命物种之间的代内公平和代际公平。加强生态文明制度建设，就要求立法创新不能仅仅局限于内容和形式的变化，还需要进行法律价值观念的创新，将生态文明作为立法导向，实现整个法律体系的生态化。

要完善生态治理制度，建立和完善源头严防、过程严管、后果严惩的相对完备的生态文明政策法规体系，保障生态文明建设的规范开展。一是要健全自然资源资产产权制度，完善资产管理体制，实施主体功能区制度，落实用途管制制度，形成节约资源和保护环境的空间格局、产业结构、生产方式、生活方式，从源头上预防和控制环境污染。二是实施资源有偿使用、生态补偿、污染物排放许可等制度，加强生态环境保护过程中的监管力度。三是健全政府绿色考评体系，严格生态环境保护责任追究制度和损害赔偿制度，加强对环境污染的惩处力度。

（二）以产业生态化支撑生态文明，保障生态文明建设的持久开展

生态文明建设的持续进行关键在于在节约资源、保护环境的同时，优化经济结构，提高经济发展质量，实现经济效益、生态效益与社会效益的协同发展。曾经奉行的“发展是第一要务”的直接后果是，环境保护成为辅助性、补充性工作，一段时间“靠边站”，一段时间“上前线”，要靠“集中整治”“专项行动”来打“歼灭战”。环境保护工作普遍陷入“滞后、事后、被动、补救”境地，成为周期性、阵发性的辅助性工作。单纯强调环境保护与生态建设而忽视经济建设，生态文明建设就会因失去经济支撑而难以持久。因此，加强生态文明建设必须以经济建设为中心，以经济反哺环境，环保促进经济增长，发展生态经济，促进产业发展的生态化，实现环境保护为科学发展保驾护航，达到环境保护与经济发展双赢的目标。❶

---

❶ 朱智文，马大晋．生态文明制度体系与美丽中国建设[M]. 兰州：兰州大学出版社，2015：105-107.

产业生态化是以产业生态学为理论指导、以产业可持续发展为目标的新型产业发展模式，通过仿照自然生态系统的循环模式建立合理的产业生态系统，以达到资源的循环利用、减少废物的排放、促使产业和环境协调发展的目标。它的本质是把经济发展与资源综合利用、环境保护结合在一起的产业发展过程，要求第一、第二、第三产业的发展都要符合生态、经济规律的要求，并保持各产业之间的合理结构。产业生态化是最具实质意义的生态文明建设，能统筹兼顾经济效益、社会效益和生态效益，应将之作为生态文明建设的战略重点，使之成为带动传统产业、带动经济发展的新的经济增长点。产业生态化包括产业结构的生态化、产业经济模式的生态化以及产业支撑的生态化等环节。

首先，调整优化产业结构，实现产业结构的生态化。生态化的产业结构应是第三产业占主导地位，第二产业发展质量较高，第一产业基础地位牢固的理想模式。当前，我国正处于工业化的中期，产业发展的现状是“一产基础弱，二产比重高，三产发展慢”，经济发展主要靠第二产业拉动，重工业占有较大比重，需要大量劳动力、资金和能源投入，给生态环境造成极大压力，不利于经济社会的可持续发展。建设生态文明，实现产业发展的生态化，需要实现产业结构的优化升级，需要采取“强化一产，调控二产，加快三产”的综合措施，着力发展资源消耗少、环境污染少的第三产业以及高新技术产业，实现经济发展主要由劳动力、资金等物质要素驱动向主要依靠科技进步、劳动者素质提高、管理创新驱动转变。

其次，发展循环经济，实现产业经济模式的生态化。我国当前采用的是传统工业文明的“资源—产品—废物排放”的单向度线性经济发展模式，以资源消耗和环境污染支撑经济的增长。这种“高投入、高消耗、高污染、低效益”的粗放型经济增长模式导致了资源短缺、环境污染、生态退化以及种种社会和民生问题。因此，必须实现经济发展方式的转变，发展循环经济。循环经济模式可实现资源在生产链条中多次、反复、循环利用，形成效仿食物链、延伸产业链、提升价值链的“资源—产品—再生资源”的循环流动，以达到资源消耗最少化、废物排放最小化、终端产品无害化和综合效益最大化的目标，从而最大限度地减少对资源的消耗和对环境的污染，实现经济发展的“低投入、低消耗、低污染和高效益”。

最后，进行生态化技术创新，实现产业技术支撑的生态化。技术创新是产业发展的支撑，产业生态化发展需要实现技术创新的生态化转向。生态化技术创新是指把生态效益与社会效益纳入技术创新目标，追求经济增长、生态平衡、社会和谐的技术创新形式，既注重技术创新对经济发展的支撑作用，又注重发挥技术创新对节约资源、保护环境和维护生态平衡的促进作用。生态化技术创新是一次技术创新理念和实践的革命，是节能减排的有效途径。进行生态化技术创新，既要重视用先进技术改造提升传统产业，实现传统工艺的改造升级，如用信息技术改造传统机械制造业、用生物技术促进传统农业发展、加强传统服务业的信息化改造、建设现代服务业；又要发展高新技术，如信息技术、生物技术、新能源技术、新材料技术、海洋技术与空间技术等。

（三）科学规划全国生态文明建设，保障生态文明建设的有序开展

建设生态文明是一个涉及价值观念、生产方式、生活方式以及发展格局的全方位变革和系统工程，并非一蹴而就。如前所述，由于生态文明的理念还不完善，相关研究不够系统深入，为了防止出现偏差，需要加强顶层设计和科学指导，明确目标与定位，建立促进全面转型的长效机制，并在已有的节能环保和可持续发展实践的基础上，选择优先领域健康有序地开展。

生态文明理念既是对环境保护、可持续发展等理念的传承和创新，又是新时期环境保护工作的指导思想。生态文明建设在价值理念、管理模式和运行机制等方面都不同于传统的环境保护工作，需要在理念、模式和机制方面加以创新完善，需要重新进行科学规划，协调当前建设与长远规划之间的关系，既满足当前需要，又确保长远所需。

首先，要制定科学的发展规划，促进区域和流域生态文明建设。制定好区域和流域综合规划是优化空间结构、推进生态文明建设的基本前提。“十二五”相关规划和地方发展规划中，许多规划与生态文明建设有关，其中存在三个主要问题：一是规划之间缺少协调和衔接；二是许多规划的制定还不是建立在科学研究的基础上，许多规划目标、行动及相关保障措施还只反映部门或地区利益，存在许多随意性，并不能真正实现生态文明建设的客观要求；三是区域（包括城市群）和流域层面的跨部门综合规划还处于缺位状态，缺少科学的规划工具。因此，要加强区域和流域生态文明建设综合规划的研制，将地区内的土地利用、交通布局、环境保护、社会公共服务等内容统一起来，处理好中央与地方、发展与环保以及地区之间的关系，通过情景分析和政策模拟实现动态管理，落实规划的项目，评估规划的效果。

其次，要加大执法力度，确保生态安全。我国普遍存在环保执法难、执法力度弱、执法不严现象。当前，整体环保执法形势严峻，特别是基层环保执法更难。从某种程度上说，环保执法难已经成为制约环保工作的瓶颈问题。一些地方甚至存在“环保违法成本低，守法成本高、执法成本高，执法举证难、追究法定代表人难、强制整改难”的“一低、二高、三难”现象。环保执法不落实，生态文明建设无法保障，生态安全更是空谈。应以生态文明为目标，实行严格的环境保护制度，更加重视对公民权益的维护。因此，必须严格执法，破除地方保护，突出执法主体，加大执法力度，确保生态安全。

再次，要牢固树立生态文明观念，为生态文明建设提供思想支持。在全社会树立生态文明观念，离不开生态文化建设，离不开生态文化的传播、教育和推动，生态文化是公众参与生态文明建设的基本途径，是促进人与自然和谐的有效手段，应通过强有力的生态文化宣传教育工作，正确引导和推动在全社会树立起生态价值观、生态道德观、生态政绩观和生态消费观，养成文明生产、消费及文明生活方式。

最后，理顺生态文明建设的体制机制，搞好生态建设跨部门、跨地区的协调工作；协调生态建设与经济建设的关系，做到“两条腿”走路；处理好资源节约、环境保护、生态多样性维护等各层次的生态文明建设问题，做到各种措施同步推进；统筹好各地区，特别是跨流域、跨地区的生态文明建设，做到全国上下一盘棋；积极创新区域环保国际合作，维护好我国的生态安全。

二、生态治理制度体系改革与完善

生态文明制度建设是生态文明建设的根本保障，它为生态文明建设提供规范和监督、约束力量。没有制度建设的制定、执行和完善，就没有生态文明建设实践的发展和完成。生态文明制度建设能够深化对生态文明建设的再认识，有助于保证生态文明建设的整体发展方向。

（一）源头严防制度

源头严防是建设生态文明、建设美丽中国的治本之策。保护生态环境应从源头抓起，按照最严格的原则，建立源头严防的有效机制。这就必须健全自然资源资产产权制度，完善资产管理体制，形成节约资源和保护环境的空间格局、产业结构、生产方式和生活方式。

1. 健全自然资源资产产权制度和管理体制

健全自然资源资产产权制度和管理制度是生态文明制度体系中的基础性制度。产权是所有制的核心和主要内容。我国自然资源资产分别为全民所有和集体所有，但目前没有把每一寸国土空间的自然资源资产的所有权确定清楚，没有清晰界定国土范围内所有国土空间、各类自然资源的所有者，没有划清国家所有国家直接行使所有权、国家所有地方政府行使所有权、集体所有集体行使所有权、集体所有个人行使承包权等各种权益的边界。自然资源和环境容易产生“公地悲剧”和“搭便车”现象的根源也是产权不明晰。因此，党的十八届三中全会通过的《中共中央关于全面深化改革若干重大问题的决定》明确规定，对水流、森林、山岭、草原、荒地、滩涂等自然生态空间进行统一确权登记，形成归属清晰、权责明确、监管有效的自然资源资产产权制度。应在建立产权制度的基础上再探索建立资源的有偿使用和生态补偿制度。我国宪法规定，矿藏、水流、森林、山岭、草原、荒地、滩涂等自然资源，都属于国家所有，即全民所有，由法律规定属于集体所有的森林和山岭、草原、荒地、滩涂除外。相关法律规定了全民所有水资源、森林、土地等自然资源所有权的代表者。但是，全民所有自然资源的所有权人不到位，所有权权益不落实；监管体制上没有区分作为部分自然资源资产所有者的权利与作为所有自然资源管理者的权利。随着自然资源越来越短缺和生态环境遭到破坏，自然资源的资产属性越来越明显，市场价值不断攀升，自然资源和生态空间的未来价值、对中华民族生存发展的意义越来越重大。健全国家自然资源资产管理体制就是要按照所有者和管理者分开和一件事由一个部门管理的思路，落实全民所有自然资源资产所有权，建立统一行使全民所有自然资源资产所有权人职责的体制，授权其代表全体人民行使所有者的占有权、使用权、收益权、处置权，对各类全民所有自然资源资产的数量、范围、用途进行统一监管，享有所有者权益，实现权利、义务、责任相统一。加快自然资源及其产品价格改革，全面反映市场供求、资源稀缺程度、生态环境损害成本和修复效益。

国家对全民所有自然资源资产行使所有权并进行管理和国家对国土范围内自然资源行使监管权是不同的。前者是所有权人意义上的权利，后者是管理者意义上的权利。我国实行对土地、水资源、海洋资源、林业资源分类进行管理的体制，很容易顾此失彼。必须完善自然资源监管体制，使国有自然资源资产所有权人和国家自然资源管理者相互独立、相互配合、相互监督，统一行使全国约 960 万平方千米陆地国土空间和所有海域国土空间的用途管制职责，对各类自然生态空间实行统一的用途管制制度，对“山水林田湖”进行统一的系统性修复。

2. 坚定不移地实施主体功能区制度

主体功能区制度是从大尺度空间范围确定各地区的主体功能定位的一种制度，是国土空间开发的依据、区域政策制定实施的基础单元、空间规划的重要基础、国家管理国土空间开发的统一平台，是建设美丽中国的一项基础性制度。各地区必须严格按照主体功能区定位推动发展：北京、上海等优化开发区域要适当降低增长预期，停止对耕地和生态空间的侵蚀，开发活动应主要依靠建设用地存量调整解决；三江源等重点生态功能区和东北平原等农产品主产区要坚持点上开发、面上保护方针，有限的开发活动不得损害生态系统的稳定性和完整性，不得减少基本农田数量和降低其质量；自然价值较高的区域要禁止开发。要加紧编制完成省级主体功能区规划，健全财政、产业、投资等的政策和政绩考核体系，对限制开发区域和生态脆弱的扶贫开发工作重点县取消地区生产总值考核。

国土是生态文明建设的空间载体。要根据全国国土空间多样性、非均衡性、脆弱性特征，按照人口资源环境相均衡和经济效益、社会效益、生态效益相统一的原则，统筹人口、经济、国土资源、生态环境，坚定不移地实施主体功能区战略，以主体功能定位为依据，严格按照主体功能区定位推动发展，完善与主体功能区规划相配套的法规和政策，在推动科学发展中形成各功能区的区域特色和竞争的比较优势，加快优化国土空间开发格局，促进生产空间集约高效、生活空间宜居适度、生态空间山清水秀。

法律确定原则，规划划定界限。法律只能确定哪种自然空间必须实行用途管制，哪类国土空间必须限制开发或禁止开发，但具体边界必须通过空间规划来划定和落实。我国是世界上规划最多的国家，但多是计划经济留下来的产业规划、专项规划，符合市场经济原则的空间规划体系还没有建立起来。城乡规划、国土规划、生态环境规划等都带有空间规划性质，但总体上还没有完全脱离部门分割、指标管理的特征，各类空间还没有真正落地，且各类规划之间交叉重叠，都想当“老大”，没有形成统一衔接的体系。

适应生态文明建设要求，必须尽快改变国土规划缺失的局面。国土规划是最高层次的国土空间规划，具有综合性、基础性、战略性和约束性，对区域规划、土地规划、城乡规划等空间规划及相关专项规划具有引领、协调和指导作用。建立国土空间规划体系，当务之急是抓紧编制全国国土规划纲要，根据资源环境综合承载能力和国家经济社会发展战略，统筹陆海、区域、城乡发展，统筹各类产业和生产、生活、生态空间，对资源开发利用、生态环境保护、国土综合整治和基础设施建设进行综合部署。

要改革规划体制，形成全国统一、定位清晰、功能互补、统一衔接的空间规划体系。改革上级政府批准下级行政区规划的体制，改为当地规划由当地人民代表大会批准。增强规划的透明度，给社会以长期明确的预期，更多依靠当地居民监督规划的落实。在国家层面，要理清主体功能区规划、城乡规划、土地规划、生态环境保护规划等之间的功能定位；在市县层面，要实现“多规合一”，一个市县一张规划图，一张规划图管100年。市县空间规划要根据主体功能定位，划定生产空间、生活空间、生态空间的开发管制界限，明确居住区、工业区、城市建成区、农村居民点、基本农田；以及林地、水面、湿地等生态空间的边界，使用途管制有规可依。

3. 落实用途管制

自然资源和生态空间是中华民族永续发展的基础条件，无论所有者是谁，无论是优化开发区域还是限制开发区域，都要遵循用途管制进行开发，不得任意改变土地用途。我国已建立严格的耕地用途管制制度，但对国土范围内的一些水域、林地、海域、滩涂等生态空间还没有完全建立用途管制制度，致使一些地方用光占地指标后，就转向开发山地、林地、湿地、湖泊等。我们知道，“山水林田湖”是一个生命共同体。人的命脉在田，田的命脉在水，水的命脉在山，山的命脉在土，土的命脉在树。砍了林，毁了山，就破坏了土地，山上的水就会倾泻到河湖，土淤积在河湖，水就变成了洪水，山就变成了秃山。一个周期后，水也不会再来了，一切生命都不会再光顾了。要按照“山水林田湖”是一个生命共同体的原则，建立覆盖全部国土空间的用途管制制度，不仅对耕地要实行严格的用途管制，对天然草地、林地、河流、湖泊、湿地、海面、滩涂等生态空间也要实行用途管制。严格控制其转为建设用地，确保全国生态空间面积不减少。

因此，要建立国土空间开发保护制度。制度建设是推进生态文明建设的重要保障。要根据国土规划和相关规划，划定“生存线”“生态线”“发展线”“保障线”，全面加强对国土空间开发的管控；对涉及国家粮食、能源、生态和经济安全的战略性资源，实行开发利用总量控制、配额管理制度，确保安全供应和永续利用；完善和落实最严格的耕地保护、节约用地制度，建立健全资源有偿使用制度和开发补偿制度，严格资源保护利用责任追究制度。

4. 建立国家公园体制

建立国家公园体制是对自然价值较高的国土空间实行的开发保护管理制度。我国对各种有代表性的自然生态系统、珍稀濒危野生动植物物种的天然集中分布地、有特殊价值的自然遗迹所在地和文化遗址等，已经建立了比较全面的开发保护管理制度，但这些自然价值较高的自然保护地被“各据一方”：一座山、一个动物保护区，南坡可能是一个部门命名并管理的国家森林公园，北坡可能是另一个部门命名并管理的自然保护区。这种切割自然生态系统和野生动植物活动空间的体制使监管分割、规则不一、资金分散、效率低下，该保护的没有保护好。因此，要通过建立国家公园体制，对这种碎片化的自然保护地进行整合调整。

（二）过程严管制度

过程严管是建设生态文明、建设美丽中国的关键。只有切实把资源有偿使用、生态补偿、污染物排放许可等制度完善、落实下去，加快建立统一监管所有污染物排放的环境保护管理制度，实现监管的有效、有力，才有可能遏制环境污染和资源浪费等行为的出现。

1. 实行资源有偿使用制度

使用自然资源必须付费，这是天经地义的。但是，我国资源及其产品的价格总体上偏低，所付费用太少，没有体现资源稀缺状况和开发中对生态环境的损害，必须加快自然资源及其产品价格改革，全面反映市场供求、资源稀缺程度、生态环境损害成本和修复效益。我国工业用地总量偏多，居住用地偏少，比例失调。原因之一是土地价格形成机制混乱。各地为招商引资，工业用地实际出售价格往往低于基准价，甚至零地价。为弥补工业用地上的亏空，居住用地屡屡被打造成“地王”，价格畸高。因此，要实施土地差别化管理。优化国土空间开发格局必须发挥土地制度政策的基础性和根本性作用，建立差别化的土地管控体系。要综合运用土地规划、用地标准、地价等制度政策工具，加强土地政策与财政、产业政策的协调配合，促进开发布局优化和资源节约、集约利用。要发挥土地利用计划的调控和引导作用，重点支持欠发达地区、战略性新兴产业、国家重大基础设施建设用地，重点保障“三农”、民生工程、社会事业发展等建设项目用地。

要建立有效调节工业用地和居住用地合理比价机制，提高工业用地价格，从源头上缓解房价上涨压力；同时，要通过税收杠杆抑制不合理需求。当代的价格机制难以充分体现自然资源的后代价值，当代人不肯为后代人“埋单”，必须通过带有强制性的税收机制提高资源开发使用成本，促进节约。要正税清费，实行费改税，逐步将资源税扩展到占用各种自然生态空间。例如，若对抽采地下水实行水资源税，就可以有效抑制过量开采地下水的行为。

2. 实行生态补偿制度

健全生态补偿机制和政策，按照“保护者受益，享用者尽责”的原则，尽快建立区域生态补偿的长效机制，不断提高生态补偿标准。重点生态功能区保护生态环境就是保护和发展生产力，就是在发展，只不过发展的成果不是生产工业品和农产品，而是生态产品。生态产品生产者向生态产品消费者出售生态产品，理应平等交换，获得收入，这不是施舍或救助。生态产品具有公共性、外部性，不易分隔、不易分清受益者，中央政府和省级政府应该代表较大范围的生态产品受益人通过均衡性财政转移支付方式购买生态产品，这就是生态补偿。所以，要完善对重点生态功能区的生态补偿机制。同时，对生态产品受益人十分明确的，要按照谁受益谁补偿原则，推动地区间建立横向生态补偿制度。例如，河北的张承地区肩负着为北京、天津提供优质足量水资源的主体功能，京津两市就应该给予必要的补偿，并使之制度化。这样才能使保护生态环境、提供生态产品的地区不吃亏，有收益，愿意干。发展环保市场，推行节能量、碳排放权、排污权、水权交易制度，建立吸引社会资本投入生态环境保护的市场化机制，推行环境污染第三方治理。

3. 建立资源环境承载能力监测预警机制

资源环境承载能力是指在自然生态环境不受危害并维持良好生态系统前提下，一定地域空间的资源禀赋和环境容量所能承载的经济规模和人口规模的能力。水、土地等不宜跨区域调动的资源以及无法改变的环境容量是一种不以人的意志为转移的物理极限，不是靠价格机制能调节的。我国不少地区在现行发展方式下的经济规模和人口规模已经超出其资源环境承载能力极限，国土空间开发强度过高，使生态空间和耕地锐减，地下水被大量开采，污染物排放超出环境自净能力。建立资源环境承载能力监测预警机制，就是根据各地区自然条件确定一个资源环境承载能力的红线。当开发接近这一红线时，提出警告、警示，对超载的，实行限制性措施，防止过度开发后造成不可逆的严重后果。

4. 完善控制污染物排放许可制度

依法对各企事业单位排污行为提出具体要求并以书面形式确定下来，作为排污单位守法、执法单位执法、社会监督护法依据的一种环境管理制度。排污许可制是国际通行的一项环境管理的基本制度，美国、日本、德国、瑞典、俄罗斯以及我国台湾地区和香港地区都已对排放水、大气、噪声污染的行为实行许可证管理。我国（不包括港澳台）在 20 世纪 80 年代末就提出建立排污许可制，但目前仍没有完全建立。相关制度立法层次低，许多还是政策性规定，地区之间很不平衡。排污许可制的核心是排污者必须持证排污、按证排污。实行这一制度，有利于将国家环境保护的法律法规、总量减排责任、环保技术规范等落到实处，有利于环保执法部门依法监管，有利于整合现在过于复杂的环保制度。要加快立法进程，尽快在全国范围内建立统一公平、覆盖主要污染物的排污许可制。

应实行企事业单位污染物排放总量控制制度，总量控制包括目标总量控制和环境容量总量控制。前者如根据国家“十二五”规划、“十三五”规划确定的主要污染物总量减排指标，分解落实到各省、自治区、直辖市，各省级行政区再分解到所辖的地级行政区，各地级行政区再分解到所辖的县级行政区，地、县两级再分解到具体排污企业。同时，国家也对央企直接规定总量减排指标。后者如我国大气污染防治法规定，在特定区域，由地方政府核定企事业单位的主要大气污染物排放总量。从总体上看，我国目前还没有建立规范的企事业单位污染物排放总量控制制度，现在的总量层层分解，具有行政命令性质，不是法定义务，特定区域和特定污染物的总量控制覆盖面窄。实行企事业单位污染物排放总量控制制度就是要逐步将现行以行政区为单元层层分解最后才落实到企业，以及仅适用于特定区域和特定污染物的总量控制办法，改变为更加规范、更加公平、以企事业单位为单元、覆盖主要污染物的总量控制制度。

（三）后果严惩制度

后果严惩制度是建设生态文明、建设美丽中国必不可少的重要措施。为此，要创新经济社会发展考核评价体系，实施严格的生态环境保护责任追究制度和损害赔偿制度。

1. 健全政府绿色考评制

要按照生态文明建设要求，将资源消耗、环境损害、生态效益等指标全面纳入地方各级党委政府考核评价体系并加大权重。对主体功能区中的限制开发区域和生态脆弱的国家扶贫开发工作重点县取消地区生产总值考核。对已有的自然资源和生态保护、环境影响评价、节能评估审查、土地和水资源管理等制度规定进行全面修订完善。加强监督，严格奖惩，建立起与经济社会相适应的生态文明评价及奖惩制度，使各项制度成为硬约束。对领导干部实行自然资源资产离任审计，建立生态环境损害责任终身追究制。

政府是社会的管理者，是推动社会和经济发展的领导力量。当经济发展与生态环境的矛盾日益激化时，就必须强化政府的环境管理职能。在同内生产总值指标指引下，“为了‘先把经济搞上去’，不知不觉地付出了沉重的环境、资源代价”。因此，必须改革以 GDP 为核心的评价指标，要把资源消耗、环境损害、生态效益纳入经济社会发展评价体系之中。绿色 GDP 指标必须成为当前评价地方政府政绩指标体系的重要部分。要由目前 GDP 主导，逐步转化为包括绿色 GDP 的综合化指标体系。其中，资源、环境和社会指标要有更大的权重。

绿色政绩考评是指考评机关按照一定的程序对政府领导干部在行使其环保职责、实现政策与法律的过程中体现出的管理能力进行考核、核实、评价，并以此作为选用和奖惩干部依据的活动过程。中国政府绩效考核体系不能将 GDP 的增长作为单一的评测指标。过去的 GDP 核算方法只是对经济增长数字进行统计，忽视了体现生态、环保等绿色 GDP 的要素，导致自然资源的大量毁损。将绿色 GDP 纳入统计体系和干部考核体系，不但使对政府官员的考核更为完善和科学，而且有助于我国“五位一体”建设目标的实现。

健全政府绿色考评体系，首先要坚持贯彻科学发展观，树立绿色、科学的政府和领导干部考评价值取向，引领广大领导干部转变建设和谐社会的思想目标。其次，要完善政府政绩考评的内容和指标体系，建立符合生态文明建设要求的责任体系。注重民生考评工作，积极推进“两型”社会建设。最后，要健全多元化的考评方式，运用网络等技术平台，及时、有效地梳理考评意见，总结生态文明建设工作的不足，加快推进生态文明建设。

将环境保护与干部选拔挂钩：让那些不重视污染防治工作、没有完成年度任务的领导干部得不到提拔、重用；让那些重视生态文明建设，防治污染工作取得成效的领导干部得到重用。地方发展不仅是经济的发展，还有美好生态的发展；没有良好的生态，发展就失去了目标。将环境保护目标与领导干部任用挂钩的制度是最直接的提升生态文明的制度。

2. 建立生态环境损害责任终身追究制

生态环境保护责任追究制度的重点是对各级政府建立生态环境保护的约束性规范，要做到将主要污染物排放总量控制指标和其他重要指标层层分解落实到各地区、各部门，落实到重点行业和单位，确保约束性指标任务的完成。要实现这项工作的前提条件是，把环境保护目标纳入党政领导考核内容，实行严格的环保目标责任追究制度。

这是针对领导干部盲目决策造成生态环境严重损害而实行的制度。我国生态环境的问题与不全面、不科学的政绩观及干部任用体制有极大关系。一些地方领导干部为了一届任期内的经济增长，不顾及资源环境状况盲目开发，尽管可能本届任期内实现了高增长，却造成了潜在的生态环境损害，甚至不可逆的系统性破坏。建立生态环境损害责任终身追究制，就是要对那些不顾生态环境盲目决策、造成严重后果的领导干部，终身追究责任。不能把一个地方环境搞得一塌糊涂，然后“拍拍屁股走人”，官还照当，不负任何责任。要探索编制自然资源资产负债表，对一个地区的水资源、环境状况、林地、开发强度等进行综合评价。在领导干部离任时，对自然资源进行审计。若经济发展很快，但生态环境损害很大，就要对领导干部进行责任追究。

推行地方领导干部离任生态审计制度。中国要实现经济的转型升级，必须建立一整套切实可行的制度框架。把官员的升迁同对环境的考核挂钩，进一步把环保标准引人官员政绩考核中。尤其是在地方领导即将离任时，上级有关部门应对其辖区内的山地、林地、草地、沿海、沙滩、江河等进行考察和检查。其中，重点考核其在任期间生态环境是否遭受污染和破坏，特别是考核其在任期间各项经济决策和本人政绩是否以牺牲生态环境为代价。生态审计制度如果能全面推行，将有利于地方的全面发展，尤其是生态文明的全面发展。生态审计制度可以从根本上遏制地方领导的急功近利，它是考量地方政府领导在任期间进行生态建设的“尺子”。

3. 实行损害赔偿制度

要对造成严重事故的责任人严格追究其法律责任，尤其是刑事责任。用刑罚手段保护环境、治理污染是治国的一大利器。1997 年 3 月，我国修改刑法时就在刑法分则中专门增加了一节破坏环境资源保护罪的规定，增加了“重大污染事故罪”等新罪名，并对罪状和量刑做了明确具体的规定。追究破坏环境者的刑事责任是保护环境的重要制度安排。这是针对企业和个人违反法律法规，造成生态环境严重破坏而实行的制度。在国土空间开发和经济发展中，如出现违反法律规定、违背空间规划、违反污染物排放许可和总量控制的行为，则应对这些破坏性的行为要严惩重罚，加大违法违规成本，使之不敢违法违规。我国有关法律法规中对造成生态环境损害的处罚数额太少，远远无法弥补生态环境治理成本，更难以弥补对人民群众健康造成的长期危害。因此，要对造成生态环境损害的责任者严格实行赔偿制度，让违法者掏出足额的真金白银。对造成严重后果的，要依法追究刑事责任。

第二节　加速促进国内产业升级

科学合理、绿色可持续的产业结构是经济社会发展的基础和保障，而原始粗放、高消耗、高排放的产业结构则会带来能源资源枯竭、环境污染等一系列问题。要实现建设美丽中国的目标，必须遵循科学发展观，走代价小、效益好、排放低、可持续的发展道路，建立符合生态文明要求的产业体系。

一、发展绿色经济

发展绿色经济是建设生态文明的重要支撑。一方面，发展绿色经济要求促进微观经济领域的绿色化，通过淘汰落后产能和工艺，推动技术创新，促进绿色企业和绿色产业的发展；另一方面，发展绿色经济要求促进宏观经济领域的绿色化，通过积极推进经济结构调整，逐步减少资源消耗多、环境污染重的传统经济在国民经济中的比重，提高绿色经济比重。同时，发展绿色经济要求促进生活和消费领域的绿色化，通过积极倡导绿色生活理念，推动形成资源节约、环境友好的绿色生活方式和绿色消费模式。因此，发展绿色经济是我国推进生态文明建设、实现经济社会科学发展的重要基础。

（一）对绿色经济的初步认识

"绿色经济"概念自20世纪80年代提出以来，国内外有关组织陆续开展了相关研究。绿色经济与可持续发展理念一脉相承，在发展模式创新过程中出现的新的经济学概念。

绿色经济是以市场为导向，以生态、环境、资源为要素，以产业经济为基础，以科技创新为支撑，以经济、社会、生态协调发展为目的，以维护人类生存环境、科学开发利用资源和协调人与自然关系为主要特征的一种新的经济形态。

从世界各国发展实践看，发展绿色经济主要需要把握以下几点：一是要把生态、环境、资源作为绿色经济系统运行的基本要素，充分体现生态、环境、资源的价值和利用的公平性；二是要把实现经济效益、社会效益和生态效益的综合效益最大化作为发展绿色经济的根本目标；三是要把推动传统经济转型、构建经济全过程的生态化作为发展绿色经济的主要途径；四是要把绿色科技创新作为发展绿色经济的关键手段和重要支撑。

我国已进入推动科学发展的现代化建设新阶段，发展绿色经济，就是要按照建设生态文明的要求，把生态基础、环境容量和资源承载力等作为前提条件，充分发挥生态环境对经济发展的先导作用，逐步构建以绿色科技创新和绿色机制创新为支撑，以绿色能源、绿色生产、绿色消费为基础，符合环境保护和绿色发展要求的经济运行体系，将绿色发展理念贯穿生产、消费、贸易和投资等经济活动的全过程，从而推动经济、社会、生态实现全面、协调、可持续发展。

（二）我国绿色经济发展现状及其存在的主要问题

1. 我国发展绿色经济的创新探索

我国在实施可持续发展战略过程中，积极探索和推动经济社会绿色发展，取得显著的成绩，主要体现在两个方面。一是理论层面的探索。初步构建起以科学发展观为指导，以生态文明为统领，以生态建设和环境保护、“两型社会”建设和发展绿色经济为支撑的绿色发展理论框架。各级政府提出和实施的新型工业化道路、循环经济、低碳经济、清洁生产、节能减排等，基本上属于广义的绿色经济范畴。二是实践层面的探索。各地区、各部门积极推动绿色经济发展，大力开展天然林保护工程、退耕还林工程、自然保护区建设等生态建设和环境保护工程，加大对生态、环保基础设施建设的投入力度，陆续启动了循环经济、节能降耗等方面的重大项目。特别是国家“十二五”规划专门论述了“绿色发展”，提出了若干具体举措，推动“绿色经济”成为国家和地方的重要发展战略。此外，我国还陆续制定了《中华人民共和国清洁生产促进法》《中华人民共和国环境影响评价法》《中华人民共和国可再生能源法》《中华人民共和国循环经济促进法》等一系列促进绿色经济发展的法律法规。

2. 我国绿色经济发展存在的主要问题

虽然我国绿色发展取得较为明显的成效，但是受经济发展水平、经济发展惯性以及区域发展不平衡等因素制约，在发展中仍然存在一些较为突出的问题。例如，一些地方对推动绿色经济发展认识不足，实现 GDP 增长就能实现发展的传统思维惯性和跨越式增长冲动仍然很强烈，不少地区付出了沉重的资源环境代价；很多企业对发展绿色经济的认识不足，过度追求眼前利益，在核心技术与关键设备上高度依赖进口，产业发展受制于人；追求奢侈消费、超前消费以及铺张浪费现象仍然较为普遍，节约环保和绿色消费意识还有待加强；等等。

总体而言，虽然存在一些问题，但是在推动经济社会科学发展的进程中，我国已经开始构建绿色经济发展的理论框架、法律政策体系，绿色经济的发展理念正在成为社会共识，绿色经济发展的实际成效也在逐渐显现。

（三）积极推进中国绿色经济发展

发展绿色经济是一个长期、艰巨、复杂的系统工程，既需要在经济领域进行积极改革和探索，又需要在社会管理等领域进行相应的改革和创新，并综合运用经济、法律、行政、科技、宣传教育等措施，才能逐步构建符合生态文明发展要求的绿色经济运行体系，推动我国绿色经济健康发展。

1. 制定绿色发展中长期行动规划

我国经济社会发展进入了新的阶段，需要进一步加强顶层设计，推进绿色中国建设，就是要将绿色发展理念、原则、目标全面贯彻到经济决策、社会管理和各项规划中，统筹考虑，着力推进经济社会的绿色发展。对此，应在现有的战略性、政策性文件和规划等基础上，多部门、多领域合作，共同制定绿色发展中长期行动规划，就节能减排、污染治理、生态建设、结构调整等做出明确规划，作为国家今后相当一段时期的重要行动指南。要通过规划制定，进一步明确国家绿色经济发展的战略目标和任务、发展重点和步骤等，推动形成人口、经济、社会、生态等协调发展的新格局。当前，亟须统筹规划全国绿色新兴战略产业建设，打破地区和行业间各自为政局面，规范投资建设，积极开展绿色经济发展区域试点，积累经验，有序推动全国绿色经济发展。

2. 实施分地区的绿色经济发展战略

《全国主体功能区规划》是对我国国土空间进行的长远规划，是科学开发国土空间的远景蓝图和行动纲领。发展绿色经济必须根据《全国主体功能区规划》，立足不同地区的环境资源承载能力和所处功能区的分类和功能，按照“因地制宜、分类发展、分类开发、分类考核、分类政策”的原则，科学制定分地区的差异化的绿色经济发展战略。对于城市化地区，应积极发展绿色工业和绿色服务业；对于农产品主产区，应大力发展绿色农业；对于重点生态功能区，应限制开发和禁止开发，适度发展生态产业。严格按照科学发展的要求，在环境与发展综合决策、经济发展规划、产业结构调整的执行过程中，充分融入绿色经济的理念，形成有利于节约能源资源和保护生态环境的产业结构、增长方式、消费模式，以区域的差异化发展推动全国绿色经济发展的整体进步。

3. 建立绿色科技创新体系

绿色科技创新是发展绿色经济的重要支撑和保障。当前，应当下大力气推进绿色科技创新体系建设。一是要加快形成充满活力的绿色科技工作机制，尤其要重视通过各种政策手段，引导社会力量投资和参与绿色技术及产品的研发与推广，使企业真正成为绿色科研开发投入主体、技术创新主体、科研成果应用主体，积极构建以企业为主体、以市场为导向、产学研相结合的创新体系。二是要积极构建科研与人才培养有机结合的知识创新机制；要着力推进绿色科技的基础研究、共性技术研究和前沿技术研究，形成一批学科优势明显的研究基地和创新团队，争取在一批重点领域和关键环节有所突破；要积极开展国际合作交流，学习借鉴国外先进的绿色发展经验和理念，通过绿色技术与设备的引进、消化、吸收、再创新，不断增强我国绿色自主创新能力。

4. 培育绿色新兴战略产业

在应对能源危机、气候危机、金融危机等多重挑战形势下，应立足国情、突出重点，大力培育和发展现代循环农业、生物质产业、节能环保产业、信息产业、新能源产业等绿色新兴战略产业，构建绿色产业体系，为绿色经济发展奠定坚实基础。

例如，生物质产业是以可再生和循环利用的有机物质，主要是种植、养殖、林业、农业产品等有机废弃物，以及利用边际性土地种植的能源植物等为原料，以现代科学技术从事生物能源和生物基础产品生产的现代绿色产业。生物质能源可以替代传统化石能源，推动实现能源利用绿色转型；生物材料和生物基化工产品可以替代传统化工产品，大量减少污染物排放。生物质产业是对农林废弃物和边际性土地资源的有效利用，不存在与传统产业争夺原料和市场的问题，还可以延伸农业产业链，增加农业附加值。可以说，发展生物质产业，对于构建绿色产业体系、实现绿色发展，具有重要的战略意义。

我国生物质原料资源十分丰富，并且具有一定的工业基础和广阔的市场前景。据估算，到 2030 年我国可形成 11.71 亿吨标煤的产能，相当于 2011 年全国能源消费总量的 34%。因此，应将生物质产业作为国家重要的绿色新兴战略产业，通过大力发展生物质产业，带动绿色经济的发展壮大。

5. 完善绿色经济发展的法律和政策体系

推动绿色经济健康发展，必须结合我国国情和发展实践，借鉴发达国家经验和教训，进一步构建科学合理的激励和惩戒机制。既要对符合绿色经济发展要求的产业和项目给予政策支持，又要对落后产业采取更为严格的惩戒措施，分类指导，有保有压，科学发挥市场引导和宏观调控的积极作用。一是要完善绿色经济发展的法律保障体系。要加快推动绿色经济发展的立法工作，处理好相关法律法规之间的衔接与协调，逐步构建系统、完善、高效的绿色经济发展的法律体系。二是要完善绿色经济发展的政策保障体系。要加快建立反映市场供求关系、资源稀缺程度、环境损害成本的生产要素和资源价格形成机制，体现环境容量资源的价格属性、生态保护的合理回报、生态投资的资本收益，充分发挥市场对绿色经济发展的基础性作用；要制定科学合理的政府采购和补贴政策，健全绿色投资政策，采取绿色产品的鼓励性政策和非绿色产品的约束性政策的双向激励政策，调动地方政府、企业和社会发展绿色经济的积极性。

6. 倡导绿色生活方式

我国社会消费正处于升级转型阶段，积极倡导绿色生活方式、加快建立绿色消费体系，既可以扩大国内绿色消费需求，带动绿色产品开发和绿色产业的发展，又能改变公众的消费方式，使人们的消费行为符合生态文明的发展要求。为此，一是要通过广播、影视、报刊、网络、手机等宣传媒介，积极开展各种形式的宣传活动，进行有关绿色经济知识的普及、教育和宣传，增强全社会的绿色发展、绿色消费、绿色生活意识。二是要加强对各级领导干部的教育培训，提高各级党政干部的绿色发展意识，牢固树立和落实科学发展观，将绿色发展理念自觉融入各项工作中；同时要充分发挥政府的引领和示范作用，引导社会公众自觉选择资源节约型、环境友好型的消费模式，推动绿色生产体系与绿色消费体系的均衡发展。三是要充分发挥学校的教育功能，加强对青少年的绿色发展教育，从小培养学生的绿色发展观念，使绿色发展理念成为社会公众的自觉意志和共同理念，逐步形成全社会自觉支持绿色经济发展的良好氛围。

在当代中国，以经济建设为中心是兴国之要，发展仍是解决我国所有问题的关键。只要始终高举科学发展的旗帜，把生态文明建设的理念、原则、目标等融入和全面贯穿到我国经济、政治、文化、社会建设的各方面和全过程，通过发展绿色经济，促进生产方式和生活方式的根本性变革，推动经济、社会、生态实现绿色发展、循环发展、低碳发展，我们一定能够共建绿色中国，共创生态文明，共享美好未来。

二、优化产业结构

《中共中央关于全面深化改革若干重大问题的决定》中提出："建设生态文明，必须建立系统完整的生态文明制度体系"。生态文明建设是人类进步的必然趋势，其中生态经济建设是实现生态文明建设的重要支撑，生态经济建设需要着重构建生态产业体系，推动产业转型升级，构筑有利于生态环境保护的产业结构体系，大力实施生态农业体系建设，加快实施生态工业和生态服务业工程建设，努力走向社会主义生态文明新时代。

（一）产业结构优化调整是生态文明建设的重要途径

随着社会生产力水平的不断提高，人类社会经历了原始文明、农业文明和工业文明。在农业文明和工业文明的形成过程中，都伴随着产业的逐步演进，每一次产业分工的演进又促进了人类社会形态的更替，进而形成一种新的、更高层次的文明。工业革命的兴起以及工业文明的出现使人类对自然的开发利用与改造达到空前规模，这在一定程度上为人类社会创造了前所未有的物质财富；同时，工业文明又使人类社会面临着人与自然、人与社会之间的巨大矛盾和挑战。人类文明的进一步发展，需要我们对工业文明及其生产方式进行反思。生态文明建设正是在这种反思中形成的。

1. 生态文明建设需要着重优化产业结构

1972年，《联合国人类环境会议宣言》的发布开启了生态文明时代。生态文明强调人与自然以及人与社会的协调发展，现代生态文明思想是经济社会环境协调进步的重要理论依据。在生态文明建设过程中，人类发展不仅要尊重自然、保护自然，还要实现生产方式的转变。“资源—产品—再生资源”的循环经济发展模式要逐步取代“资源—产品—污染排放”的单向经济发展模式；“节约能源资源、保护生态环境”的产业结构要逐步取代“浪费资源、污染环境”的产业结构；最终形成低能耗、低排放、低污染，能源资源得到充分利用，循环经济占主导地位的生态经济发展方式。

生态经济是我国生态文明建设的必然要求，是人类社会实现健康持续发展的必然选择。生态经济的良性循环需要大力发展生态产业，只有不断优化产业结构，对产业链重新进行规划协调，生态文明建设才会有强有力的物质保障。从中国目前的三次产业结构看，经济增长过于依赖第二产业，低能耗、低污染的第三产业虽然有了长足发展，但是比重仍然偏低。在占主导地位的第二产业内部，高能耗、高污染行业比重偏大，生产能力过剩现象严重，而高附加值、高技术含量、低能耗行业比重仍然偏低。

2. 产业结构生态化是我国生态文明建设的战略举措

产业结构是国民经济中全部资源在各产业间的配置结构，产业结构本身不是一成不变的，而是随着经济发展不断演进。在21世纪，产业结构的演进在产业转移全球化、产业发展融合化基础上，又呈现出产业结构生态化的必然趋势。

生态文明建设中的产业结构生态化是产业结构合理化、高度化和高效化的集中体现。产业结构合理布局的目标是要实现经济、社会与环境协调发展，实现经济效益、社会效益以及生态效益的最大化。我国生态文明建设过程中的产业结构合理化就是要实现产业结构间经济要素的合理配置，以达到不同地区、不同行业间相对地位的协调、层级关系的协调；同时，要利用地域优势、行业优势，大力发展战略性与主导性产业，以促进产业结构的相对完整与独立。产业结构高度化主要体现在产业结构调整优化时要逐步降低对能源资源的依赖度，尤其是不可再生资源和能源的依赖度，进而逐步提高高技术含量、高附加值产业比重，以实现产业间的可持续协调发展。产业结构高效化主要体现在对具有不同效率的产业进行比重的重新优化调整，以实现低效部门产值比重逐步下降、高效部门产值比重不断增加的良好态势。只有实现农业结构向高效型、优质型、生态型转移，工业和制造业结构向低消耗、低污染、可循环模式转移，服务业结构向产值增加能力快、劳动力吸纳能力强、劳动生产率比较高的部门转移，大力发展战略性新兴产业，才能实现生态文明建设的良好有序推进。

（二）生态文明建设与我国产业结构现状

生态文明建设是经济社会发展到一定阶段的必然要求，而产业结构优化调整是生态文明理论从价值理念向经济发展领域实践的重要突破。在生态文明建设过程中，各行为主体只有逐步实现有利于资源能源节约、生态环境保护的产业结构，才能形成可持续的生态产业发展模式。在这一过程中，产业结构优化调整的基础是逐步实现农业生态化，核心是要逐步实现工业生态化，重点是要逐步实现服务业生态化。改革开放以来，我国的经济发展取得举世瞩目的成就，产业结构日趋改善。三大产业结构比由 1978 年的 27.9% ∶ 47.9% ∶ 24.2%，逐步优化为 2012 年的 10.1% ∶ 45.3% ∶ 44.6%，基本改变了产业结构低层次发展的状况，但基于生态环境保护以及生态产业发展的视角，我国的产业结构依然存在结构能源效益不高、生态化发展滞后等一系列问题。

1. 生态农业结构调整有待进一步优化

自 1978 年农村实行家庭联产承包责任制以来，我国农业发展突飞猛进。农民在提高自身收入的同时，为工业和服务业提供了大量要素资源。但农民靠天吃饭的局面没有真正转变，农业对自然资源的依赖度依然较高，农业发展对自然环境的破坏依然较为严重，整体农业产业布局问题随着生态文明建设的加快逐步显现出来。

我国农业的粗放型发展模式并没有根本改变，人口与资源冲突明显。在我国目前的农业内部产业结构中，农作物产值依然占了较大比重，林牧副渔业产值比重明显偏低。1978 年，我国农作物产值占农林牧副渔总产值的 80%；2011 年，我国农作物产值占农林牧副渔总产值比重虽然有了明显下降，但是仍然达到 51.6%，超过半数。我国土地资源仍然主要用于初级农作物的生产，高附加值的经济作物所占份额非常小，用于农作物生产的化肥农药等施加量的大量增加，不仅造成农作物质量的下降，还降低了土地资源利用效率，这对土地的自然保护是非常不利的。与此同时，与农业较发达国家比较，占农业总产值不足一半的林牧副渔业也面临着生产力低下、资源利用效率不高、经营管理不善等一系列的严重问题。

另外，我国农业发展的技术投入和人力资本投入依然无法满足生态文明建设的要求。我国每年对农业技术创新的财政支出不断增加。2011 年，中央和地方财政对“三农”的财政支出额总计 29 342 亿元，相对于 2010 年增加了 21%。其中，投入增加值主要用于生态农业技术进步与推广。但这一增长幅度相对于农业为工业化进程所做的贡献而言，相对于农业在国民经济中的基础地位以及投入额占 GDP 比重而言，明显偏低。此外，面对农业技术进步趋势，农民的知识体系以及对生态农业的认识水平明显滞后于生态农业的发展，以至于出现农业科技应用于生态农业发展力度不足，进而导致农业技术浪费现象。

2. 生态工业结构有待进一步调整

改革开放以来，我国逐步探索“科技含量高、经济效益好、资源消耗低、环境污染少、人力资源优势得到充分发挥”的新型工业化道路，并取得初步成效。但是，面对文明建设进程的加快，我国工业结构还没有完全适应生态工业的发展要求。

在我国工业内部，重工业比重仍然较大。而且，随着国际制造业的转移，这种趋势还会持续一段时间。在我国的能源资源消耗中，重工业占了一半以上的比重。而且重工业又是具有高污染的工业部门，随着生态文明建设进程的加快，重工业在为国民财富做出贡献的同时，阻碍了生态文明建设的步伐。轻、重工业比重如何在工业化进程和生态文明建设中取得较好均衡点，需要政府部门对我国的工业内部结构做出产业调整，力争在不影响工业化进程的基础上，大力发展有利于节约资源、降低能耗的高科技产业，改变资源型产业发展布局。

另外，我国工业部门的资源配置和利用效率不高，环境污染改善力度不明显。近年来，我国积极发展循环经济，在节能、节水、节地、节材方面取得初步成效，但相对于发达国家，能源资源的利用效率依然不高，单位产值能耗水平和排污量高于国际先进水平，工业废水排放、固体废弃物排放问题没有得到根本解决，限于技术瓶颈，资源回收率依然不高，重大环境污染事件时有发生。

3. 生态服务业发展有待进一步加快

服务业是能源资源消耗低、环境污染较少的产业部门，大力发展现代服务业，对于推进生态产业结构调整有着至关重要的作用，但在实践过程中，我国的服务业发展还存在许多历史遗留问题。

第一，服务业产值占 GDP 比重仍然偏低，服务业发展进程没有赶上经济发展速度。改革开放以来，我国的服务业产值占 GDP 比重由 1978 年的 23.9% 增长到了 2011 年的 43.4%，但其增长速度低于工业产值占 GDP 比重增长速度以及国民经济增长速度，而且所占比重也明显低于世界平均水平，这也成为生态产业以及生态文明发展的制约因素。

第二，我国服务业部门中的传统行业比重较大，现代服务业比重有待进一步提高。相对于新兴的现代服务业而言，传统服务业对能源资源的依赖程度明显较高，尤其对于传统餐饮业和食品业而言更是如此。世界银行的《世界发展报告》指出，食品和饮料业是水资源应用以及水污染的密集行业。我国生态服务业的发展需要从结构上优化传统服务业，从数量上减少传统服务业，逐步拓宽服务业发展领域，优化服务业竞争环境，加快现代服务业体系建设，使我国的服务业发展更加协调、更加环保。

（三）生态文明建设进程中的产业结构优化路径

建设生态文明是关系人民福祉、关乎民族未来的长远大计。面对能源资源约束趋紧、环境污染严重、生态系统退化的严峻形势，以及我国产业结构与生态发展的突出矛盾，要促使我国经济向着绿色发展、循环发展、低碳发展的目标行进，必须以人为本，大力发展循环经济和生态产业，着力优化调整产业结构，完善相关制度体系，强化各行为主体的生态观念，改变以往的产业发展方式，逐步调整产业布局，合理规划产业内部结构，加快技术进步，提高能源资源在各产业间的配置利用效率，实现产业结构优化与生态文明建设互促发展。

1. 树立各行为主体的生态观念，优化产业结构体系

在生态文明建设过程中，生态环境保护绝不仅是污染防治问题，它本质上是发展方式转变、经济结构调整问题，而发展方式转变与经济结构调整的重要一环在于产业结构的调整优化。在生态文明建设与产业结构调整过程中，要通过学习、引导与宣传，转变各经济行为主体的传统发展观念，使其树立良好的生态发展观念和生态环保责任意识，科学、合理、有效、节约利用资源。在市场经济体制和生态文明进程中，一个产业或一个行业要想在竞争中获得良性发展，不但需要资金、技术等方面的优势，而且需要有一种社会责任感。只有做到产品生产的高效率、低能耗、低污染，才能最终获得社会认同。

与生态生产意识和生态消费意识相适应的是产业结构调整优化的生态化。只有逐步建立生态农业、生态工业、生态服务业的现代产业体系，才能有效实现产业的生态化发展；只有逐步完善三大产业的比例构成，才能构建一个有利

于人与自然、人与社会全面协调发展的产业结构，最终形成经济效益、社会效益、生态效益有效统一的生态文明社会。

首先，努力提升农业产业结构水平，构建生态农业体系。农业是国民经济的基础，生态农业是粮食作物与经济作物按一定比例合理发展、生态与经济良性互动循环的现代农业生产方式。面对世界农业生态化、规模化、商品化发展的新趋势，我国的农业生产要以生态发展观念为指导，用现代技术手段改造传统农业，用现代经营方式管理农业，以新型农民发展农业；在立足特色的基础上，合理优化粮食作物与经济作物的比例关系，健全生态农业产业链体系，真正发挥农业产业链的整合功能；以技术进步为支撑，在改善传统农业发展方式的基础上，着力加强与提高生态农业发展的科技创新力度和应用水平，优化土地等资源利用效率，调整农林牧副渔组合方式，充分发挥不同资源的互利作用，努力实现有利于生态环境保护的农业产业化发展布局。

其次，优化工业产业结构，大力开拓环保生态工业。生态工业是与传统工业相对的工业形态，它具备高效的经济功能以及和谐的生态功能。优化工业产业结构，就是在生态环境保护基础上，以低污染、低能耗的生态工业改造高污染、高能耗的传统工业的过程。工业发展的生态化目标是经济发展的战略举措之一。在优化工业产业结构的过程中，要以新兴生态工业为主导，通过资金投入和技术进步，努力建立工业生态系统平衡机制，合理调节工业内部轻重工业比例关系，大力发展资源能源消耗低、环境污染少、附加值高的战略性新兴产业，逐步开拓环保生态产业，最终形成工业产业结构与生态文明建设的协调统一。

再次，着重拓宽现代服务业发展领域，进一步改善服务业结构。服务业对自然资源和能源的消耗强度小，单位产值环境污染程度低，与农业和工业相比，更具有环保效应。在我国的生态文明建设进程中，需要充分发挥人力资源优势，大力发展现代服务业，逐步加快传统服务业改造，将先进的生产经营方式和技术融入传统服务业的改造过程；同时，拓宽现代服务业发展领域，改善市场竞争环境，放宽市场准入条件，着力发展教育、信息、科技、咨询、法律等新兴服务业，进一步改善我国服务业结构，形成生态环境和经济发展良性互促、自然资源和人力资源优势得到充分发挥的现代服务业体系。

2. 加强宏观管理，保障生态产业结构有序调整升级

制度缺失导致行为主体投机行为屡屡发生，这也是我国在产业发展中浪费资源、污染环境的重要原因之一。市场行为主体生态意识的树立是一个过程。在这个过程中，需要相关法律法规对资源能源利用、可再生资源回收等问题进

行有效约束，这就需要逐步建立健全保护生态环境的法规体系，完善落后产业的淘汰机制以及新兴产业的进入机制。与此同时，相关部门要加强监管体系建设，加大执法力度，尤其是要实现对资源开采、能源利用、“三污”排放等问题的监督，进而使产业结构优化沿着法制化、规范化和科学化的道路行进。

在我国产业结构调整优化的进程中，应立足产业发展和生态文明，从以下几个方面完善相关制度体系。

第一，科学制定产业发展政策，推动产业结构转型升级。要实现经济发展方式由粗放型向集约型的转变，逐渐形成低污染、低消耗、高循环、高效率的产业发展方式，必须有国家产业政策做制度保障。通过完善产业发展规划，不断改造传统产业，加快培育发展战略性新兴产业，积极发展生态产业园区，形成系统、有效的生态生产网络；通过完善有利于现代农业、现代工业和现代服务业发展壮大的政策体系，有效提升三大产业间的协调推动能力；通过健全相关财政税收政策，以市场机制为主导，不断淘汰落后产业，鼓励重点行业和重点企业有序、快速、健康发展，充分发挥生态农业、科技型中小企业以及生产型服务业在生态经济发展中的主导作用；通过制定有利于生态环境保护的科技创新政策，引导各类生产要素向新兴产业转移，激励各产业间主体加快自主创新步伐，提升产业的技术含量和附加值，形成生态产业的创新型发展模式。

第二，优化金融市场，构筑有利于生态文明建设的资金支撑体系。金融市场优化是我国产业结构向着生态化方向转型升级的关键。政府部门要坚持公共财政的支撑导向，整合、规划财力资源，着力保障新兴战略性产业、生态农业以及传统改造工程的资金需要；充分发挥地方投融资机构的投资调节和资金融通功能，引导产业发展的生态化方向，发挥出传统产业向现代产业转变的桥梁作用。金融机构要牢固树立生态化发展意识，在宏观政策指引下，加大对重点发展产业和行业、主导产业和重大项目以及政府扶持产业的信贷投入；加快农村金融市场的产权改革和经营管理体制改革，增强金融对生态农业发展的资金服务功能，进而保障生态文明建设中的产业结构优化升级。

第三，加大科技投入力度，大力发展低碳型新兴战略产业。在生态文明建设进程中，低碳型发展是经济社会发展的必然趋势，新兴战略产业又是产业结构优化升级的必然选择。要充分发挥政府的引导和激励作用，加大科技投入力度，推进各产业间创新型经济发展，鼓励企业研发环保节能新产品，引导资源、能源等生产要素向新兴、高附加值、高技术含量、无污染的产业领域转移，进而提高资源、能源的利用效率，逐步形成以新兴战略产业为主导的生态产业结构体系，使生态文明建设真正融入经济建设的全过程，实现中华民族的永续健康发展。

三、发展生态产业

（一）发展生态农业

1. 农业是生态文明建设的重要领域

党的十八大报告指出："国土是生态文明建设的空间载体，必须珍惜每一寸国土。"我国农业用地面积是国土面积的主体部分，对生态安全格局有着至关重要的影响。

（1）农业生态系统是我国生态系统的重要组成部分。保护生态系统是建设生态文明的核心，农业生态系统是与人类关系最密切并受人类影响最大的生态系统。与其他自然生态系统相比，农业生态系统还是人类最重要的食物来源，对保障国家安全和维护社会稳定发挥着不可替代的作用。

农业生态系统包括农田生态系统以及从事农业生产的其他生态系统，如草地生态系统（北方牧区和南方草地）、林地生态系统（经济林、林下种养等）、养殖水面（湖泊、江河以及近海网箱养殖、池塘放养）、湿地生态系统（水生种植、水禽以及水生动物饲养等）。农业生态系统是在特定生物群落与其生态环境之间在能量和物质交换及其相互作用上构成的一种人工生态系统，是人类开发最早、依赖度最高和破坏最严重的生态系统。由此可见，在我国生态系统中，农业生态系统是最值得关注和保护的生态系统。

（2）改善农业生态环境是生态文明建设的关键。环境保护是生态文明建设的主阵地，改善农业生态环境的难度最大，对农业乃至国民经济可持续发展的促进作用也最明显。目前，我国农业生态环境破坏问题非常突出，农业已超过工业成为最大的污染源，并成为农产品质量安全问题的主要成因，制约着农业的可持续发展。

我国农业生态环境破坏的成因并不复杂。一是在开发利用过程中，自然力作用下的水土流失和土地退化问题；二是三次产业和生活污水垃圾等造成的对土壤、水源、生物和大气的污染（水－土－气－生立体污染）。但是，改善农业生态环境绝非易事。首先，遏制水土流失和土地退化是世界性难题，我国并未从总体上扭转生态恶化趋势；其次，我国每年农业生态系统的内外源污染排量远超过其承载力。因此，改善我国农业生态环境将是生态文明建设面临的最大难题。

（3）农业如何发展事关生态文明建设的成效。中国是人口大国，保障农产品有效供给，尤其是保障粮食安全是关系国计民生的头等大事。为确保农产品供给，我国付出了生态环境恶化的沉重代价。从目前我国农业生态系统资源与环境承载力现状来看，保障农产品供给和改善农业生态环境是农业发展过程中存在冲突的两个目标，但也是必须兼顾的两个目标。在保障农产品供给与生态改善的双重压力下，农业如何发展不仅关系到农业自身，更关系到生态文明建设的整体进展。为此，必须用生态文明理念指导我国未来农业发展。一方面要转变农业发展方式，大幅降低农业资源（特别是水、土地等基础资源）的消耗强度，提高资源利用效率和效益；另一方面要加强农业生态系统的保护与建设，特别是加强对荒漠化、石漠化、水土流失和面源污染等的综合治理。只有这样，才能不断提高农业生态系统的安全性，在农业领域深入推进生态文明建设。

2. 发展现代高效生态农业是生态文明建设的必然选择

生态文明建设目标的提出既为我国农业发展指明了方向，又对我国农业发展提出了更高要求。同时，农业发展对生态文明建设成效有着直接影响，农业必须选择有利于促进生态文明建设的发展模式。转变农业发展方式是保障农业有效促进生态文明建设的前提。在这个前提下，还需要一个合适的发展模式，这就是现代高效生态农业。现代高效生态农业不同于传统生态农业，需要现代化的科学技术体系武装、规模化的组织运营模式承载、科学化的政策扶持体系引导。发展现代高效生态农业不仅是实现农业可持续发展的必由之路，也是在农业和广大农村加强生态文明建设的必然选择。

（1）现代高效生态农业应以生态文明为思想基础。生态文明是对人类长期以来主导的人类社会物质文明的反思，是对人与自然关系的总结和升华，其内涵包括人与自然和谐的文化价值观、生态系统可持续前提下的生产观和满足自身需要又不损害自然的消费观。

以生态文明为思想基础，现代高效生态农业把生态、社会和经济的可持续性作为核心目标，将可持续思想贯穿于农业生产的全过程。农业生产自觉遵循自然生态系统和社会生态系统原理，运用高新科技，积极改善和优化人与自然的关系、人与社会的关系、人与人的关系。其中，改善和优化人与自然的关系是基础，即把工业文明时代的农业生产对大自然的“征服”“挑战”变为农业生产与自然和谐相处、共生共荣、共同发展。

（2）发展现代高效生态农业是建设生态文明的物质保障。任何文明都是建立在物质之上的，生态文明也不例外，它的基础是生态化的生产方式，即传统产业生态化改造后的生产方式所创造的高质量的物质来源。现代高效生态农业是资源节约型、环境友好型的农业发展模式，以可持续的方式维持着“人类－

社会－自然”生态系统中物质和能量的循环与平衡，发挥了其他模式无法替代的作用，为生态文明建设提供了主要的物质保障。

（3）现代高效生态农业与生态文明建设目标的协调统一。现代高效生态农业建设目标是保持农业高效、持续、稳定、协调发展，实现生态、社会和经济三大效益的统一，在保护农业生态环境的前提下，重视农业增产和农村经济增长。生态文明建设的主要目标是使自然生态系统和社会生态系统的最优化和良性运行，实现生态、经济和社会的可持续发展。可见，现代高效生态农业和生态文明建设两者都以生态、社会和经济效益的协调统一为目标。

3. 发展生态农业的对策建议

（1）加大生态环境治理力度。农业生态环境问题主要表现在两个方面：一是耕地和水资源总量减少，限制了农业发展的空间；二是农业与农村生态污染严重，降低了农业发展的质量。解决这两个方面的问题不能只从农业部门内部寻找出路，而应以我国总体生态环境为对象开展综合治理，夯实生态农业发展所依赖的资源基础。以建设生态文明为目标，我们必须加快生态环境持续改善步伐。因此，采用流域或区域综合治理模式，而不再由农业、林业、水利、环保等部门分头开展生态环境治理。各地区在开展生态治理项目时，可将各部门集中起来，研究项目实施方案，共同组织执行。

（2）注重挖掘传统农业技术和集成创新现代农业技术。面临保障农产品有效供给与保护资源环境的双重压力，我国农业发展必须依靠科技，现代高效生态农业的核心支撑也是科技。要充分认清生态农业发展的技术需求与创新方向，既要注重挖掘传统农业技术，又要集成创新现代农业技术。

传统生态农业的技术特点是精耕细作，非常重视恢复土壤肥力，缺点是生产规模小、农业生态系统效率低、抵御自然灾害能力差。因此，要不断挖掘传统农业技术精髓，并采用现代农业技术弥补其缺陷，使生态农业发展为现代高效农业。用现代农业技术优化传统生态农业技术，并不是简单地拿来，而是要根据生态农业的不同类型进行集成，属于一种创新过程，这样才能使生态农业真正具有现代高效的技术内涵。

（3）鼓励农业适度规模经营。农业适度规模经营是指在巩固和完善家庭承包经营的基础上，通过土地流转或股份合作等形式，鼓励离开农业的农户流转出土地，并使这些土地连成一片，让愿意从事农业生产经营的农户租赁土地，开展家庭式经营、专业化生产、集约化投入、规模化产出，不断降低单位面积生产成本，不断提高农业规模效益的一种生产经营方式。有一定规模是建立完整、高效生态农业系统的前提，否则无法满足物质和能量循环的需求，也很难抵御大的自然灾害，产出效率和经济效益会低下。

我国正在加速城镇化，农村土地闲置或利用不充分问题日益突出，开展农业适度规模经营具备了基本条件。因此，建议政府积极引导，提前制定规划；完善相关政策法规体系，加强监管；健全农业社会化服务体系，提供相关技术支持。

（4）出台现代高效生态农业发展扶持政策。现代高效生态农业是生态文明在农业领域的现实载体，与一般农业发展模式相比，它具有更强的正外部性。换句话说，发展现代高效生态农业在短期内可能要面临一些经济上的损失，如使用环境友好型的投入品和操作规程会增加生产成本；但由于市场机制尚不够完善，其真正的价值无法通过现有市场得以实现。在这种情况下，作为经济理性人的生产者往往缺少发展这种模式的动力和激励，出现“市场失灵”。弥补的办法就是实施扶持政策，比如对维护产地优良生态环境、使用绿色农资和采用生态循环模式、测土配方施肥、节水灌溉设施等的农民给予补贴。同时，为农产品“三品一标”认证提供补贴，推动生态认证，使生态产品的价值通过市场得以充分实现，从而激励生态农业发展，推动生态文明建设。

（二）发展生态工业

1. 生态工业的含义及结构

生态工业就是按生态经济原理和知识经济规律组织起来的基于生态系统承载能力，具有高效经济过程及和谐生态功能的网络型、进化型工业，它通过两个或两个以上生产体系或环节之间的系统耦合，使物质和能量多级利用、高效产出或持续利用。

从生态工业结构角度看，生态工业是模拟生态系统的功能，建立起相当于生态系统的“生产者、消费者、还原者”的工业生态链，以低消耗、低（或无）污染、工业发展与生态环境协调为目标的工业。生态工业经济结构是指通过法律、行政、经济等手段，把工业系统的结构规划成“资源生产”“加工生产”“还原生产”三大工业部分构成的工业生态链。

资源生产部门相当于生态系统的初级生产者，主要承担不可再生资源、可再生资源的生产和永续资源的开发利用，并以可再生的、永续的资源逐渐取代不可再生资源为目标，为工业生产提供初级原料和能源。

加工生产部门相当于生态系统的消费者，以生产过程无浪费、无污染为目标，将资源生产部门提供的初级资源加工转换成能够满足人类社会生产和社会生活所需要的工业品。

还原生产部门是将社会生产过程和社会生活过程中所产生的各种副产品再资源化，或无害化处理，或转化为新的工业品。

2. 生态工业的共生性、共生要素及特征

共生是自然界普遍存在的一种现象。尤其在生物种群中，不论低等生物还是局等生物，共生现象是普遍存在的。自从有了人类，人类与自然界就构成了一个复杂的共生系统。

共生性也是生态工业经济的最基本特征。生态工业是按照工业生态学及复合生态系统原理、原则与方法，通过人工规划、设计的一种新型工业组织形态。工业企业生态系统主要指由工业企业以及赖以生存、发展的利益相关者群体与外部环境之间构成的相互作用的复杂系统。在工业企业生态系统中，工业企业之间、企业集群之间以及产业园区之间能够遵循自然界中的共生原理，实现企业、企业集群、产业园区之间的互利共生，使经济效益、社会效益最大化，同时使利益双方或多方均受益，并形成企业共同生存与发展的生态共生链与生态共生网络。

由生态学中的共生及其构成要素推理，工业企业生态系统的企业共生要素主要由共生单元、共生环境和共生媒介（或者共生模式）构成。

共生单元是构成共生系统的基础，它是构成工业共生体的基本能量生产和交换单位，是形成工业共生关系的物质条件。在工业生态系统中，构成共生体的共生单元是各类企业、企业集群、产业园区。比如，在工业企业集团内，以各相关企业为集团共生单元；在企业集群间，以在集群分工前提下的各关联企业为共生单元；在存在两个以上产业园区的区域范围，共生单元就是产业园区。

共生环境是构成共生系统的外部条件，是共生单元以外所有因素的综合。构成工业企业共生体的共生环境包括自然地理环境、市场及经济环境、政治法律环境、科技文教环境、社会环境等。这些外部环境在一定程度上决定了生态工业经济的存在与发展。

共生媒介又称共生模式，是共生单元之间以及共生体与共生环境之间发生共生关系的纽带与桥梁，也是共生体进行能量、信息、价值、产品或服务交换的具体形式。

工业生态系统由工业企业等共生单元组成的共生体作为开放式的人工系统，主要具有以下特征。

第一，系统性与融合性。由工业企业等共生单元组成的共生体是开放式的人工系统，其系统性是十分明显的。其系统性表现为整体性、层次性、相关性、动态性等形式。同时，共生体内部的企业之间还具有不断相互融合的趋势与特征，并在融合的过程中，通过原有技术的改进和新技术的运用，不断提高共生体内各企业的环保水平，满足共生体生态化发展的要求。

第二，合作性与竞争性。在工业企业共生体中，共生单元之间不是简单共处，也不是企业之间副产品或废物的初级交换，而是按照一定的机制与模式，实现共生体内企业之间的全面合作，包括降低原材料消耗、提高清洁生产的技术水平、工业副产品的充分利用等。共生体内企业之间不仅包括合作，还包括竞争，通过竞争，在市场经济规律作用下，优胜劣汰，不断创新，使工业企业的运行逐渐走向生态化的设定目标。

第三，互利性与互动性。在工业企业共生体中，企业作为共生单元发生作用与联系的动力源是企业双方的互利与共赢。为了实现互利共赢的企业经营目标，工业共生单元之间必须实现物质能量的不断交换。能量交换反映的是不同企业之间的互动关系。也就是说，互动是实现企业互利的基本前提。为了实现互利目标而进行的互动，必须按照设定的低消耗、低成本、原生态趋向原则进行，其中原生态趋向是企业共生体可持续获利的基础性条件。根据企业双方主动或被动等性质，企业间共生的互动关系可以划分为“主动－被动”“主动－主动”“主动－顺动”“顺动－被动”等关系。无论何种互动关系，都必须符合生态化发展的大趋势。

第四，协调性与动态均衡性。通过共生单元之间的相互协调，达到某种程度的均衡是共生体的内在属性。协调包括共生单元之间能量转换过程中的数量协调和质量协调等。比如，企业之间的供应链上每个环节的投入产出实质是数量协调层次，质量协调强调的是协调的效率。协调过程是不平衡—平衡—新的不平衡—新的平衡的动态过程。同样，这一特征也是以共生体的生态化为原则，协调是在生态发展的前提下的协调，均衡是自然生态环境承载力范围内的均衡。

3. 生态工业建设的基本路径

（1）建设生态工业园区。生态工业园区建设是实现生态工业的重要途径。生态工业园区通过园区内部物流和能源的正确设计、模拟自然生态系统，形成企业间的共生网络。甲企业的副产品（或工业垃圾）成为乙企业的原材料；乙企业的副产品（或工业垃圾）又成为丙企业的原材料……如此环环相扣，实现园区内企业间能量及资源的梯级利用，使园区内工业生产所造成的排放、污染等在自然生态系统自净力可控制的范围之内。

（2）发展在生态文明理念指导下的产业集群。产业集群是指在特定区域

（主要以经济为纽带而联结的区域）中具有竞争与合作关系，且在地理上相对集中，有交互关联性的企业、供应商、金融机构、服务性企业以及相关产业厂商和其他相关机构组成的特定群体。

产业集群超越了一般产业范围，形成了在特定区域内多个产业相互融合、众多企业及机构相互联结的共生体，从而生成了该区域的产业特色与竞争优势。产业集群及区域合作模式的选择实质是共生理论在产业链接与区域合作中的应用。产业集群生态共生理论的核心是模仿自然生态系统，应用物种共生、物质循环的原理，设计出资源、能源多层次利用的生产工艺流程。目标是促进产业集群与环境的协调发展，通过合理开发利用区域生态系统的资源与环境，使资源在产业集群内得到循环利用，从而减少废弃物的产生，最终实现产业与环境的和谐。

通过发展以生态文明理念为指导的产业集群，可以加快以生态文明为目标的工业经济建设进程，并在此前提下，提升区域经济合作成效。

首先，降低产品成本。产品成本的降低本质上是社会经济资源的节约，社会经济资源的节约是生态文明建设的重要内容。产业集群是以产业为纽带而形成的各个园区之间的联结，各园区内企业间是一种互利共生的合作关系。

从园区内部看，园区内各企业间通过建立工业共生网络，实现副产品和废物的交换，将上游副产品和废物变为下游企业的原材料，因资源再利用的价格一般低于原生资源，这就降低了企业投入要素的价格；同时，企业卖出副产品和废物不仅得到额外收入，还减少了对环境的污染，降低了环境治理成本。由于园区内各企业的地理位置接近，降低了企业的采购成本、运输成本、库存成本等，园区内企业共享基础设施也降低了一定成本。

从园区外部（产业集群）看，根据社会分工原理，X 园区的产品往往构成 Y 园区的主原料。由于各园区内充分实现了以生态系统的自净能力平衡为基础的发展模式，因而集群内部也实现了产业发展与生态系统自净能力的平衡，从而构建了以生态文明建设为前提的工业经济发展模式。

另外，从交易费用看，园区内企业集聚具有产业集群的市场交易特性。由于园区内特有的生态产业链，园区内企业间的相互协作使任何一个企业的投资都呈现出了资产专用性特征，如地理位置的专用性、有形资产的专用性、人力资本的专用性等，这种特性在某种程度上减少了园区内企业的败德行为（如违约），降低了企业间的信息成本、搜寻成本、谈判成本等。这种长期的相互沟通与合作逐渐在企业间形成一种互信机制，互信基础上的合作与交易大大降低了交易费用。

其次，拉动区域经济发展，提高区域竞争力。产业集群中的生态工业园一般围绕当地资源（原材料）展开，园区通过延伸产业链、补充新的产业链等吸引更多的企业入园，也能带动当地相关产业发展。因此，生态工业园区建设必然成为带动区域经济发展的经济增长点。生态工业园区建设及当地相关产业发展能提供较多的就业岗位，缓解地方就业压力。同时，生态工业园区的产业空间集聚有利于区域产业结构调整和发展，实现区域范围或企业群间资源的最佳循环利用，实现污染“零排放”。园区内企业的合作和相互依存使园区企业间的产业链更加紧密。园区之间的合作与竞争也是壮大区域经济实力的有效途径。加上集群体制优势和整体协调优势，必然使区域竞争力得到极大提高。

（三）发展生态服务业

服务业是国民经济中的一个重要产业，现代服务业的发展标志着一个国家的经济发展水平，加快生态服务业经济建设，符合服务业在资源耗费、环境保护等方面的特殊性，对生态文明建设有重要作用。

1. 服务业与现代服务业的含义与特征

服务业指生产和销售服务商品的生产部门和企业的集合，是现代经济的一个重要产业。服务业是服务产品生产和经营的行业，主要指农业、工业、建筑业以外的其他行业。通常人们都把第三产业称为服务业。服务业的主要职能是利用设备、工具、场所、信息或技能为社会提供各种各样的服务。

与一般物质商品相比，服务业具有以下特征。

第一，非实物性。服务产品不同于一般商品。通常情况下，服务产品是以非物质形态出现在市场上的，除非服务包含在商品当中的部分服务业产品（如旅游业中的部分产品）。由于服务产品的无形性，服务业发展避免了物质资源的大量耗费，既为节约社会经济资源创造了前提，也为减少环境污染创造了前提。

第二，不可储存性。服务的不可储存性主要表现在两个方面：一是服务产品的生产、销售、消费是同时进行的，时间上和空间上都具有不可分离的性质；二是服务产品是以非物质形态出现在市场上的，因而不可能像物质产品一样可以储存起来。这一特征表明在服务业的产品生产和消费过程中并不产生或很少产生废弃物。

第三，明显的差异性。服务产品差异性极其明显，同一服务产品在不同的时间、不同的地点、不同的消费者、不同的服务人员中具有明显的差异。比如，同样是黄山风景区的旅游产品，对游客（消费者）来说，因时间的不同而表现出不同的欣赏价值，春、夏、秋、冬各不相同。

第四，生产、交换、消费的同时性。通常情况下，服务产品的生产、交换、消费过程在时间与空间的结合上是重叠的，既是服务产品的生产过程，也是其流通过程和消费过程，因而具有环节少、资金周转快的特点。

现代服务业主要是指那些依托电子信息等高技术和现代管理理念、经营方式和组织形式发展起来，主要为生产者提供服务的部门。既包括现代经济催生出来的新兴服务业，如信息服务、电子商务等；也包括现阶段保持高增长势头、占据较大比重的具有“现代”意义的服务业，如金融保险、专业化商务服务业等，还包括因被信息技术改造而具有新的核心竞争力的传统服务业，如各种咨询业务、现代物流服务业等。现代服务业除具有传统服务业的基本特征外，还具有高人力资本含量、高专业性、高附加值等特征。具体来说现代服务业具有以下特征。

第一，现代服务业的发展是世界经济发展过程中的主导力量。在相当长的时期内，人们普遍认为经济发展的主要组成部分是制造业。但20世纪80年代以来，现代服务业的产出在整个世界经济中的比重持续增加，现代服务业在整个经济活动中逐渐取得了主导地位，成了经济发展中的主体。

第二，现代服务业快速发展是支撑全球服务业持续发展的主要动力。在服务业快速发展并占据经济主导地位的过程中，现代新兴的服务业是支撑整个服务业发展最主要的动力和基础。

第三，经济中心城市是现代服务业集聚与发展的主要空间。进入后工业化时代以后，服务业的发展已成为经济增长的主要动力，围绕着经济发展过程中所需要的各种要素资源，包括商品、资金、信息、人才、技术等要素的集聚与流通逐渐在城市空间中展开，与之相关的服务业也在城市中得以快速地发展。这是经济中心城市强大服务功能形成的一个重要基础，也是整个国际化产业布局和转移的一个重要特征。因为中心城市能够为高端的服务业要素的流通提供平台，所以中心城市成了经济发展的主要核心和带动力。

第四，外包成为现代服务业发展的重要形式。新兴服务业特别是现代服务业的产生是专业化分工深化的结果。过去存在于企业内部经济运行过程中所必要的职能或功能通过企业规模和整个产业规模的扩大，也具有了规模化要求，逐渐从企业内部走向外部，从而形成了新兴服务行业。围绕着服务外包产生了很多新的服务行业，如物流、技术研发、技术设计等都是企业内部的核心环节，以IT技术为基础的信息服务的产生，围绕着勘探、石油开发等领域进行的专业化工程服务也成为现代服务业的重要发展领域。围绕着很多专业领域的新的服务项目特别是通过政府部门和企业新的需求来培养新兴的服务行业，是现代服务行业扩张的一个重要特征。

第五，现代服务业向知识、技术密集转型。服务业是新技术的使用者。新兴服务业（如技术、营销服务部门）在为企业服务的过程中不断收集新的共性技术要求或产品创新方向，使服务业变成新技术、新产品乃至新的服务方式的创新者，成为技术研发的主要力量。新技术在推广过程中不断地与传统技术相融合，又成为现代新技术的主要推广者和许多传统技术的整合者。新技术往往表现为设备、手段、工具等的改进与创新，而知识往往与人结合在一起，因而新兴服务业也成为专业知识密集的区域。

第六，现代服务业与传统服务业不断渗透和融合。传统服务业是现代服务业的基础，是带动现代服务业全面发展的先导和动力；现代服务业的理念、形式又不断地推动着传统服务业的改造和升级。

2. 现代服务业对生态文明建设的作用

在服务业的发展过程中，现代服务业已成为服务业的主流，对生态文明建设的影响越来越大。

（1）发展现代服务业有利于缓和产业发展对资源和环境的冲击与负荷。现代服务业本身具有资源消耗低、环境污染少的特点，在很大程度上可以缓解产业发展对资源和环境的冲击与负荷。以资源消耗为例，据《中国统计年鉴2007》，2006 年工业能源消耗总量为 175 136.64 吨，服务业能源消耗总量为 59 023.18 万吨。其中，交通运输、仓储和邮政业能源消耗量为 18 582.72 万吨，批发、零售业和住宿、餐饮业能源消耗量为 5 522.44 万吨，其他行业能源消耗量为 9 530.15 万吨，生活能源消耗量为 25 387.87 万吨。与工业相比，服务业消耗 1 吨能源的产出为 1.4 万元，工业消耗 1 吨能源的产出为 0.59 万元。从能源消耗来看，服务业能源消耗远远低于工业。现代服务业是产业经济中高效、清洁、低耗、低废的产业类型。

（2）发展现代服务业是加快生态文明建设的有效手段。发展现代服务业有利于转变经济增长方式和调整产业结构，而转变经济增长方式和先进的产业结构正好是加快生态文明建设的有效手段。

实现经济增长由主要依靠增加物质资源消耗向主要依靠科技进步、劳动者素质提高、管理创新转变是转变经济增长方式的具体内容。经济增长的主要方式有两种：内涵式扩大再生产和外延式扩大再生产。主要利用技术进步和科学管理提高生产要素的质量和使用效益，实现生产规模的扩大和生产水平的提高是内涵式扩大再生产；主要通过增加生产要素的投入实现生产规模的扩大和经济总量的增长方式是外延式扩大再生产。在资源日益短缺、环境状况不断恶化的条件下，内涵式扩大再生产是实现经济增长的最主要手段。现代服务业是运用现代科学技术和设备，在现代管理技术组织下，为生产、商务活动和政府管理提供服务网络化、信息化、知识化和专业化的产业，因而发展现代服务业是转变经济增长方式的最主要手段。

现代服务业也是满足我国产业结构调整的重要手段。现代服务业在世界经济和社会发展中呈后来居上态势。从横向看，经济越发达、居民越富裕的国家，其现代服务业占的比重越高。以人均服务消费为例，2001 年，美国人均服务消费是中国的 125 倍，韩国和墨西哥是比中国的十几倍。从纵向看，各国的现代服务业比重都在增加。

从我国现实看，发展现代服务业有利于我国产业结构的调整，促进现代服务业的大发展。发展现代服务业直接形成了各种资源向会展、金融、保险、信息、咨询、新型物业管理、电子信息等科技含量较高的新兴行业投资转移的趋势，优化了产业结构，为生态文明建设创造了良好的基础性条件。

3. 发展现代服务业的基本路径

我国现代服务业发展相对滞后，据统计，2017 年，我国国内生产总值为 82 7121.7 亿元。其中，第一产业增加值 65 467.6 亿元，占全国国内生产总值 7.9%；第二产业增加值 334 622.6 亿元，占全国国内生产总值 40.5%；第三产业增加值 42 7031.5 亿元，占全国国内生产总值 51.6%。[1] 发达国家第三产业的比重一般在 70% 左右。可见，我国第三产业的不发达，但这也表明我国现代服务业的发展具有较大的空间。为了加快我国生态文明建设的步伐，积极发展现代服务业是其重要内容。

发展现代服务业的基本目标是现代服务业增加值年均增长速度要适当高于国民经济增长速度。通过改造提升传统服务业，加强现代服务业市场化、产业化、国际化等手段，实现现代服务业的跨越发展。

首先，大力发展教育事业。鼓励社会各界投资办学，形成以政府办学为主、公办和民办学校共同发展的格局。支持社会力量采取多种方式举办职业技术教育、高等教育和学前教育等非义务教育。

其次，积极发展科学研究服务产业。科学研究服务产业的发展不但大大推

[1] 国家统计局．中国统计年鉴 2018[M]. 北京：中国统计出版社，2018：56.

动了国民经济发展，而且对提升服务业层次及其在国民经济中的地位起着关键作用。

再次，快速发展信息服务业。信息服务业的发展不仅关系着国民经济与社会发展全局，由于它是当今世界信息产业中最活跃、发展最快的产业，还关系着一个国家在世界市场上的竞争状况。快速发展信息服务业，加快信息服务平台的建立，形成完备的信息化服务体系，为社会提供更多的信息化服务，最终实现信息的商品化和国际化。

最后，大力开发生态旅游业。生态旅游业是集多种产业于一体的综合性产业，其产业特征是综合性、动态性、可持续性，生态旅游业密度高、链条长、拉动大，能拓展第一、二产业市场，同时为其他服务业发展带来机遇，促进地区产业结构的优化和升级，对加快地方经济发展有巨人的推动作用。

第三节 加强生态法治建设

生态文明作为现代文明的新形态同样需要法治的保障。加强环境法律建设是世界各国自 20 世纪 70 年代以来法律发展的一种趋势。法律生态化是法律对生态文明理论与实践的一种亲和性反应，其最主要的关键的内容是环境法治的生态化转向。

一、生态文明对环境法治的新要求

（一）环境法治对于生态文明的意义

生态文明关于人与自然关系的观点克服了人类中心主义的片面性，同时肯定了人类的能动作用，对人类在自然中的地位和作用给予了合理的规定：不仅人是主体，自然也是主体；不仅人有价值，自然也有价值；不仅人有主动性，自然也有主动性。生态文明理念是新的历史时期在生态与经济发展方面的升华，它应成为环境立法的价值目标与终极目的。

随着生态文明意识的加强、对生态规律认识的不断深入以及解决环境问题思路的多样化，有识之士要求对环境法律制度进行全面和深刻的变革，并以此来完善配套法律法规，逐步建立环境法律体系，实现经济、社会与环境的可持续发展。

现代社会是法治社会，现代文明与法治密切联系。生态文明作为现代文明的新形态，同样需要法治为保障。1992 年，联合国环境与发展大会通过的《21 世纪议程》明确要求："为了有效地将环境和发展纳入每个国家的政策和实践中，必须发展和执行综合的、可实施的、有效的并且是建立在周全的社会、生态、经济和科学原理基础上的法律和法规。"[1]党的十八大报告提出，保护生态环境必须依靠制度。要把资源消耗、环境损害、生态效益纳入经济社会发展评价体系，建立体现生态文明要求的目标体系、考核办法、奖惩机制。建立国土空间开发保护制度，完善最严格的耕地保护制度、水资源管理制度、环境保护制度。

加强环境法治对生态文明建设至关重要。法律对人的行为具有规范作用。对于生态文明来说，完善的法律体系可以约束追求主体福利或效用最大化的个人行为，从而有效防止人们追求最大利益而滥用自然资源的行为。法律对自然资源具有配置功能。人的需求和欲望具有多样性、无限性，然而任何一个社会的资源都不可能满足人们的所有需求特别是膨胀的欲望。如果不对掠取自然资源、破坏自然环境的行为进行规制，就会导致自然资源使用上的恶性竞争。就会破坏人与自然的和谐关系。对自然资源的合理使用离不开法律的支持，法律通过为社会提供一个竞争与合作的框架，使自然资源得到最优利用，避免因竞争的无序而造成的资源浪费。法律又是现代管理的最佳方式。人与人之间、人与自然之间、当代人与后代人之间都是协调统一的系统，某一方面的破坏必然导致整个关系的失衡。这一特征要求对人与人之间的关系、人与自然之间的关系、当代人与后代人之间的关系进行统一协调的管理，建立协调统一的法律体系是实现这一管理的有效手段。

加强环境法律建设是世界各国自 20 世纪 70 年代以来法律发展的一种趋势，也是中国改革开放以来法律发展的一个重要特征。在中国环境法律建设中，已基本上形成以《中华人民共和国宪法》为核心，以《中华人民共和国环境保护法》为基本法，以环境与资源保护的有关法律、法规为主要内容的比较完备的环境与资源法律体系。但是，中国法律也存在经济优先倾向，影响了法律对人与自然和谐关系的构建，导致生态法律不健全，因而难以实现环境保护与经济发展、生态文明与物质文明的相互协调，引发了一些严重的生态问题。因此，如水土流失、森林锐减、能源枯竭、环境污染等要解决这些问题，建设生态文明，必须加强生态伦理建设，加强环境法律建设。

[1] 国家环境保护局 .21 世纪议程 [M]. 北京：中国环境科学出版社，1993：61.

（二）生态文明对环境法治的新要求

生态文明作为一种全新的文明形态，是对传统工业文明的超越，意味着要建立并形成一整套有别于传统工业文明的政治、经济、文化体制，因此对环境法治提出了更高的要求。

生态文明以追求人与自然的和谐为目标，因此环境立法必须强调人与自然并重，即人类利益与自然利益的协调一致。法律制度的设计既要体现人的权利，也要体现自然的权利，还要坚持经济利益与环境利益相协调、功利尺度与真理尺度相统一的原则，实现人与自然的共生共荣。首先，经济利益与环境利益两者具有同源同质、共生互动的特征，但是两者在一定的条件下也可能发生矛盾。要实现人与自然的共生共荣，就要在法律中正确处理经济利益与环境利益之间的关系，从而使两者相互协调、相互促进。其次，要坚持功利尺度和真理尺度相统一的原则。法律在处理人与自然的关系时应该坚持功利尺度，对人改造自然的正当目的予以肯定。需要注意的是，功利尺度必须与真理尺度统一起来。由于自然在自身规律的作用下产生、存在和发展，因此构建人与自然和谐发展的法律体系和法律调整机制必须坚持真理尺度，尊重自然的规律。

生态文明追求的是可持续发展，要求通过法律形式协调环境保护与经济发展的相互关系。生态文明必须摒弃传统的发展方式，科学地处理好环境与发展的关系，实现发展与环境保护的辩证统一，保护环境的最终目的是使发展更持续、持久，更加健康、快速，从而赋予当代人和后代人平等的发展机会，调整人与自然的关系和人与人的关系，以确保将人类对环境资源的开发利用限制在其承载力以内。环境法治要确保人的发展权利、环境权利和环境义务的统一，当代人和后代人发展机会的平等。生态文明强调必须在环境的承载力以内发展经济，要求通过法律形式确保合理开发自然环境和自然资源，保护和改善生活环境和生态环境，防治环境污染、生态破坏和其他生态灾难，以建设一个能永续提供自然资源、生态系统良性循环、适合人的生存发展、丰富洁净而又优美多姿的自然环境，使当代和今后世世代代免遭环境资源问题所引发的种种危害，实现经济效益、社会效益和环境效益的统一，保障经济、社会的持续发展和繁荣。生态文明主张当代人享有追求健康而又富有生产成果的生活权利，应当以与自然相和谐的方式来实现，而不能以耗竭资源、破坏生态和污染环境的方式来实现。要求通过法律形式保证当代人在创造与追求今世发展与消费的时候，应承认并努力做到使自己的机会与后代人的机会平等，不能因当代人一味地、片面地、自私地追求今世的发展而毫不留情地剥夺后代人本应合理享有的同等的发展和消费机会。

生态文明要依靠制度，需要健全生态法律体系。明确生态文明的宪法地位，将生态保护作为宪法原则加以确认，在宪法中对政府和公民在生态文明建设中的责任和义务加以规定，使维持生态系统完整与平衡的行为获得直接的、明确的宪法依据，从而使生态文明建设获得根本法保障，也为其他部门法对合理开发和利用自然资源的行为做出肯定性规定，对危害生态平衡和造成环境恶化的行为做出否定性规定提供根本依据。在此基础上，抓紧制定统一的自然资源保护法、土壤污染防治法，健全节水、资源综合利用、建筑节能、节约石油以及包装物回收利用等方面的法律和法规。还要注重与国际接轨，在生态立法时参考和借鉴国际法以及其他国家立法的有关原则与内容，在必要的情况下缔结和参与有关国际协议和条约。这样有利于与世界各国采取一致行动，共同保护地球。

总之，随着生态文明建设的深入，必然对建立在传统发展模式之上的现行法律造成巨大冲击。这就要求现行法律做出全方位的调整、改造和创新，要求法律朝着生态化的方向实行变革。

二、生态文明与法律的生态化

生态化的概念已为全社会所广泛接受，法律生态化是法律对生态文明理论与实践的一种亲和性反应。法律是社会经济生活条件的产物和反映，它随着社会经济生活的发展而演变。随着生态文明社会的建立，生态文明的理念日益深入人心，其不仅引发了一系列文化价值观念的变革，生产、消费、教育和管理等社会生活的各个方面也发生了根本性的变化。这一切变革最终都要通过法律制度来反映。这就使与传统发展模式相适应的现行法律制度不得不做全方位的变革，朝着生态化方向发展，从而推动和保障生态文明的建设。

在我国，法律生态化的观点由国外引入后，先是引起环境法学者的高度重视，后逐渐为各部门法学者所承认，目前正呈现出蒸蒸日上的发展态势。环境法学家王树义教授曾撰文提出立法生态化的主张：所谓立法的生态化，是指各种不同的法律部门在立法的过程中，均应考虑国家在保护环境、防治污染、合理利用和保护自然资源方面的生态要求，都要制定相应的法律规范对生态社会关系进行调整。著名环境法学家蔡守秋教授则进一步对法律生态化提出了独到的见解，认为其是对传统法律目的、法律价值、法律调整方法、法律关系、法律主体、法律客体、法律原则和法律责任的绿化或生态化。它以环境正义、环境公平、环境民主、环境效益、环境安全和生态秩序为自己的价值取向，以明确主体人和客体自

然之间的法定关系、赋予人和非人物种的特定法律地位为特色途径。❶

除了上述环境法学者提出的法律生态化观点外，近年来其他部门法的学者也纷纷提出各自部门法生态化的主张。陈泉生教授对目前我国法律生态化的研究状况进行分析后认为，各部门法学者关于法律生态化的论述大多是从各自部门法的角度对其下定义，即均将法律生态化理解为一种立法的理念、精神或指导思想，都强调应在各部门法中确立尊重生态自然的立法精神或指导思想。但她认为，这一定义似嫌过窄，其只是强调了法律生态化作为立法的一种理念、精神或指导思想，忽视了其作为顺应21世纪生态文明社会潮流法律的一种发展趋势，即这种尊重生态自然的立法精神或指导思想的确立必将推动法律朝着生态化方向不断推移的发展趋势。与其说法律生态化只是一种立法的理念、精神或指导思想，不如说法律生态化是一种法律发展的趋势似乎更为全面。其既将法律生态化作为一种立法精神或指导思想予以囊括，又指出了这一立法精神或指导思想确立后必将推动法律朝着生态化方向不断推移的发展趋势，从而较为全面地概括了法律生态化的内容并较为科学地体现了法律生态化的特征。❷

这里我们要探讨的不是一般法律的生态化，而是环境法治的生态化转向。环境法治的生态化转向就是环境法治本身也要不断完善，让环境法治越来越符合生态原则，不断推动环境法治朝着维护生态系统、有效地实现人与自然的和谐这一生态文明建设的目标发展。无疑，环境法治的生态化转向是一个历史过程，也是一种不断推移的趋势。

三、环境法治的生态化转向

（一）环境法立法目的的生态化转向

任何一部法律的制定都有其所追求的目的。法的目的是法所要达到的境地或所要得到的结果，也是立法者对法所要追求的价值的集中和明确的表达。环境法的目的即环境法的立法目的，是立法者在考虑制定环境法律之前所要明确确立的基本的立法意图，是确立环境法基本原则的思想和理论的结晶，是国家在制定或认可环境法时希望达到的目的或实现的结果。它决定了整个环境法的

---

❶ 蔡守秋.深化环境资源法学研究，促进人与自然和谐发展[J].法学家，2004（1）：26-30.

❷ 陈泉生.论科学发展观与法律的生态化[J].福建法学，2006（4）：2-10.

指导思想、环境法的调整对象、环境法的适用效能，同时反映了环境法的发展程度和人类对自然的态度。

传统法律的基本理念是人类中心主义。人类中心主义的核心内容表现在两方面：一方面，在人与自然的价值关系中，人类是主体，自然是客体，价值评判的尺度和权利都掌握在人类的手中；另一方面，一切活动都以人类的利益为出发点和归宿。在传统的立法目的中，人类中心主义总是作为一种价值尺度而被采用，它所强调的是人类利益优先，将人类以外的其他物质作为人类利益的客体来看待。因此，把人类的利益作为价值原点，这样的立法理念就必然缺乏环境利益保护的思想，以至于传统法任何手段和方法都只能以保护人类利益为首要目的，环境只能作为因为人类利益的需要所反射形成的间接对象受到保护。这个问题的法理学根源就在于传统法的价值观是建立在人类中心主义伦理道德观的基础之上。传统部门法不合环境保护目的性的根源在于传统的伦理观对自然和环境之固有价值认识的缺陷。

人类中心主义标志着人类对自己能力和利益的认识，是人类自觉利用自然、改造自然以满足自身生存和发展的需要。正是在这种思想的指导下，人类不断发挥自己的创造力，与天斗、与地搏，创造了工业文明的辉煌，改变了人从属自然的地位，但是也使自然界满目疮痍，可以说，环境危机的出现，人类中心主义有不可推卸的责任。鉴于此，人类开始质疑人类中心主义，并试图走出人类中心主义。

1962 年，美国生物学家蕾切尔·卡逊出版了《寂静的春天》一书，引起社会巨大反响。该书描述的是由于大量化学杀虫剂的使用，威胁到许多生物乃至人类的生存，向人类敲响警钟：环境问题如果不解决，人类将“生活在幸福的坟墓中”。1972 年，美国学者丹尼斯·米都斯发表了《增长的极限——罗马俱乐部关于人类困境的报告》，提出均衡发展的概念，强调人类的发展应被控制在自然承载力范围之内，同时缩小发展中国家与发达国家之间的差距。1986 年，美国思想家保罗·泰勒发表了《尊重自然：一种环境伦理学理论》，将天赋价值实体由人与高等动物扩展到低等动物和植物的范围。所有一切都表明，人类从思想上已经开始迈出走出人类中心主义的步伐，出现了动物解放论、动物权利论、生态中心主义、深生态学等新伦理理念。这些理念为环境法的制定与完善奠定了坚实的理论基础。

到 20 世纪 80 年代末，各国纷纷跟随国际环境保护理念，修改、制定本国环境法及其立法目的。从世界范围来看，各国环境立法的范围和目的都在发生改变。比如，法国于1994年制定了《环境法典》，瑞典于1992年修改制定了新的《环境保护法》。在亚洲一些发展中国家，融合了新的环境思想和价值观的环境立法也在迅速发展，如印度于1986年制定了《环境保护法》等。环境法立法目的的演变反映了思想的演变，即以人类为中心的“经济优先”“人类优先”思想向以生态为中心的“生物优先”和“地球优先”思想的演变。这说明环境法的立法目的集中反映了法律上的价值取向和对环境的态度和认识，因此环境法立法目的的嬗变最能体现出生态化转向的趋势。

但我国环境立法目的的主旨与这种发展趋势相距甚远。1979年，我国制定第一部环境基本法《中华人民共和国环境保护法（试行）》立法目的是保证在社会主义现代化建设中，合理地利用自然环境，防治环境污染和生态破坏，为人民造就清洁适宜的生活和劳动环境，保护人体健康，促进经济发展”[1]。这一规定，中国环境法学界的学理解释一般将它归纳为环境法的任务和目的规定，即环境保护法的目的规定主要包含两个方面内容：一是它的任务，就是保证在社会主义现代化建设中，合理地利用自然环境，防治环境污染和生态破坏，为人民造就清洁适宜的生活和劳动环境；二是它的目的，就是保护人体健康，促进经济发展。到1989年，修改颁布了新的《中华人民共和国环境保护法》。该法第一条对环境立法目的的修正如下：“为保护和改善生活环境与生态环境，防治污染和其他公害，保障人体健康，促进社会主义现代化建设的发展，制定本法”。也就是说，中国环境保护法的目的是双重的：一是保障人体健康；二是促进社会主义现代化建设的发展。2014年4月修订的《中华人民共和国环境保护法》相较之前的版本，有了很大的进步。它以“保护和改善环境，防治污染和其他公害，保障公众健康，推进生态文明建设，促进经济社会可持续发展”为立法目的。显然，生态文明已经上升为环境保护法立法的出发点和落脚点，科学发展观指导下的经济社会的“可持续发展”取代了原来以经济建设为中心的“现代化建设”。新法在总则中明确了保护环境的基本国策以及保护优先、预防为主、综合治理、公众参与、损害担责的基本原则，强化了环境保护的宣传、教育和监督，还设立了专门的环境日。可以说，新环境法的出台意味着中国的环境立法取得了前所未有的突破。

无疑，我国的环境法应按照生态文明的要求重构环境立法目的。要坚持生

---

[1] 全国人民代表大会常务委员会．中华人民共和国环境保护法（试行）[G]//全国人大常委会法制工作委员会．有关经济法律汇编．北京：群众出版社，1988：424.

态文明所要求的人与自然和谐的价值观，并以这种价值观指导人类的行动。因此，我们必须用新的立法理念——生态文明的理念来构建我国环境立法体系，实现“既满足当代人需求，又不对后代人的需求造成威胁”的可持续发展，重视自然的权利，崇尚生态利益与人类利益的一致，从而最终实现人与自然的和谐相处。

（二）环境法保护目标的生态化转向

从环境立法的历史来看，它经历了这样一个过程：资源立法—污染控制立法—全方位环境保护立法。这种立法重心的转变是以人类环境伦理的转变为前提的。随着人类对环境问题认识的深化，在可持续发展目标的指导下，环境法将率先在世界范围内实现全球化、趋同化。环境问题以其独特性，经历了从局部到区域、从国内到国际、从国际到全世界范围的发展，那种以地区或国家为单位各自为政采取措施的办法显然已经不能解决全球环境问题。人类必须在共同认识的基础上，以地球为单位，为了人类共同的利益联合采取行动。这已成为国际社会的共识。

资源、环境与生态系统是维系和制约人类生存与发展的三个重要因素，三者之间既相互独立又有内在联系。确立环境、资源与生态融合的整体环境观，系统地防治污染、保护自然资源和生态环境，是近年来人们关注和研究的热点。

环境与生态系统是两个既有区别又相互联系的概念。环境是相对于某一事物来说的，是指围绕着某一事物（通常称其为主体）并对该事物会产生某些影响的所有外界事物（通常称其为客体），即环境是指相对并相关于某项中心事物的周围事物。它既包括空气、水、动物、植物等物质因素，也包括观念、制度、行为准则等非物质因素；既包括自然因素，也包括社会因素；既包括生命体形式，也包括非生命体形式。按其要素的形成，可把环境分成自然环境和社会环境两类。这里所提到的环境是指自然环境。自然环境是指对人类的生存和发展产生直接或间接影响的各种天然形成的物质和能量的总体，如大气、水、土壤、日光辐射、生物等。这些环境要素构成了相互联系、相互制约的自然环境体系。

自然资源是组成环境的要素之一。广义的自然资源是指在一定时空条件下，能够产生经济价值、提高人类当前和未来福利水平的自然环境因素的总称；狭义的自然资源是指自然界中可以直接被人类在生产和生活中利用的自然物。自然资源可分为可再生资源、不可再生资源及恒定资源三类。可再生资源是指那些被人类开发利用后，能够依靠生态系统自身在运行中的再生能力得到恢复或再生的资源，如水资源等；不可再生资源是指那些在人类开发利用后，储量会逐渐减少以至于枯竭而不能再生的资源，如矿产资源等；恒定资源是指那些被利用后，在可以预计的时间内不会导致其储量减少和枯竭的资源，如太阳能、潮汐能等。从自然资源与自然环境的基本概念可知，自然资源与自然环境既有联系又有区别。大气、水、土地等既是重要的自然资源，又是组成自然环境的基本要素，构成大气环境、水环境、土壤环境等，所以两者是有联系的；但自然环境是指影响人类生存和发展的各种自然因素的总和，自然资源是从人类可利用角度定义的，所以它们又是有区别的。

生态系统的概念是由英国生态学家坦斯利在1935年提出的。他认为生态系统的基本概念是物理学上使用的“系统”整体，这个系统不仅包括有机复合体，还包括形成环境的整个物理因子复合体。随着生态学的发展，人类对生态系统的认识不断深入。今天，人们对生态系统这一概念的理解是，生态系统是在一定的空间和时间范围内，在各种生物之间以及生物群落与其无机环境之间，通过能量流动和物质循环而相互作用的一个统一整体。生态系统是生命系统与环境系统在特定空间的组合。按照人为干预的程度，可把生态系统划分为自然、半自然及人工生态系统三类。在生态系统内，生物与环境、生物与生物之间长期相互作用，最终会形成一种相对和谐、稳定的状态，这就是生态平衡。事实上，任何生态系统都处在不断的运动和变化之中，系统内部存在着普遍的进化、适应、制约、反馈进程，所以平衡是相对的。当人为因素使生态系统的结构与功能失调时，平衡就会被打破，称为生态系统的破坏，简称生态破坏。

由环境及生态系统的概念可知，人类生态系统的外延极广，包含人类及环境的全部，因此人类影响环境及资源的一切活动都会影响到人类的生态系统。以生物为中心的自然生态系统也都直接或间接地受到人类活动的影响，即使那些人类尚未涉足的自然生态系统也难以幸免，如全球气候变暖等环境影响。这说明在人为因素的作用下，环境要素可能发生质或量的改变，造成环境污染或资源破坏，最终影响到相关生态系统的平衡。对于那些已经很脆弱的生态系统，微小的环境质量或自然资源数量的改变都可能造成生态系统不可逆转的失衡甚至严重的生态破坏。环境要素发生变化引起自然生态系统变化的程度受系统中各环境要素的质量和数量的相对变化率制约。变化率越大，对生态系统的平衡冲击越大，生态系统的失调越严重。

以上简要地说明了环境与生态系统的关系，两个概念既有区别又有联系。传统关于保护环境资源和自然生态的法律称为环境保护法。近年来，我国有学者提出，对于“环境与资源保护法学”这门学科来说，“生态法学”才是一个更为科学和确切的名称。

之所以要建立生态法学，主旨在于要坚持人与自然协同进化思想。所谓人与自然协同进化思想，是指在生态法学的理论研究和实践过程中，坚持将人类看作生物圈整体系统中的一个组成部分，人类的行为应以不破坏生物圈的平衡状态为限度，人类应与其他物种和其生存环境互惠共生、协调发展。对于人类破坏生态平衡、促使物种灭绝速度加快和使环境质量降低的行为，应受到法律的调控与制裁。人与自然协同进化思想就是要求人类重新认识自己与生态环境之间的协调关系，将自己的行为自觉地控制在生态环境允许的弹性限度内。

第七章　“五位一体”总体布局中美丽中国建设的实践路径

党的十八大报告指出，建设中国特色社会主义，总布局是经济建设、政治建设、文化建设、社会建设、生态文明建设“五位一体”。这是我国社会主义现代化发展到一定阶段的必然选择，体现了科学发展观的基本要求，标志着中国开始走向社会主义生态文明新时代。

第一节　美丽中国在生态精神文明建设方面的实践路径

生态精神文明建设是中国特色社会主义生态文明建设的重要组成部分。建设好生态精神文明，必须紧紧围绕生态精神文明的内涵和要求，牢固树立生态文明理念，大力开展生态文明教育培训，积极构建生态文明传播体系，倡导培育生态文明生活方式，全面推进生态精神文明建设。

一、树立生态文明理念

生态文明作为人类社会继原始文明、农业文明和工业文明之后一种更文明、更复杂、更进步的社会文明形态，既是社会发展的理想状态，也是现实追求的发展目标。推进生态精神文明建设，首先必须树立与之相适应的生态文明理念。

（一）生态文明理念的提出与主要论点

理念是人们关于某类事物的基本看法、基本观念，表现为人们对某类事物相对稳定的信念、信仰、理想，是人们对该类事物的价值取舍模式和指导主体行为的价值追求模式。理念在文明体系中具有核心地位，引领文明发展，并为之提供动力。

纵观人类文明发展的进程，不论何种文明，总是在一定的观念、理念指导下演进的，这也是社会发展与自然变化的本质区别之一。但同时，由于人的认识能力和实践能力的历史局限性，人类对自身行为的长远后果难以进行科学的分析和预见，因此由人类观念、理念引导的人类行为也会给人类生存带来消极或负面影响。

生态文明既是既往人类文明活动的实践总结，又是人类对工业文明后自身永续发展进行深入思考的思想成果。建设生态文明，不仅需要生产方式和生活方式的变革，还需要思想观念的转变，在全社会树立起生态文明新理念。

改革开放以后，我国理论界在研究和反思我国经济发展道路与模式的过程中，已触及生态文明及其理念问题。早在1987年，我国生态学家叶谦吉就首次提出了“生态文明”这一概念。他从生态学和生态哲学角度阐述生态文明，认为生态文明是既获利于自然又还利于自然，既改造自然又保护自然，人与自然之间保持和谐统一的关系。

2007年5月，我国人类学家张荣寰首次将生态文明定性为世界伦理社会化的文明形态，提出中国需要“生态文明发展模式”，世界需要“生态文明进程”，其理论模式为“全生态世界观”。

2007年10月，党的十七大在全面论述小康社会奋斗目标的新要求时，首次将“生态文明”写入政治报告，把生态文明建设提升到国家战略的高度，并强调要使“生态文明观念在全社会牢固树立”。这是我们党科学发展、和谐发展理念的升华，是对人类社会发展规律和社会主义建设规律认识的深化。

党的十七大后，我国理论界从不同角度对“生态文明理念”进行了深入研究，归纳起来，主要有以下观点。

一是生态基础论，即认为良好的自然生态是人类一切文明的基础，人与自然和谐共生。人类存在于自然生态系统中，人类社会经济系统是自然生态的子系统，生态系统遭到破坏，将会影响人类生存和发展。

二是环境价值论，即认为构成自然环境的一切因素都是不可或缺的，不但有价值，而且有特殊的价值。“保护和优化生态环境就是保护和发展生产力，破坏生态环境就是破坏生产力。”

三是资源有限论，即认为自然环境不是取之不尽、用之不竭的，应当珍惜自然，保护自然，高效利用和节约资源，杜绝任何高耗、浪费、毁坏自然资源的行为。

四是同步双赢论，即强调不能以牺牲生态环境为代价追求经济快速增长。要转变经济发展方式，实现发展与环境统筹兼顾，同步双赢，步入发展与环境的良性循环，最终实现人类的可持续发展。

五是生态道德论，即认为人、生物和自然界都是有价值、有生存权利的，破坏自然生态的行为会损害他人和其他生物的权利。要关心人，尊重生命，呵护自然。

六是休养生息论，即强调鉴于自然生态脆弱、疲惫的状态，需要给予自然界必要的休养、康复的时间、空间和条件，并认为这是自然界和经济社会领域的一条普适原理。

（二）树立与科学发展观相适应的生态文明理念

生态文明建设是人类发展理念、目标和实践的革命性变革。其最基本的要求是要树立起以人为本、以生态为本、全面协调可持续的新型发展理念。党的十八大把科学发展观确立为我们党必须长期坚持的指导思想，强调全党“必须更加自觉地把全面协调可持续作为深入贯彻落实科学发展观的基本要求”，“把生态文明建设放在突出地位，融入经济建设、政治建设、文化建设、社会建设各方面和全过程”。

科学发展观摒弃了竭泽而渔的传统增长观念，确立了“以人为本”与“全面协调可持续”的发展理念，既体现了马克思主义关于人的自由全面发展的崇高社会理想，又体现了生态文明建设的本质要求和核心内容。推进生态文明建设，既需要以科学发展观为指导，制定切实可行的政策措施，又需要树立起与科学发展观相适应的生态文明理念。

党的十八大不仅把生态文明建设纳入社会主义建设总体布局，还以科学发展观为指导，基于我国资源约束趋紧、环境污染严重、生态系统退化的严峻形势，明确提出“必须树立尊重自然、顺应自然、保护自然的生态文明理念”。党的十八大对生态文明理念的概括既吸取了我国古代生态文化思想的精髓，又借鉴了国内外理论界对生态文明的研究成果。对此，我们必须深刻理解，自觉树立与科学发展观相适应的生态、文明理念。

1. 尊重自然：人与自然和谐

尊重自然是人与自然相处应秉持的首要态度。它要求人对自然要怀有敬畏之心，尊重自然界的一切创造、一切存在和一切生命，实现人与自然的和谐。

和谐理念是中华文明的思想精髓和生命智慧，集中体现了天、地、人相互依存、相互协调的关系，即人与人、人与自然和谐发展，共存共荣。

众所周知，人类进入工业文明后，漠视自然的价值，认为自然仅仅是供人类掠夺的对象，只是人类为了实现自我目的的手段。正是这种价值理念导致了生态危机的全面爆发，进而威胁到人类的生存。恩格斯早在100多年前总结两河流域文明消亡的历史教训时曾这样告诫：“我们不要过分陶醉于人类对自然界的胜利。对于每一次这样的胜利，自然界都对我们进行报复。”人类唯有站在科学发展的战略高度，运用和谐理念的思维方式，真正尊重自然，摒弃主人的傲慢，平等地与自然对话，理性地与自然握手，亲近自然，善待自然，把发展的基点放在与自然共生、共赢、共荣之上，真正从无休止地征服与索取中清醒过来，努力为地球多做些亡羊补牢之事，才能逐步弥补以往的过失，实现人与自然和谐共处。

2. 顺应自然：人与自然友好

顺应自然是人与自然相处时应遵循的基本原则。它要求人要顺应自然的客观规律，按客观规律办事，与自然友好相处，减少因为无知而违背自然规律，防止因为明知故犯而违背自然规律。

人类是地球大家族的一员，立于天地之间，与其他生物处于平等地位。在中华传统文化中，人类历来视天地为父母，视万物为兄弟，故有天、地、人三才之说。《易传·系辞下》称：“《易》之为书也，广大悉备。有天道焉，有人道焉，有地道焉。兼三才而两之，故六。六者非它也，三才之道也。”把天、地、人并立为“三才”，人居其中，足以见人的地位之显要。天之道在“始万物”，地之道在“生万物”，人之道在“成万物”。能否实现人与自然和谐与友好，关键在人，成败在人。儒家“仁民爱物”“民胞物与”体现了人类要关爱自然的价值理念。

当前，人类改造自然、利用自然的能力越来越强，“人类中心主义”思想日趋膨胀，掠夺式地开发利用自然资源，毫无顾忌地向地球排放“三废”，使自然生态系统遭到破坏。建设生态文明，必须树立顺应自然的理念，维护自然、关爱自然，确立人对自然友好的价值取向，逐步将整个自然系统纳入人类道德关怀的范围，善待生物和非生物，达到与万物为善的人类伦理道德境界。

3. 保护自然：人与自然可持续发展

保护自然是人与自然相处时应承担的重要责任。它要求人要发挥主观能动性，在向自然界索取发展之需的同时，要保护自然界的生态系统。

树立尊重自然、顺应自然理念，实现人与自然和谐，人与自然友好，并不意味着人在自然面前无所作为，而是要遵循自然规律，正确处理人与自然的关系。自然生态是一个复杂的体系，人类亦是这个系统的有机组成部分。人类的生存活动需要从自然系统中获取利益，但又不可避免地对整个生态系统产生影响，而对生态系统的持续破坏最终会危及人类自身的生存。因此，人类自身的永续发展离不开自然系统的可持续发展。这就要求我们必须牢固树立保护自然的理念，在自然生态承载力的范围内，开发利用自然资源。要改变人类的发展方式，着力推进绿色发展、循环发展、低碳发展，形成节约资源和保护环境的空间格局、产业结构、生产方式和生活方式，同时要加强对生态环境的保护和修复，推进荒漠化、石漠化、水土流失综合治理，扩大森林、湖泊、湿地面积，保护生态多样性。

二、加强生态文明教育

教育是推动人类文明进步的重要力量和传播文明的有效途径。建设生态文明，进一步加强对社会公众的生态文明教育至关重要。

（一）生态文明教育的重要性

生态教育源于人类对20世纪中叶以来日益严重的生态危机的深刻反思。1976年，美国著名教育家克雷明的著作《公共教育》最早正式提出“教育生态学”一词。近些年来，国内外对生态教育越来越重视。但在生态教育发展的深度和广度上，我国与国外还存在一定的差距。党的十八大报告明确提出要“加强生态文明宣传教育”，因此必须进一步加深对生态文明教育重要性的认识，增强生态文明教育的主动性和实效性。

1. 推进生态文明建设的需要

生态文明是人类社会实践发展的必然产物，是实践、认识、再实践、再认识的智慧结晶。据考证，生态文明问题的提出是在20世纪70—80年代。1992年，在巴西里约热内卢召开的联合国环境与发展大会提出了全球性的可持续发展战略，拉开了人类自觉改变生产和生活方式，建设生态文明的序幕。

中华人民共和国成立后，由于历史条件的限制，我们党在保护环境方面既做出过重大贡献，也有深刻教训。党的十八大报告正式把“生态文明”确立为社会主义建设总体布局的五个组成部分之一，提出要“大力推进生态文明建设”，并将其“融入经济建设、政治建设、文化建设、社会建设各方面和全过程”。这表明建设生态文明已成为全党的意志。

然而，不可否认的是，我国公众，包括相当一部分领导干部，对生态文明建设的重要性认识不足，成为推进生态文明建设的瓶颈。只有通过生态文明教育培训，提高人们对生态文明建设重要性的认识，才能增强全社会生态文明建设的自觉性、积极性和主动性。

2. 培养全民生态文明意识的需要

社会存在决定社会意识，社会意识反作用于社会存在，对社会存在起推动或阻碍作用。加强生态文明建设，必须培养全民的生态文明意识，为生态文明建设夯实基础。当前，我国社会各层面的生态文明意识还比较淡薄。一是公众生态责任意识不够强，公众生态认知素质尚待提高。二是企业角色定位不准，生态意识淡薄，生态科技观念不强，创新生态发展模式动力不足。三是有些政府部门存在工作“缺位”现象，在确立和监管相关生态建设的技术、措施、方法和安全标准等方面执法不力。四是少数领导干部重视发展速度，轻视发展质量，重视投资环境，轻视环境保护。这与生态文明建设的要求是不相适应的，必须通过加强教育，进一步增强全社会特别是领导干部的环保意识、生态意识，并使其逐步内化为推进生态文明建设的自觉行为。

3. 树立公众生态道德观念的需要

生态道德是生态文明的重要内容，包括人类平等观和人与自然平等观两部分。当代生态道德的基本要求是热爱自然、尊重自然、保护自然，珍惜自然资源，合理开发利用资源，尤其是应珍惜和节制非再生资源的使用与开发；维护生态平衡，珍惜与善待生命，特别是动物生命和濒危生命；有节制地谋求人类自身发展和需求的满足，不以损害环境作为发展的代价；积极美化环境，促进环境良性循环。是否具有良好的生态道德，是现代社会衡量一个国家和民族文明程度的重要尺度，也是衡量一个人素质发展的重要标志。生态道德要求人们树立正确的财富观和消费观，养成良好的“生态德性”，即追求绿色财富，倡导绿色消费。而生态道德养成离不开对全民的生态道德教育。只有通过教育，才能使社会公众逐步树立适应生态文明需要的财富观和消费观，形成合理消费的社会风尚，进而营造保护生态的良好风气。

（二）生态文明教育的主要内容

建设生态文明，需要一种全新的价值观念的指导，需要教育的引领和推动。开展生态文明教育培训重在帮助人们认识自然、尊重自然，帮助人们反思在处理人与自然关系方面的失误，树立人与自然和谐相处的生态价值观，树立人类平等、人与自然平等的生态道德观，树立以人为本的生态发展观。因此，生态文明教育的内容是十分丰富的。借鉴国外生态教育的经验，结合我国实际，当前生态文明教育应突出以下内容。

1. 生态环境现状及知识的教育

生态环境现状及知识的普及是我国生态文明教育的一项基础性工作。改革开放以来，随着党和国家对生态文明建设的重视，我国公众的生态文明意识不断增强，尊重自然、保护环境的自觉性不断提高。但直到今天，传统发展观的影响并未消除。片面追求 GDP 增长，只用 GDP 增长论政绩，导致为发展而付出的资源、环境代价太大，发展不平衡、不协调的矛盾突出，生态退化、环境污染加重，民生问题凸显以及道德文化领域里的消极现象等。因此，需要通过对生态环境现状及知识的教育培训，向公众介绍全球及我国环境污染、生态危机的现状，阐明生态恶化给人类自身生存带来的严重威胁。同时，传播最新生态环保动态，提高生态知识的知晓度，从而唤起公众的生态保护意识、环境忧患意识、能源资源节约意识、简约消费意识、亲近自然意识，在全社会营造尊重自然、保护环境的良好氛围。

2. 生态文明观念的教育培训

生态文明观念在全社会牢固树立，是生态文明教育培训的出发点和根本目标，也是推进生态文明建设的内在要求。生态文明观念涵盖多方面的内容，当前要重点注意以下观念的教育。

（1）生态安全观。生态安全是国家安全的重要组成部分，也是其他安全的基础。生态破坏一方面会使人类丧失大量适于生存的空间，并由此产生大量“生态灾民”，影响社会的稳定和国家安全。另一方面会对社会经济产生巨大的制约和影响，产生资源枯竭；而且环境变化还会引发自然灾害，直接威胁人民生命、财产安全。

（2）生态哲学观。它以人与自然的关系为哲学基本问题，追求人与自然和谐发展的目标，因而为可持续发展提供理论支持，是可持续发展的一种哲学基础。

（3）生态价值观。生态价值观就是处理生态与人之间关系的价值观。其核心是强调人与自然和谐共存。

（4）生态道德观。生态道德观是指协调人与自然关系，保持人类生存环境必须遵循的道德准则和行为规范。它反映了人对自然界、对人类社会应承担的责任和义务，使人类能够尊重自然、善待自然。

（5）生态消费观。与传统消费观不同，生态消费观以满足人的艺术需求为中心，以保护环境为宗旨，着眼于可持续性，追求消费公平，崇尚自然、淳朴、节俭、适度，把环境保护和生态平衡放在首位。

3. 生态环境法律法规的教育

保护生态环境，建设生态文明，不仅要树立尊重自然、顺应自然、保护自然的理念，并使之成为社会公众的自觉行为，还需要必要的环境立法，对人类的行为进行规范和约束，使破坏自然的行为受到惩罚。这已成为共识。

4. 生态文明技能的教育

生态文明建设实质是建设以资源环境承载力为基础，以自然规律为准则，以可持续发展为目标的资源节约型、环境友好型社会。它是一场涉及生产方式、生活方式和价值观念的世界性变革。从生产方式来说，它要求创新发展方式，坚持走新型工业化道路，加快技术进步，把发展循环经济作为资源节约与环境保护的重要途径；同时大力发展环保产业，通过自主创新和引进、吸收、掌握环保核心技术和关键技术，推进生态工业、生态农业和生态服务业的发展。从生活方式来说，它要求公众不仅要树立节约、绿色的消费理念，还要掌握必要的生态文明生活知识与技能，如日常生活中的节能减排绿色技术。因此，生态文明技术、技能的教育应是生态文明教育的重要内容。

（三）生态文明教育的基本路径

文明的发展离不开教育，而生态文明的兴起既丰富教育的内容，又对教育培训提出了新的要求。由于我国生态文明教育起步较晚，现阶段我国生态文明教育与国外发达国家比，无论在内容、方法还是在制度化、规范化等方面，还存在一定差距。特别是教育观念落后、教育内容滞后、教育方式不灵活等问题制约着教育的实际效果。当前，加强生态文明教育的基本路径有以下几条。

1. 深入开展生态文明全民教育

建设生态文明，是全社会的共同任务，人人都有责任。因此，生态文明教育的对象具有广泛性，每个社会公众都有接受生态文明教育的权利，同时必须履行参与生态文明建设的义务。我国是一个人口大国，普及生态文明教育责任重大，任务艰巨。必须从我国国情出发，走出一条适合我国实际的生态文明教育新路子。

首先，教育的对象要大众化。生态文明建设的主体是社会公众，生态文明教育应尽可能广地涵盖每一个社会公众，以增强全民的生态文明意识，提高全民的生态文明技能。

其次，教育的内容要层次化。生态文明教育既要有共性的普及内容，又要根据教育对象的不同特点和需求，设置不同的教育内容。对普遍公众的教育要重在增强其生态文明意识，使其掌握基本生态文明生活常识，养成生态文明生活习惯；对党政机关企事业单位领导干部，除普及一般性生态文明知识外，还要加强生态文明法律法规的教育，增强他们的依法保护生态的意识，提高其执行环保法律法规的能力；对从事生态文明技术研发人员的教育，则要注重专业知识，提高他们的研发能力以及科研成果应用推广能力。

再次，教育方式要多样化。生态文明教育是一种全民性、全程性和终生性教育，任何一种单一的教育培训方式都不可能满足社会公众的需要。生态文明的专业化教育应主要由从事生态文明专业化研究的高等院校、科研院所等机构进行，而大众化教育则需要政府部门、各级各类学校、各种媒体、社会公益组织、群众团体以及企业等共同参与。不同的部门、机关、团体、单位可根据自身的职能和特点，开展不同形式的教育，并形成合力，以保证教育覆盖面和效果。

2. 充分发挥各级各类学校的作用

学校是生态文明教育的主阵地。生态文明教育要从少年儿童抓起。生态观念、生态意识的养成要从孩子入手。要进一步改革和完善学校生态文明教育机制，以培养孩子的生态文明理念为目标，推动生态文明知识进课堂、进教材、进学生头脑。以此为基础，中小学教育应开设有关生态文明的基础性公共课，不断创新教育方式，将传统学科教育与生态环保知识和生态文明理念教育有机结合起来。同时，抓好学生日常生活中的生态文明习惯的养成，引导学生参与绿化活动，培养学生生态文明实践能力。高等院校要进一步转变教育观念，明确目标定位，改进教育内容，创新教育方式，加强绿色科技教育，在增强大学生生态文明理念的同时，提高大学生生态创新能力，使大学生走上社会之后，能够在保护生态环境的条件下正确运用科技，最大限度地发挥科技的正效应，防止和消除其负效应，真正成为引领人与自然和谐发展的推动力量。

此外，还必须高度重视各级党校、干校的作用。各级党校、干校是培训各级领导干部和理论骨干的主阵地。党校、干校的这种性质决定了其在生态文明教育中的重要性。各级领导干部是生态文明建设的组织者、领导者，其自身的生态文明素质和意识对生态文明建设有着至关重要的影响，而且其行为对社会也有着潜移默化的作用。因此，各级党校、干校要高度重视对领导干部生态文明知识的教育，要将生态文明作为必修课，纳入教学计划，使生态文明进教材、进课堂、进学员头脑，强化领导干部的生态文明意识，提高领导干部领导生态文明建设的能力。

3. 着力加强对生态文明教育的统筹管理

生态文明教育是百年大计，但这项工作应是全社会的大合唱。要进一步加强对生态文明教育的支持协调和统筹管理，形成合力，特别是各级政府要发挥应有的作用。

首先，政府要进一步加强生态文明教育的体制机制建设。生态文明教育是生态文明建设不可或缺的重要组成部分。政府要将生态文明教育纳入生态文明建设的总体规划中，建立完善、规范的生态文明教育体系，健全的生态文明教育管理制度、生态文明教育的公众参与机制能够使生态文明教育制度化、规范化、常态化，切实提升教育效果。

其次，大力推进国家生态文明教育基地建设。国家生态文明教育基地是面向社会的生态科普和生态道德教育基地，是建设生态文明的示范窗口，对普及公众生态知识、增强全社会生态意识、推进社会主义生态文明建设有重要作用。政府及有关部门要按照有关规定，将符合申报条件的场所适时命名为国家生态文明教育基地，并加强教育基地管理，监督教育基地履行生态道德教育职责，为公众组织教育活动提供便利，使更多的公众能在教育基地受到教育。

再次，要为生态文明教育提供更多公共资源。生态文明教育不仅需要必要的资金投入，还需要一定的公共教育平台和载体。政府一方面要加大对生态文明教育的投入力度；另一方面应采取切实措施，广开渠道，提供更多社会公共资源，解决生态文明教育基础设施不足的问题。同时，为社会公众提供更多生态教育平台，支持和鼓励社会公众参与生态文明教育培训活动。

三、构建生态文明传播体系

建设生态文明，必须高度重视生态传播体系建设。当前，我国既面临生态失衡的危险，又存在生态观念淡漠等现实问题。解决这些问题的一个重要渠道就是构建生态文明传播体系，强化生态文明宣传教育，推动生态文明理念在全社会的牢固树立。

（一）生态文明传播的功能与作用

生态传播有广义、狭义之分。广义上的生态传播是指人类与生态之间直接或间接相关的各种信息的传播活动。狭义上的生态传播是指通过传媒向广大受众传递生态理念的活动。总体上看，生态传播的主要功能与作用如下。

1. 传递生态信息

信息是对客观世界中各种事物的运动状态和变化的反映，是客观事物之间相互联系和相互作用的表征，表现的是客观事物运动状态和变化的实质内容。当今时代是信息的时代，各种信息海量滋生，而信息只有被人们利用才能体现出其价值，采集、收集和储存信息是人们利用信息的基本条件。在信息的汪洋大海中，如果生态信息不能得到快速、全面、广泛的传播，就难以引起社会公众的关注，犹如过眼烟云，很快消失。建设生态文明，需要实现全方位的信息交流与沟通。通过生态信息传递，使社会公众了解生态文明建设的重要性、必要性和紧迫性，强化公众生态文明意识，使其树立生态文明理念，凝聚全社会生态文明建设的共识，形成全面推进生态文明建设的合力。

2. 普及生态知识

建设生态文明，离不开生态知识的普及。生态文明是人类文明发展的一个新阶段，是继工业文明之后更高级的新型文明形态，它涵盖物质、精神、政治、制度等各个领域。作为一种更高级的新型文明，生态文明需要社会公众了解它，认识它，接受它，并将其转化为推进生态文明建设的行动，这就需要公众掌握生态文明知识。一个对生态文明知识不了解的社会，不可能自觉地建立起高水平的生态文明，因此对生态文明知识的普及至关重要。从我国现实看，生态知识的普及还不广泛和深入，公众的生态知识还比较缺乏。与之相联系，公众的生态环保意识亦不够强，其生活方式、行为习惯与生态文明的要求还有较大差距。普及生态知识，除了强化各级各类学校生态文明教育外，充分利用现代传播体系，对公众进行经常化、常态化、多样化的生态知识宣传教育，也是一条不可或缺的重要渠道。

3. 传承生态文化

生态文化就是从人统治、支配自然的文化过渡到人与自然和谐的文化。它是人类从古至今认识和探索自然界的一种高级形式体现。在工业文明的生态废墟上创建生态文明，非常需要吸收人类自诞生以来长期积累的生态文化成果，取其精粹，以克服工业文明条件下形成的反自然的各种落后观念，形成有利于生态文明产生的一种良好的文化氛围。中国生态文化历史悠久，博大精深，尽管有其时代局限性，但它所蕴含的关于人与自然和谐相处的理念为当今社会生态文明建设提供了宝贵的思想资源。因此，传承生态文化是生态文明传播的一项重要任务，也是生态文明传播体系必须具备的一项基本功能。

4. 营造舆论氛围

生态文明建设，离不开良好的舆论氛围。正确的社会舆论导向对生态文明建设有重要的推动作用。生态文明最终能否转化为公民的道德意识和道德理念，并指导社会实践，在很大程度上取决于生态文明舆论的营造。一方面，运用大众传媒的力量，通过报刊、广播电视及网络平台等全方位、多角度地对生态文明建设进行宣传报道，形成浓厚的舆论氛围和较高的社会关注度。这样不仅可以引起社会公众对生态文明建设的重视，潜移默化地影响公众的生态价值理念和生态道德理念；还可以引导公众参与生态文明建设，改进传统生活方式，形成与生态文明要求相适应的生活习惯。另一方面，发挥大众传媒的监督作用，通过舆论监督，对一些单位和个人破坏环境、影响生态文明的不良行为予以曝光，形成舆论压力，纠正不良行为，并以此教育社会公众。同时，运用社会舆论，倡导先进的道德伦理，推广优良的社会规范，宣传优秀的典型人物，从而营造有利于生态文明建设的良好社会氛围。

（二）新时期生态文明传播的基本要求

生态文明建设是一项复杂的系统工程。生态文明传播既要积极宣传党和国家生态文明建设的方针政策，不断推进生态文明建设，又要致力于增强全社会生态文明意识，通过有效宣传和舆论引导，使公众改变传统思想观念，形成有利于生态文明建设的良好氛围。具体要求有以下几条。

1. 围绕部署，推动落实

改革开放以来，随着党和国家对社会主义建设规律认识的深化，生态文明建设得到重视和推进。党的十八大全面总结了我国生态文明建设的经验，进一步强调了生态文明建设的重要性，将其作为中国特色社会主义事业总体布局的有机组成部分，并提出了大力推进生态文明建设的方针和基本思路。强调要把生态文明建设放在突出地位，要坚持节约优先、保护优先、以自然恢复为主的原则，优化国土空间开发格局，全面促进资源节约，加大环境保护力度。要以解决损害群众健康突出的环境问题为重点，加强生态文明制度建设，把资源消耗、环境损害、生态效益纳入经济社会发展体系。党的十八三中全会提出，要“紧紧围绕建设美丽中国深化生态文明体制改革，加快建立生态文明制度，健全国土空间开发、资源节约利用、生态环境保护的体制机制，推动形成人与自然和谐发展现代化建设新格局”。党的十八大和十八届三中全会关于生态文明建设的一系列重要思想是我国当前和今后一段时期推进生态文明建设的根本指导原则，生态文明传播必须围绕党的十八大、十八届三中全会关于生态文明建设的整体部署，大力宣传生态文明建设的重要性，宣传我们党关于生态文明建设的方针政策，强化生态文明意识，凝聚生态文明共识，推动生态文明建设各项工作落实。

2. 瞄准问题，正确引导

生态文明建设是一项复杂的系统工程。而当前我国生态文明建设面临的突出问题是环境问题。党的十八大报告强调，要以解决损害群众健康突出的环境问题为重点，强化水、大气、土壤等污染治理，抓住了环境保护的当务之急，抓住了生存文明建设的一个关键环节。

党的十七大以来，我国采取了一系列措施改善环境，并取得一定成效。但损害群众健康突出的环境问题没有得到根本解决，部分地区空气污染还有恶化的趋势，特别是雾霾天气的发生天数不减反增。环境污染给人民群众身体健康带来严重危害，环境群体性事件呈多发态势。面对日益严峻的环境问题，公众要求改善环境的呼声越来越高，党和政府也面临越来越沉重的舆论压力。妥善处理经济社会发展与环境保护的关系，开辟一条可持续发展的新路，推动经济、政治、文化、社会和生态文明建设协调发展，既需要用生态文明建设的先进典型进行宣传引导，又需要瞄准破坏生态环境的事例，发挥舆论监督的作用，对其行为进行批评，形成强大的舆论压力，使破坏环境的行为受到谴责，付出代价。

3. 以人为本，贴近实际

建设生态文明，营造良好的生态环境，事关最广大人民群众的身心健康和切身利益。生态文明传播必须坚持以人为本，要主动围绕社会公众普遍关心的问题做好宣传报道，让公众了解环境实情，参与环保活动，监督损害环境的行为。

生态文明传播还必须坚持贴近实际、贴近生活、贴近群众，这是保证传播工作取得实效的有效途径。生态文明传播的对象是广大社会公众。由于公众群体的多样性、复杂性，因而不同的受众群体有着不同的特点。再加上我国幅员辽阔，不同地区人们的生活环境、思维习惯也有很大差别。因此，做好传播工作，形式要多样化，不能采取单一模式，要适应传播对象的各种特点，适应不同群体的精神需求，不断创新传播内容、传播形式和传播方法，增强传播的针对性、实效性，提高传播的吸引力、感染力。

（三）进一步加强生态文明传播体系建设

生态传播是近些年中外学术界提出的新术语，与环保教育环保宣传不同，生态传播的内涵和外延更加广阔。一般而言，生态传播是指大众传媒向广大社会公众进行的生态信息传播活动。生态传播作为一个新的研究课题，在我国目前正处于起步阶段，我国生态传播的载体也正处在由单一性向多元化发展的过程中。适应社会主义生态文明建设的需要，必须高度重视生态传播的作用，构建和完善生态文明传播体系。

1. 充分发挥报刊媒介作用

报刊是最传统的生态文明传播媒介。我国早期的环保传播一般仅限于文字载体，即报纸和杂志。即使面临来自新媒体的压力，报刊媒体仍坚守报道重任，在生态传播中发挥着重要作用。目前，我国从事生态传播的报纸主要有专业报纸和大众化报纸两类。《中国环境报》《环境保护报》《中国绿色时报》等专业性报纸是传播生态文明的主力军。这些报纸立足生态文明建设，多角度、全方位地关注中国经济社会发展状况，客观反映社会公众的观点、意见、建议和呼声，在生态文明传播方面发挥着专业媒体的特殊作用。《人民日报》《光明日报》《经济日报》《中国青年报》以及各省区市主流报纸亦以各种方式，积极开展生态文明传播。这些报纸围绕生态文明建设开辟专栏，把节约资源、保护环境、发展绿色经济循环经济、加强节能减排等作为报道的重点，对推进生态文明建设发挥了重要作用。此外，我国还有大量专业和非专业性杂志刊载生态文明研究成果，这些杂志是生态文明传播不可或缺的力量。构建生态文明传播体系，报刊媒介是其重要方面。要适应新形势、新任务、新要求，努力办好生态传播的专业性报刊，发挥其作为专业媒体的权威作用。国家要出台相应政策，对专业性生态传播媒体进行必要扶持，使其能够体现专业报刊特色，专注于生态传播，并不断提高传播质量。非专业性报刊要增加生态文明信息的报道量，不断改进传播内容和传播方式，增强传播效果。同时，有关部门要统筹专业性报刊和非专业性报刊的作用，既能发挥其各自优势，又形成合力。

2. 充分发挥广电媒介作用

广播是我国生态传播的重要载体，具有覆盖面广、易与受众交流、信息发布相对快捷等特点，在生态文明传播方面具有重要作用。中央人民广播电台的环境保护专题以及地方广播电台的环境保护节目对推进生态文明建设发挥了积极作用。但是，面对电视等媒体的强势传播，广播的影响有日渐式微的趋势。构建生态文明传播体系，广播媒介应是不可或缺的方面，但广播媒介必须进一步深化改革。要通过播出内容、方式等方面的改革，提高广播对公众的吸引力，使更多的公众能够收听广播节目。

电视媒体是当代最具影响力的媒体之一，具有声画结合、视听兼备的功能。电视环保节目具有形象、鲜活、直观的特点，可以大大提升生态传播的效果。我国电视媒介很早就开始把目光投向生态方面，早在1981年，央视就开设了生态栏目《动物世界》。此后，《人与自然》《生存空间》《地球故事》《探索·发现》等栏目相继开设。这些栏目倡导人与自然和谐共处，强调尊重自然、尊重生命，具有很强的感染力，深受公众喜爱，为生态传播树立了典范。近些年，除了日常生态信息传播外，电视媒体对世界环境日、世界地球日、世界水日和世界海洋日等环保节日活动的报道也越来越重视，形式也更加多样化。除了电视新闻外，电视专题栏目、纪录片等也越来越多地呈现在公众面前。例如，中央电视台《焦点访谈》侧重生态破坏的负面报道，从反面告诫人类要充分认识生态危机的严重性和保持生态平衡的重要性。早在2001年，《焦点访谈》特别制作了五集系列节目《中国生态安全报告》（包括《生态的警告》《失去的森林》《失调的水》《衰竭的湿地》《沙漠化的土地》），从五个角度报道了我国生态环境恶化的严峻现实。节目内容翔实，所调查和反映的情况促人警醒，在全社会引起强烈反响。浙江卫视在 2010 年 7 月提出倡导“生态传播”，打造“绿色收视”的新理念，推出全新的人文节目《江南》，向观众传递阳光、健康向上的力量。

电视媒介是生态文明传播体系的骨干和重要支撑。但电视媒介也有其缺憾，如节目的制作耗时长、费工夫，直播时注意的环节相对较多，信号易受干扰，携带不太方便。其收视率也受诸多外在因素的影响。如果节目没有吸引力，不被公众接受，收视率可能较低，不能发挥应有作用。因此，充分发挥电视媒介生态传播作用，必须在节目制作上狠下功夫。特别是生态专题栏目，一定要办出特色，能够吸引观众收看，这样才能达到生态传播效果。

3. 充分发挥网络媒介作用

随着科学技术的发展，生态传播方式进一步多样化。当前，网络媒介的作用日益突出。“网络媒体集文字、图片、音频、视频为一体，同时具有传播时间上的自由性、传播空间上的无限性、传播方式上的多样性等特征”[1]。网络传播不仅是对报刊、广电媒体生态传播的有力补充，也是生态文明传播体系的重要组成部分。

目前，我国网络生态传播已呈现多渠道、多样化的特点。中央和地方相关部门结合各自职责，大都开办了生态环境网，如中国环境资源网、环保部网、各省区环保部门网等；新浪、搜狐、网易、腾讯等各商业门户网站开辟了生态传播专栏；不少民间环保组织也创办了生态网站。与此同时，各种社区、论坛和视频网站也越来越多地加入生态传播阵营。特别是随着手机等通信工具的普及，人人都是照相机，人人都是麦克风，人人都能成为生态信息传播者。网友可以利用各种媒体手段，将现实生活中违背生态文明要求、破坏生态环境的图片、视频、信息上传网络，以引起社会关注，形成社会共鸣，并对破坏生态的行为予以舆论谴责。这对加大生态传播的力度、增强传播效果是大有裨益的。

网络媒介是当前我国生态传播的重要方式。网络媒介工作者对生态传播日益重视，传播方式更加多样化。例如，网络媒体开展的“走进绿色江西，感受生态文明”——网络媒体江西游，“聚焦乡村文明行动”——全国网络媒体山东行，全国知名网络媒体、博主“多彩贵州行”探讨新时代下的生态文明等活动，对推进生态文明传播发挥了积极作用。

---

[1] 侯洪，周军．中国新闻传播中的生态传播现状及思考[J]．西南民族大学学报（人文社科版），2009，30（9）：124.

网络媒介作为新媒体应引起高度关注，并积极利用。但网络媒介也有局限性。例如，互联网的自发性和技术上的无管制性、行业自律意识与网民的素质等都可能成为制约其发展的瓶颈。构建生态文明传播体系，必须创新传播方式，积极利用现代科技成果，充分发挥网络媒介的作用。同时，要制定和完善网络管理法律法规，引导网络媒介规范运行，健康发展，充分发挥网络媒介在生态传播中的积极作用。

四、培养生态文明生活方式

生态文明是人类总结传统生产方式和生活方式的弊端而做出的理性选择。生态文明呼唤人类养成科学、绿色的生活习惯，促使传统生活方式逐步转变为生态文明生活方式。党的十八大把生态文明建设纳入中国特色社会主义事业总体布局，使生态文明建设的战略地位更加明确。大力推进生态文明建设，必须改变传统生活习惯，形成成与生态文明相适应的文明、健康、科学的生活方式。

（一）人类生活方式的变迁

生活方式是指不同的个人、群体或社会全体成员在一定的社会条件制约和价值观指导下，形成的满足自身生活需要的全部活动形式与行为特征的体系。生活方式是一个历史范畴，在不同的社会历史背景中，受社会生产生活条件限制，人类会形成不同的生活价值取向，形成相应的生活方式。从根本上说，生活方式由生产方式决定，生产方式制约着生活方式，而生产方式的变迁又是为生活质量提高服务的，人类社会的发展本质上是生产方式和生活方式相互关联、相互作用的产物。总体上看，人类生活方式大致经历了从绿色到黄色和灰色再到绿色这样一个变迁过程。

原始社会时期，生产力水平低下，与刀耕火种的生产方式相联系，人们的生活方式是建立在物质极其匮乏的消费基础上的。人类对生态环境虽产生一定影响，但由于人口数量稀少且分布非常分散，人们对生活品质的要求十分低下，再加上利用自然、改造自然的能力有限，人类对生态环境的干预和破坏是非常微小的。因此，整个生态环境是最原始的绿色，甚至连现在的沙漠戈壁在古代不少还是绿洲。从这个意义上说，当时人们的生活方式是一种低生产力水平基础上的绿色生活方式。

随着人类社会的发展，人类进入自然经济时代。自然经济是自给自足的小农经济。与自然经济相联系的是小生产者的生活方式。在以自然经济为基础的农业社会，社会生产力水平得到一定发展，但人们仍然以反复利用土地来获得生产资料和生活资料。农业文明推动人们的生活方式从匮乏型走向温饱型。然而，由于对土地的依赖以及人口的不断增加，耕地面积不断扩大。由于盲目开发，滥伐森林，随之而来的便是地球绿色的减少、水土流失。这一时期，地球生态环境染上了令人痛心的黄色。面朝黄土背朝天的生产方式和生活方式就是农业文明的典型写照。

由农业文明到工业文明是人类生产方式的重大飞跃。工业文明极大地推进了社会生产力的发展，创造了巨大的社会财富，使人们的生活方式从温饱型进入富足型。但是，工业文明的生产方式是建立在对资源和能源的无限制消耗基础上的，是不计生态环境资源成本的经济活动。高消耗、高排放对资源环境造成破坏，而且环境污染也极大地影响着人类的健康。同时，在生活方式上，大量生产、大量消费、大量浪费是20世纪以工业文明为主导的生活方式的典型特征。由生产方式和生活方式共同作用造成了对环境的破坏。环境问题若不解决，会危及人类自身生存和发展。

（二）当代主流生活方式的弊端

人类生活方式的演变是一个长期的过程。虽然人类已经认识到传统生活方式存在的问题，但是养成生态文明生活习惯不可能一蹴而就。从目前来看，不仅20世纪70年代兴起的西方物质享乐主义生活方式的弊端依然存在，逐步富裕起来的部分中国人在生活方式方面也显现出西方物质享乐主义的倾向，主要表现在以下几个方面。

1. 消费无度

生产和消费是辩证的统一。整个社会的消费水平要与生产发展水平相适应。然而，当人们的物质生活水平达到一定程度后，消费的目的开始发生异化，消费不再主要是一种维持人类生存所必需的行为，而日益成为特定消费者展示自己地位、财富、才能、个性、品位的窗口。尤其是富裕社会阶层中的一部分人，崇尚奢侈性和铺张性消费，借以炫耀和展示自己财富的丰厚。改革开放以来，我国经济发展取得举世瞩目的成就，人民的生活水平有了较大提高，但仍处在从温饱向小康过渡的阶段。然而，一部分先富裕起来的人在消费意识和消费行为方面出现过度消费、铺张浪费的现象，并在一定程度上影响着其他人的消费心理。一些人为了满足自己的需要，不惜猎杀珍禽异兽。这些现象与生态文明的要求是背道而驰的。

2. 缺乏理性

当代社会生产面临的一大问题是生产过剩和消费不足。特别是生活资料的生产面对较大的市场压力。商品生产者和销售者为了推销商品，增加销售，会利用各种媒体，采取各种手段，对所产商品进行宣传、促销，刺激人们的消费欲望。而消费者因为对各种新产品的向往，经不起广告宣传的诱惑，形成消费意愿，进而消费。这种消费并不是消费者的需要，缺乏理性判断和选择。一些人甚至不考虑自己的经济能力，举债消费，有人甚至为此走上违法犯罪的道路。这种非理性的消费主义生活方式必然造成资源的大量消耗与浪费。

3. 漠视自然

大自然是人类赖以生存和发展的基础。然而长期以来，人们并没有充分认清人类与自然的内在关系。特别是工业文明使人类利用自然、改造自然的能力极大提高，漠视自然的观念逐步增强。由钢筋、水泥构筑的城市“森林”占据了太多的生物栖息地；由化工材料堆积而成的商品大山充斥商场门店。人们为了满足消费之需，竭力向大自然索取。为了挖取矿藏，破坏了地表植被；为了提高粮食产量，违规使用地膜、农药、化肥，有限的耕地资源遭到污染；过度放牧，使草场退化。一些人无敬畏自然之心，向自然索取的欲望不断膨胀，使地球生态系统受到损害。

（三）倡导生态文明生活方式

在现代工业文明向生态文明转型的过程中，生活方式的变革具有重要意义。生活方式变革是生态文明建设的重要组成部分，生态文明的最终实现必然要落实到现实的生产生活方式中。生态文明与生活方式之间是一种相互依托、相互促进、相互制约的统一体。没有生态文明观，生活方式的根本性转变就缺乏强有力的理论支撑；而没有生活方式的根本性转变，生态文明的实现最终会沦为一句空话。因此，必须以生态文明引领生活方式变革，形成生态文明生活方式。

1. 生态文明生活方式的基本内涵

生活方式包含生活价值取向、生活观念、生活实践三个方面内容。生活价值取向即人生价值取向，是指人们追求的人生目标和方向。作为一种价值观念，它是指在主体看来，什么样的人生目标是有价值的，是值得追求的。人生价值取向一旦形成，就会对人们的现实生活方式起支配作用。确立生态文明生活方式首先要求转变生活价值观念，确立符合时代要求的生态生活价值取向。具体来讲，就是要转变人类中心主义、个人中心主义的价值取向，确立人—社会—自然生态系统协调发展的价值取向。同时，要转变现代生活方式中物质化的价值取向，确立人全面发展的价值取向。

生活观念是生活价值取向在现实生活中的具体体现，是主体处理自身身体与精神，自身与社会、自然生态环境关系的基本观念。生态文明生活观念是依据生态环境对人的生活的约束，规范人自身的生活方式的具体观念，包括节制的观念、和谐的观念、全面的观念、可持续发展的观念等。

生活实践就是人们日常生活的具体行为，包括衣、食、住、行、用诸方面。生态文明生活实践就是人们将生态文明生活观念落实到衣、食、住、行、用等日常生活中，在日常生活中自觉形成符合生态文明要求的良好习惯。

形成生态文明生活方式，确立生态生活价值取向是根本，树立生态生活观念是关键，从自身做起，践行生态生活方式是落脚点。

2. 培养生态文明生活方式

生态文明建设对传统生活方式的变革提出了迫切要求。在资源匮乏、环境恶化、物欲横流的当今社会，我们必须按照生态文明的要求，对不健康、不环保的生活方式进行变革，形成与科学发展观相适应的健康、文明的生活方式。

（1）转变消费观念。消费是人类社会永恒的主题，也是人自身生存和发展的基础。在经济全球化和市场经济条件下，消费成为引领生产的决定性力量。当代主流生活方式所存在的贪欲性、炫耀性、挥霍性弊端正是造成全球资源和环境危机的深层次原因。因此，建设生态文明，转变发展方式，实现绿色发展，仅靠生产环节上的节能减排是不够的；还必须转变公众的消费观念，使每个公众都能认识到消费不仅是个人的小事情，也是事关自身生存和社会发展的大事。要在全社会形成合理消费、科学消费、绿色环保消费的良好氛围，引领公众消费观念的变革和生活方式的转变，使公众确立正确的生活价值取向，自觉养成健康、科学、可持续的消费方式。这是培养生态文明生活方式的前提。

（2）倡导绿色消费。绿色消费是以保护消费者健康权益为主旨，以保护生态环境为出发点，符合人的健康和环境保护标准的各种消费行为和消费方式的总称。国际上一些环保专家把绿色消费概括为5R：节约资源，减少污染（reduce）；绿色生活，环保选购（reevaluate）；重复使用，多次利用（reuse）；分类回收，循环再用（recycle）；保护自然，万物共存（rescue）。具体包括三层含义：一是倡导消费者在消费时选择未被污染或有助于公众健康的绿色产品；二是在消费过程中注重对垃圾的处理，不造成环境污染；三是引导消费者转变消费观念，崇尚自然，追求健康，在追求生活舒适的同时，注重环保，节约能源和资源，实现可持续发展。

自20世纪80年代末以来，全球绿色消费运动开始被国际社会接受，成为公众广泛参与环境和生态保护的方式。绿色消费也日益被我国公众重视。中国消费者协会将2001年确定为“绿色消费主题年”，绿色消费观念正在逐渐改变公众的消费习惯和生活方式。据中国社会调查事务所的调查，有72%的被调查者认可“发展环保事业，开发绿色产品，对改善环境状况有益”的观点，有54%的人愿意使用绿色产品。这表明，公众正在改变传统消费观只关心个人消费、很少关心社会环境和自然资源的倾向。但从总体上看，绿色消费成为每个人的消费方式和生活习惯还任重道远。

绿色消费将环境保护与人们的衣食住行融为一体，与人们的日常生活息息相关。每个人都是绿色消费的参与者，也都是绿色消费的受益者。倡导绿色消费，要从自身做起，从现在做起，从日常生活的各个环节做起。比如，在平时消费中避免使用危害到消费者和他人健康的商品，在生产、使用和丢弃时造成大量资源消耗的商品，因过度包装而超过商品本身价值或生命周期过短而造成不必要消费的商品，使用出自稀有动物或自然资源的商品，等等。

在日常生活中，体现绿色消费的行为随处可见，有时甚至是举手之劳。比如，拒绝使用一次性木筷，尽量少用一次性物品；拒绝使用珍贵动植物制品；使用节约型水具；支持可循环使用的产品；随手关闭水龙头，一水多用；垃圾尽量分类；多使用布袋与纸袋等。

绿色消费是既适应生态文明要求又时尚的生活方式，每个社会公众只要转变消费理念，从自身做起，就能够在全社会形成崇尚绿色消费的良好风尚。

（3）践行低碳生活。低碳生活是一种符合时代潮流的生活方式。低碳生活代表着更健康、更自然、更安全的生活，也是一种低成本、低代价的生活方式。

目前，我国正处在工业化、现代化、城市化加速发展的时期，能源消耗快速增长，排放的高碳成为环境污染的重要源头，也是制约我国可持续发展的一大瓶颈。落实科学发展观，建设生态文明，既需要生产过程中的节能减排，也需要每个人践行低碳生活，减少二氧化碳排放。减少碳排放是全社会的共同责任。

二氧化碳的排放是人类生存和生产、生活过程中不可避免的现象，但不同的生活方式对碳的排放量有着不同的影响。如果每个公众都转变消费观念，掌握低碳环保常知，践行低碳生活方式，碳排放就能得到合理的控制，人类生存环境就能得到改善。

低碳生活是一种生活态度、生活理念，而不是能力问题，每个人都能做到。只要我们身体力行，从日常生活中看似普通的每一件事做起，就能够养成低碳生活习惯，达到减少碳排放的目的。

一是节约用电。提倡使用节能灯具，室内光线亮度足够时不开灯，做到人走灯灭，杜绝长明灯；冰箱内存放食物的量以占容积的60%为宜，食品之间保留10毫米以上的空隙，尽量减少冰箱开门次数；计算机、打印机、复印机、电视机等设备不使用时要及时关机。

二是节约用水。尽量使用节水器具，杜绝自来水跑、漏现象；洗涤蔬菜盘碗时不要把水龙头开到最大；衣服攒够一桶再洗；洗干净同样一辆车，用桶盛水擦洗只是用水龙头冲洗用水量的1/8；把马桶水箱里的浮球调低2厘米，一年可以节省4吨水。

三是绿色出行。外出尽量骑自行车或乘公共交通工具，少用私家车，以减少油气消耗，减少废气排放。确实需要开车出行，要及时检查轮胎气压，防止气压过低或过足而增加油耗；减轻后备厢存放物品的重量，避免浪费汽油资源。

四是衣着、餐饮尽量符合低碳要求。洗衣时用温水或凉水，不用热水；衣服洗净后不烘干，自然晾干。尽量减少肉食量，肉食是排碳量极大的产品。若非必要，尽量购买本地、当季产品。在外就餐，按需点菜，提倡“光盘”，将剩余饭菜打包带走。

推进生态精神文明建设是一项长期的历史任务。只要全社会高度重视生态文明建设，并形成合力，每个公民都真正树立生态文明理念，自觉践行生态文明生产生活方式，生态精神文明建设就一定能不断迈上新台阶。

第二节　美丽中国在生态物质文明建设方面的实践路径

生态物质文明建设是美丽中国建设的重要物质基础，推进生态物质文明建设。一是要优化国土空间布局格局。二是促进产业结构生态化。促进产业结构生态化利于实现经济发展范式的转变，促进产业结构的优化升级，提高地区产业的竞争力。三是全面促进资源节约。四是创新生态环境保护技术。

一、优化国土空间开发格局

国土资源是物质基础和空间载体，是最重要的自然资源，也是自然环境的主体。对于国土资源管理工作，我们必须进一步增强大局意识、责任意识和忧患意识，在大力推进生态文明建设中发挥好国土资源管理的基础和先导作用，特别是要在优化国土空间开发格局中发挥好国土资源管理的统筹和管控作用。

改革开放40多年来，我国的经济社会发展和国土开发取得了举世瞩目的伟大成就。与此同时，国土空间开发格局也发生了许多不利变化。历史上形成的人口东南部稠密、西北部稀疏的整体格局没有改变，黑河—腾冲一线以东地区的国土面积约占全国的40%，至今仍然集中了全国90%以上的人口。区域发展差距呈扩大之势，1978—2011年，东、中、西部国内生产总值占全国的比例由52：31：17变为60.7：27：14。贫困地区发展滞后，与发达地区的差距更大。城镇化加速发展，但城镇占地过多，发展质量和以城带乡能力有待提高。2000—2010年，全国城镇建成区面积增长了61.6%。其中，城市建成区面积增长了78.5%，远高于城镇人口46.6%的增长水平。1978—2013年，城乡居民收入比由2.57：1上升至3.03：1。基础设施建设重复、滞后和过度超前等现象并存。一些地区盲目设立产业园区，地区间产业结构雷同、产能过剩、无序竞争等问题突出；服务业发展不足；制造业依靠资源、能源要素驱动；农业仍然是国民经济的薄弱环节。经济建设空间与优质农用地资源高度重叠，这就降低了区域承载能力。一些地区被过度开发，导致森林破坏、湿地萎缩、水土流失、土地沙化和石漠化等问题突出，大气、土壤和水环境总体质量下降，海岸带和近岸海域过度开发问题显现，海域生态环境恶化趋势明显。大力推进生态文明建设，特别是优化国土空间开发格局，极其重要也极为紧迫。

（一）把握好优化国土空间格局的五个层面

1. 陆海层面

要树立大国土理念，坚持陆海统筹发展，充分发挥海洋国土作为战略通道、资源基地和国防屏障的重要作用，从发展定位、产业布局、资源开发、环境保护和防灾减灾等方面构建协同共治、良性互动的陆海开发格局，促进陆域国土纵深开发，促进海洋强国建设。

2. 区域层面

要树立均衡发展理念，坚持国土开发与资源、环境承载能力相匹配，坚持以重点开发促进面上保护，加快构建多中心网络型国土开发格局。通过实施点轴集聚式开发辐射带动区域发展；通过扶持落后地区开发以及提升自我发展能力，缩小区域间的差距；通过推进公益性基础设施和环境保护设施建设促进基本公共服务均等化。

3. 城乡层面

要树立城乡发展一体化理念，坚持走中国特色城镇化发展道路，优化发展和重点培育城市群，促进大中小城市和小城镇协调发展，增强城镇吸纳人口的能力；以健全城乡发展一体化体制机制为重点，着力推进城乡要素平等交换和公共资源均衡配置，带动城乡基础设施、产业发展、劳动就业、社会保障、环境保护一体化建设，实现以城带乡、城乡共荣。

4. 产业层面

要树立产业协调发展理念，坚持信息化和工业化深度融合、工业化和城镇化良性互动，依托区域资源优势优化基地布局，促进基础产业发展；推进各类园区集约、集中、集聚建设，支持战略性新兴产业、先进制造业、现代服务业健康发展；加大高标准基本农田和粮食生产优势区的建设力度，增强粮食综合生产能力。

5. 功能层面

要树立国土开发主体功能理念，坚持生态优先原则，注重经济社会生态效益相统一、人口资源环境相均衡，依据不同区域的环境承载能力、现有开发强度以及发展潜力，探索新方式和新手段，控制开发强度，推进国土整治，调整国土开发的空间结构，构建科学合理的城镇化格局、农业发展格局、生态安全格局，最终使生产空间集约高效、生活空间宜居适度、生态空间山清水秀。

（二）优化国土空间开发格局的五条原则

1. 着眼于长远和全局

（1）使优化国土空间的开发格局贯穿于发展建设的全过程。高效利用国土空间，优化国土空间的开发格局是一项长期的任务，必须要高瞻远瞩，做好规划。在发展理念上，要突出生态文明建设理念，把优化国土的开发格局与生态文明建设结合起来，让优化国土空间的开发格局贯穿于经济建设、政治建设、文化建设、社会建设、生态建设的全过程。在发展过程中，要处理好经济建设和生态建设的关系，处理好短期经济利益和长期经济利益的关系；避免对土地资源无节制地开发，注重土地资源承载能力的提升；避免对生态空间过度挤压，注重国土空间的集约化发展；避免国土资源的无序、低效开发，注重国土空间开发格局的优化。

（2）从全局和区域协调发展的角度制定优化方案。作为全局性的战略，国土空间开发格局要从区域互动和协调的角度进行优化，这是因为国土空间开发格局具有跨流域、跨行政区域的特征。一方面，小至一村一镇、大到一市一省，任何地区国土空间的开发都会对周边地区和其他地区产生影响；反过来，如果没有周边地区或其他地区的协调和配合，合理、高效、宜居、美丽的国土开发格局的形成就是空谈。另一方面，国土空间开发格局必须从全国一盘棋的整体角度进行规划才能取得成效，各地只从自身利益考虑不仅会损害全局利益，反过来最终也会殃及自身利益。

（3）把握国土空间开发格局优化的节奏和次序，做到科学优化和精细优化。优化国土空间开发格局要符合经济发展的规律，从而能够准确把握国土空间开发格局优化的节奏和次序。我国尚未完成工业化，城镇化还有很长的道路要走，农业现代化基础薄弱，信息化水平相对较低。工业化和城镇化对国土空间开发的需求会随着社会发展进程的推进而不断变化，农业现代化和信息化对工业和城镇布局，对生产空间、生活空间以及生态空间的界限进行重塑。以建设生态文明为主要目标的国土空间开发格局优化的手段之一是要逐步拓展生态空间，保持国土空间开发格局优化的节奏和次序，这样就能在很大程度上顺应发展变化，做到科学优化和精细优化，实现生态空间的拓展。

2. 严格遵守主体功能区定位

（1）严格按照国家主体功能区定位进行国土开发。这是现阶段优化国土空间开发格局的重点。主体功能区定位是依据各个地区自然生态状况、水土资源承载能力、区位特征、环境容量、现有开发密度、经济结构特征、人口集聚状况、参与国际分工的程度等多种因素而确定的，这一定为使我们从全国一盘棋的角度思考国土空间开发的格局。《全国主体功能区规划》确定的优化开发区、重点开发区、限制开发区和禁止开发区四类地区的定义及范围和相关配套政策为各地区国土开发方式、开发方向和开发内容提供了依据。

（2）严格实施《全国主体功能区规划》。省级人民政府是本辖区内《全国主体功能区规划》的具体落实和检查单位，并负责本辖区内主体功能区的规划编制任务。省级政府不仅要指导所辖市县在市县功能区划分中落实主体功能区规划的要求，还要指导所辖市县在规划编制、项目审批、土地管理、人口管理、生态环境保护等各项工作中遵循全国和省级主体功能区规划的各项要求。这是保证规划能够得到落实，国土空间开发格局能够得到优化的根本。

（3）规范国土开发秩序，加强对国土开发的监测。国土开发无序，不切实际地盲目开发，贪大求多，以“发展”和“保护”的名义挥霍土地是目前国土开发过程中十分严重的问题。严格禁止和杜绝以“开发”资源和“保护”生态的名义在限制开发区和禁止开发区进行生态功能用地的转换。各地区在实施和执行《全国主体功能区规划》和制定本辖区范围内的主体功能区规划时，要尽可能扩大限制开发区和禁止开发区的面积，建立更多的各种类型的生态保护区。严格土地利用审批，定期对管辖范围内的土地利用和国土开发进行监测。

3. 以集约型城镇化道路为重点

（1）推进城乡建设用地置换，提高土地集约利用水平。顺应我国城镇化水平逐步提高，乡村人口数量逐步下降的趋势，推进城乡建设用地的置换和城镇开发占地与农村居民点缩小的用地置换，在总量上控制城镇建设用地规模，提高土地利用的集约程度。在乡村人口减少比较明显的地区，逐步推进村镇合并和土地的集中利用和规模化利用；在不适合人类居住和产业开发的地区，鼓励移民，恢复自然生态。与此同时，加强中心村和中心镇的公共设施建设，提高公共服务能力，建设美丽乡村。

（2）集约高效开发城镇用地，优化城镇空间结构。在快速城镇化的过程中，如果没有合理的约束机制，城镇会无限蔓延，粗放的用地方式不会得到根本的遏制。根据城镇人口增加的速度和规模，合理确定新增城镇建设用地规模，鼓励从城镇已有建设用地中挖掘用地潜力，提高用地的集约程度，节约利用土地。按照每万人建设用地面积来评价不同规模城镇建设用地的集约程度。合理布局城镇工业、服务业、科教卫生文化事业、交通物流和居住等的用地，理顺大型产业开发区与大型居住区，就业密集区和居住密集区的空间配置关系，减少城镇居民平均出行时间。非特别需要，严格控制大型产业开发区和居住区的建设。尤其重要的是要合理布局城市生产空间和生活空间，扭转城市建设过程中重生产轻生活、为发展生产而损害生活的倾向。

（3）以推进中小城市发展为重点培育城市群，促进不同规模的城镇均衡发展。我国目前总体上大城市和超大城市的扩展速度要大于中小城市的扩展速度。然而，城市规模的快速膨胀会引发大量的城市问题，要想通过城镇化来释放中国的发展潜力，必须充分发挥中小城市的作用。要逐步调整资源过度向大城市、特大城市集中的趋势，尤其是政府要改变有倾向地引导资源向大城市集中的做法。在国土资源有限、人口规模庞大的情况下，要以中心城市为核心，促进量多面广的中小城市的发展，培育功能互补、协同创新能力强、空间布局协调、生态保障高效的城市群，从而达到化解大城市和特大城市的城市问题，优化区域城镇空间格局，提升区域整体竞争力的目标。

（4）建设绿色城市，优化生活环境。城市是未来人们最主要的生活和生产的承载空间，城市的质量和环境在很大程度上决定着生活在其中的人的生活质量和感受。推进城市产业结构升级，发展无污染、低消耗、高附加值产业，淘汰落后产能，减少排污，降低城市的能耗水平，打造低碳城市。大力推进城市绿化，拓展绿色空间，提高人均绿地面积。城市绿化要见缝插针，道路两侧、沟渠沿岸、街道角落、庭院内外、墙角、荒废地、铁路夹角等不能被用作其他用地，在对建筑等不造成损害的情况下尽可能对其进行绿化。把绿化和美化充分结合起来，营造美好的生活环境。

4. 以保护耕地资源为核心

（1）推进耕地占补平衡，坚守耕地红线。保护耕地是优化农业发展格局的核心。要继续实施最严格的耕地保护制度，在相同质量耕地占补达到平衡以及非占不可的条件下审批耕地的用途改变，保持耕地总量不减少。完善耕地保护制度，加大对基本农田建设的财政扶持力度，加大对各类违法侵占农田行为的打击力度，做到各类建设用地尽量不占耕地和少占耕地。根据土地肥沃程度、自然条件和亩产量等设立农田等级制度，按照农田的等级对违法占地和违法毁地行为给予不同程度的责任追究。

（2）进行用途管理，促进农业合理布局。以国家构建的“七区二十三带”农业战略格局为核心，将城镇化与劳动力转移相结合，鼓励农业规模化生产，提高农业生产效率。按照自然条件和因地制宜的原则，优化农业生产的区域布局。实施农业用地用途管理，在不改变农业用地性质的基础上，遵从市场引导机制，优化农业生产结构和区域布局，开发优质农产品，促进农业生产的多元化，品种的多样化。

（3）提高农业生产能力。加强农业基础设施和水利设施建设，推进耕地整治，强化农业防灾减灾能力，全方位改善农业生产条件，促进农业稳产高产。适应市场需求变化，加快农业科技进步和科技创新，提高农业技术装备水平和农业劳动生产率，促使农业生产过程高效、快捷，实现农业现代化。建立快捷便利的农产品流通体系，减少流通环节，降低损耗。

5. 挖掘国土潜力，拓展生态空间

（1）通过集约利用土地挖掘国土空间潜力。通过集约利用城镇建设用地，提高农业用地的单位面积产量、优化空间布局等多种渠道挖掘国土潜力。通过存量用地的内部挖潜扩展用地，减少空间布局不合理造成的空间浪费。通过全面梳理各类工业区、生产园区的用地状况评价用地集约程度，制定集约用地的整体方案，挖掘潜力。通过内部挖潜，保证建设用地和农业用地少占和不占生态用地。在确保本区域耕地和基本农田面积不减少的前提下，在适宜的地区实行退耕还林、退牧还草、退田还湖，扩大生态空间。

（2）全面培育生态空间，提高生态质量。科学合理规划生态空间建设布局，全面优化生态空间，提高湿地、水域、森林、草地等生态用地的自然修复能力和生态功能。按照区域生态功能的类型制定针对不同区域的优化方案，提高生态质量。通过建立和完善生态补偿机制、人口转移、产业结构调整等多种方式减少人类活动对开发生态功能区的干扰，全面保护自然环境。鼓励建立地区间横向援助机制，生态环境受益地区应采取资金补助、定向援助、对口支援等多种形式对重点生态功能区就加强生态环境保护造成的利益损失进行补偿。

（3）保护与开发相结合，提高海洋资源综合开发能力。充分开发和利用海洋的生态功能，保护海洋生态环境，各类开发活动都要以保护好海洋自然生态环境为前提，尽可能避免改变海域的自然属性。

（三）优化国土空间开发格局应当做好顶层设计

1. 建立国土空间规划体系

国土规划是最高层次的国土空间规划，具有综合性、基础性、战略性和约束性，对区域规划、土地规划、城乡规划等空间规划及相关专项规划具有引领、协调和指导作用。为满足生态文明建设要求，必须尽快改变国土规划缺失的局面。当务之急是抓紧编制全国国土规划纲要，根据资源环境综合承载能力和国家经济社会发展战略，统筹陆海、区域、城乡发展，统筹各类产业和生产、生活、生态空间，对资源开发利用、生态环境保护、国土综合整治和基础设施建设进行综合部署。在此基础上，启动区域和地方国土规划的编制。

2. 建立国土空间开发保护制度

制度建设是推进生态文明建设的重要保障。要根据国土规划和相关规划，划定“生存线”“生态线”“发展线”“保障线”，全面加强对国土空间开发的管控。对涉及国家粮食、能源、生态和经济安全的战略性资源，实行开发利用总量控制、配额管理制度，确保安全供应和永续利用。实行最严格的耕地保护、节约用地制度，建立健全资源有偿使用制度和开发补偿制度，严格资源保护利用的责任追究制度。

3. 实施土地差别化管理

优化国土空间开发格局必须发挥土地政策的基础性和根本性作用，建立差别化的土地管控体系。要综合运用土地规划、用地标准、地价等制度政策工具，加强土地政策与财政、产业政策的协调配合，促进开发布局优化和资源节约集约利用。要发挥土地利用计划的调控和引导作用，重点支持欠发达地区、战略性新兴产业、国家重大基础设施建设用地，重点保障“三农”、民生工程、社会事业发展等建设项目用地。

4. 推进土地管理制度改革创新

近年来，各地着力推进土地管理制度改革创新，在倡导和实行节约用地、保护耕地的同时，通过调整区域城乡用地结构和布局、拓展建设用地新空间有力地支持了产业结构调整、城乡统筹和区域协调发展。例如，将农村土地整治与城乡建设用地增减相结合，不仅实现了耕地保护和节约用地，而且通过以工补农、以城带乡促进了“三农”发展，并为城镇、工业发展提供了必要用地；又如，开展低丘缓坡土地开发不仅有利于保护优质耕地，而且有利于突破土地瓶颈制约，推进城镇化健康发展和区域协调发展；再如，开展城镇低效用地再开发不仅有力推动了城镇节约集约用地，而且在推进产业转型升级、带动投资和消费需求增长、改善城市基础设施和环境等方面都发挥了重要作用；等等。为适应生态文明建设的新任务、新要求，必须进一步推进土地管理制度改革创新，坚决消除妨碍节约和合理用地的思想观念和制度机制弊端。要在总结的实践经验的基础上，全面推进农村土地整治和城乡建设用地增减挂钩、低丘缓坡和未利用土地开发、城镇低效建设用地再开发、工矿废弃地复垦利用等各项改革，着力打造节约和合理用地的制度平台，以尽可能少占地特别是少占耕地来支持更大规模的经济发展，促进国土空间开发格局的优化，在建设美丽中国、实现中华民族永续发展的进程中发挥基础和先导作用。

5. 建立生态文明考核评价机制

推进生态文明建设，各级党委和政府负有主要责任。政府必须改变 GDP 至上的观念，把资源消耗、环境损害等指标纳入经济社会发展评价体系并增加权重，建立健全考核评价办法和奖惩制度，形成生态文明建设的长效机制。

优化国土空间布局，统筹谋划人口分布、经济布局、国土利用和城镇化格局，引导人口和经济向适宜开发的区域集聚，保护农业和生态发展空间，促进人口、经济与资源环境相协调，是关系全局和长远发展的重要战略任务。

二、促进产业结构生态化

生态化是在可持续发展的背景下被提出来的一种新的发展理念，其本质内容是如何通过生态学范式促进可持续发展。产业生态化是一个把产业活动融入生态循环系统的产业结构动态优化过程。在产业系统内部的各企业之间，下游企业消化利用上游企业的废弃物，从而使工业、农业、服务业和环保业分别扮演类似自然界的生产者、消费者和分解者的角色而建立起一种共生的新型产业系统，最终将一个产业输出的废弃物变为其他产业输入的资源。该结构在内涵上包括生态农业、生态工业、生态服务业以及静脉产业。产业结构生态化有利于实现经济发展范式的转变，促进产业结构的优化升级，提高地区产业结构的竞争力。同时，产业结构生态化能够实现资源在产业间的循环利用，有利于生态文明和物质文明的协同建设。

（一）厘清产业结构生态化的三个层次

作为一个系统性的工程，产业生态化的可持续发展框架应当包括不同层面的生产和消费。第一层次是微观层次，即实施清洁生产。为了提高资源利用效率，在企业层面实施清洁生产。第二层次是中观层次，即建立生态工业园。为了尽可能减少原料浪费和废物污染，在生态工业园内实现资源循环利用。第三层次是宏观层次，即形成循环经济。为了实现全社会的物质减量化，在全社会实现物质生产和消费的大循环。[1]

1. 实施清洁生产

清洁生产是一种全新的环境保护战略，它是指借助相关理论对技术和管理体制进行创新，保证对产品生产过程的各个环节的整体“预防”，从而达到在经济增长中环境影响最小、资源消耗最少、能源利用效率最高的目的。实施清洁生产的关键在于技术改造。技术改造是指有针对性地对于生产的某个关键设备或环节进行工艺升级。每一次技术改造不仅意味着生产过程中的污染物排放量、浓度以及毒性的降低，而且意味着原材料转化系数的提高。对于企业来说，清洁生产为企业带来的不仅仅是“节能、降耗、减污、增效”的经济效益，还有良好的社会口碑，同时也为社会带来了生态效益。因此，企业在实施清洁生产时，应当注重技术创新，尤其是清洁生产工艺技术、清洁原材料的开发技术、废物资源化技术以及污染治理技术。这些技术的开发和应用不仅有利于企业的发展，而且有利于促进社会、经济、生态复合系统的和谐发展。

实施清洁生产是为了解决企业生产管理与环境管理相分离的矛盾，从根源上对污染进行控制，从而达到企业经济效益和生态效益的“双赢”。清洁生产的生产监控程序能够有效地对生产中的每一个环节进行分析，从而找出原材料流失的主要原因和环节，提高企业的监控效率，减少资源的浪费，提高职工的清洁生产意识，完善企业的生产管理。

---

[1] 赵林飞．产业生态化的若干问题研究[D]. 杭州：浙江大学，2003：20.

2. 构建生态工业园区

生态工业园区是遵循循环经济理念的一种新型工业组织形式，是循环经济发展的重要组成部分，是推进循环经济发展的中观层次。

（1）构建生态工业园区有利于增强政府和企业的创新意识。传统工业园区只注重经济效益，忽视生态效益；生态工业园区在观念、制度、管理、科技等方面实现了创新。在观念上，生态工业园区把传统的工业三废（废气、废渣和废液）看作是生产的原材料，推动企业之间的关系由竞争向合作转变，实现企业内部和企业之间的资源循环利用。在制度方面，生态工业园区注重经济效益和生态效益的相互协调，对企业给予生态效益方面的激励。在管理方面，生态工业园区更加注重产品生产的全过程，注重资源的再利用，以求环境污染最小、资源利用效率最高，从而实现企业的经济效益和生态效益。在技术方面，生态工业园区注重科技在经济、社会、生态方面的综合效应，注重重大技术的攻关，如清洁生产技术、废物再生技术等。

（2）构建生态工业园区有利于提升生态工业企业建设水平。与传统工业园区“资源—产品—废物”的线性发展模式不同，生态工业园区的发展模式是“资源—产品—新资源”的循环发展模式。生态工业企业可以针对生产中的薄弱环节进行技术改造，实现资源的循环利用和多级利用，不断提高企业的生态化程度，提升企业的品牌知名度，增强企业的竞争力。

（3）构建生态工业园区能够带动区域经济持续发展。工业园区是现代区域经济发展的重要载体，而构建生态工业园区更有助于区域争取更多的经济优惠政策，并得到各级政府的重视，从而有利于实现以生态工业园区为主体的区域经济联动发展。

3. 形成循环经济

循环经济是一个宏观层次的生态经济概念，它体现了人们从线性经济的“末端治理”向循环经济的“源头预防和全过程治理”的转变。末端治理不能够从根本上解决污染问题，缺少对经济和生态的全面考虑，从而导致污染物减少而成本越来越高，造成经济社会生态这个大系统的运行效率下降。源头预防和全过程治理综合考虑了环境的承载能力以及资源的经济价值和生态价值，注重将自然的开发和修复相结合，重视人与自然的和谐相处，提高了经济社会生态大系统的运行效率。

循环经济要求在生产过程中要遵循“3R”原则：减量化（reduce）、再使用（reuse）、再循环（recycle）。减量化原则是针对资源的利用，就是要运用先进技术尽可能地减少生产过程中对原材料的使用；再使用原则是针对产品而言，就是要探索产品的多种使用用途，延长产品的使用周期；再循环原则是针对传统意义上的废弃物而言，就是要尽可能地减少废弃物的排放，把废弃物当作新的原材料进行利用，提高资源的利用效率。另外，循环经济还注重生产要融入大自然的循环系统，作为大自然循环系统的一个环节，要尽可能地使用可再生或可循环材料代替不可再生或不可循环材料；同样，生产过程中应注重对科学技术的投入，而不是资源和能源的投入，提高生产的投入产出比，从而实现经济、社会与生态的和谐统一。

循环经济的形成和发展是一个大的概念，需要全社会共同努力，当然，宏观层次的制度保证是至关重要的。因此，当务之急是进行循环经济的顶层设计，科学合理的制度是循环经济发展的重要保障。一是明确环境责任，就是要明确不同主体（如生产商、消费者等）的环境责任，引导绿色生产和绿色消费；二是健全相应的法规体系，保证循环经济的发展有法可依；三是制定并实施相应的循环经济发展激励政策，有效地引导全社会大力发展循环经济。

（二）促进产业生态化的三大着力点

1. 农业生态化

农业生态化就是要依据现有的自然条件和农业基础，按照“整体、协调、循环、高效”的原则，运用现代化的农业技术和农业设备，对农业生产和生活进行合理的规划，从而实现农业生产和生活的和谐共存。

（1）集约化经营，培育精细产业。通过优化三次产业结构，延长农业产业链，借助二、三产业向农业系统投入一定的物质、能力和资金，提高农产品的科技含量和附加值。集约化经营还应注重对土地的综合利用，提高单位土地的产出率，有效利用各种土地和空间，注重农业生产过程与居住环境建设有机结合。

（2）推广立体种养，充分利用时空。立体种养就是要依据不同农作物的时空生长特性，科学合理地安排种植结构，可以采用轮种、混种、复种、套种等种植方法，形成多作物、多层次、多时序的立体交叉种养模式。即在同一土地管理单元上，人为地将多年生木本植物与栽培作物或动物在空间上结合的土地充分利用，如立体种植、间作套种、稻鱼共生模式、农林复合发展模式。

（3）推动物质循环，用地养地结合。建立农林牧副渔的大农业系统，推动物质循环；通过协调用地结构以及农林牧渔各产业的比例，优化农业系统内产业布局，形成相互依存、相互制约、按一定比例组成的有机体，如农林联结、林木联结、农基鱼塘系统等。一要做好秸秆腐熟还田。就是要利用微生物的降解作用把作物秸秆转化成优质有机肥料，从而降低农田对化学肥料的过度依赖，实现秸秆资源的再利用。二要广泛种植绿肥。就是在农田中种植紫云英绿肥，这一肥料环保节能，而且易于推广和接受。三是广积多施农家肥。这就要结合新农村建设工程，把农村清洁能源建设和农田有机肥结合在一起。如沼气的推广和应用可以有效地处理人畜粪便，人畜粪便发酵完成后也可以当作有机肥使用。

2. 工业生态化

（1）实施工业低碳化。工业低碳化是建立低碳化发展体系的核心内容，是全社会循环经济发展的重点。工业低碳化主要是发展节能工业，重视绿色制造，鼓励循环经济。节能工业包括工业结构节能、工业技术节能和工业管理节能三个方面。通过调整产业结构促使工业结构朝着节能降碳的方向发展。着力加强管理，提高能源利用效率，减少污染排放。主攻技术节能，研发节能材料，改造和淘汰落后产能，快速有效地实现工业节能减排目标。绿色制造是一种现代化的制造模式，这一制造模式旨在降低整个产品生命周期内各个过程对环境的影响，提高资源利用率，从而使企业经济效益和社会效益协调优化。

工业低碳化必须发展循环经济。工业循环经济必须做到以下几点。一是“零排放”。“零排放”要求在生产过程中要减少浪费，注重能源和物质的循环利用。二是“废料”再循环。要尽可能地减少生产过程中资源的投入，做到各个环节对资源的充分利用，以及把传统“废弃物”转化为另一个环节的原材料。三是产品与服务非物质化。即在生产或提供同等产品或服务时，消耗的物质最小，使用的资源利用效率最高。

（2）加快生态工业园建设。工业低碳化必须要加快生态工业园建设。一是通过产业布局和结构优化促进工业园区污染减排；通过企业内部清洁生产、企业间共生合作和基础设施共享、区域产业结构优化等途径实现工业园区或工业集聚区资源能源利用的最大化和污染物排放的最小化。二是完善生态工业网络，提高产业发展的环境友好性。构建开放的柔性生态网络，通过市场机制构建产业链、减量化措施及绿色招商；注重产业链招商和完善循环经济产业链条，从招商引资到整体规划，每一个环节都按照循环经济的科学理念进行开发建设，区内各大企业的生产装置和产品前后连接，上游企业的产品甚至废料就是下游企业的原料和能源，整体打造“减量化、再利用、再循环”的“静脉产业链”。三是提高水资源利用效率，实现区域污水排放最小化。提高工业用水重复利用率，扩展水利用途径等提高水资源利用效率的措施。

3. 生态服务业

生态服务业就是以生态学理论为指导，充分利用技术和管理手段，着重提高资源的利用效率，做到节能、减排、增效的效果，实现物质和能量在输入端、过程中和输出端的良性循环，形成一种可持续发展的新型服务业。主要包括服务主体、服务途径、服务客体三个部分。

（1）服务主体生态化。与制造企业一样，服务业在服务产品的设计和开发过程中也会消耗一定的能源和原材料，也有废弃物产生。因而，服务业也需要遵循循环经济发展的原则，实施服务业的生态化。作为服务业的主体，贸易市场、百货商场、旅馆饭店、运输企业等应严格按照环保标准开展清洁生产实践。《中华人民共和国清洁生产促进法》要求服务业主体应实施清洁生产，降低资源的浪费，提高资源的利用效率，促进服务主体生态化建设。例如，对市场上的服务企业和产品实施绿色环保认证，构建绿色产品市场，鼓励贸易市场实施连锁经营，等等。

（2）服务途径清洁化。在服务业生态化过程中，服务途径清洁化至关重要。服务途径标志着一个企业的服务质量好坏，直接影响企业品牌的创建。不同的企业有不同的服务途径，因而服务业的企业实施服务途径清洁化的过程也是不相同的。批发零售贸易业应注重通过绿色营销对消费者进行绿色消费引导，为消费者提供绿色采购通道；餐饮宾馆业应注重细致人性，为顾客提供打包服务，建议顾客减少一次性用具的使用，开设“绿色客房”；交通运输业应注重交通规划，鼓励混合动力车辆和新能源车辆的使用，提供绿色交通通道；等等。因而，服务业途径清洁化必须依据不同行业的特点实施。

（3）消费模式绿色化。对于服务业而言，消费者的消费行为对企业的生产和服务具有重要的引导作用。因此，有效地引导消费者的消费方式，推行绿色消费，对服务业生态化尤其重要。一般说来，绿色消费有三层含义：一是培育消费者绿色消费的理念，营造环保、健康的消费氛围，实现消费的可持续；二是在消费时倡导消费者选择绿色、无污染、无公害的绿色产品；三是在消费过程中引导消费者合理有效地处理废弃物，鼓励废弃物的分类放置，避免不必要的污染和浪费。

在绿色消费中，政府扮演两个角色：一是对消费的管理者，二是对消费的引导者。因而，政府应依据自己的角色合理制定制度和政策。首先，政府要以身作则，积极实施绿色采购。政府在采购过程中要加大对通过 ISO 14000 认证、环境标志认证和清洁生产审计的企业产品的采购。其次，政府应制定一系列鼓励绿色消费的激励政策。鼓励有实力的企业进行绿色产品的设计和研发，以及对消费者购买绿色产品给予补贴，等等；再次，注重绿色消费意识的培养。鼓励消费者自带购物袋，绿色消费的宣传要走进社区、走进人群，举办绿色消费的公益讲座，对社区工作人员进行绿色消费方面的培训，等等。

（4）与其他产业生态耦合化。服务企业在生产和经营的同时必然要与其他产业进行资源、产品、能量的交错流动，并且循环经济本身也要求社会生产各组成部分构建起最优化的产业生产链和物质、能量循环流动链。因此，进行服务业与其他各生产企业间的生态化耦合也是行业生态化必不可少的因素之一。例如，批发零售服务企业与工业、农业生产企业通过协议构建起物质循环链，一方面，市场或商场优先考虑采购和展销工农企业生产的绿色产品，并予以优先宣传和促销；另一方面，工农生产企业有责任和义务回收并再生利用市场或商场销售过程中产生的包装废弃物、破损物资等，以解决服务企业废弃物的出路问题，通过相互合作共同促进生态化建设。总之，服务业的生态化建设必须加强企业间的合作，构建与工业、农业和其他服务部门之间的物质循环、废物利用、能源梯级利用等经济链，逐步形成三大产业循环圈，在宏观层次上实现循环经济的同时促进企业自身生态化建设。

（三）促进产业生态化的四条路径

产业生态化是生态文明建设的重要内容，需要从产业结构、循环经济、节能减排三个方面入手。

1. 优化产业结构，构筑现代产业体系

整体来说，我国三次产业结构不够协调，经济发展对工业过度依赖，现代服务业发展相对滞后，农业现代化水平不高。因此，我国应借鉴国外成功经验，不断优化产业结构，注重产业结构向生态化转变，产业布局向集群化发展，产业层次向高端化调整，努力构建现代化产业结构体系。优先发展高端制造产业，提高自主研发水平，大力发展新能源产业，尤其是发展风能、太阳能、水能、核能、生物能等清洁能源，加快推广新能源汽车技术的应用，努力占据全球产业链的高端。针对产业分散、布局凌乱等现象，要做好产业规划，突出主体，注重整体产业的经济效应和生态效应的提高，依据主体功能定位，重点打造一批特色鲜明的现代服务业集聚区。

2. 发展循环经济，切实转变生产方式

发展循环经济能够从根本上解决环境和经济之间的矛盾，从而实现经济社会生态的协调发展。发展循环经济要依托技术创新，遵循“减量化、再利用、再循环”的3R原则，从微观层次的清洁生产、中观层次的生态工业园区以及宏观层次的循环经济三个层次进行。清洁生产技术可以保证循环型农业、循环型工业、循环型服务业在技术和经济上的可行性，生态工业园区为循环经济的发展提供了载体，实现了生态产业链的正常运转。循环经济的发展还需要构建相应的制度体系，从财税、信贷、投资、价格等各个方面对循环经济的发展给予支持。

3. 推进节能减排，保护和修复生态环境

节能减排是我国的基本国策，对加快推进产业生态化具有重要的意义。推进节能减排应做到以下几点：一是继续推进对排放物的监控，如对化学需氧量、二氧化硫、二氧化碳减排监控，对磷、氨、氮的排放浓度监控；二是推进产业经济低碳化和低碳技术产业化，调整高碳产业的产业比重，大力研发低碳技术，加大低碳技术的推广和应用；三是加大土壤污染和新型污染源的防治力度，注重大气环境、土壤环境以及水环境的保护，既要注重陆地生态环境的保护，也要注重海洋生态环境的保护。

4. 利用生态优势，大力吸纳优质资本

习近平总书记视察湖北时指出：“绿水青山就是金山银山。”可见，生态优势既是巨大财富，也是发展的巨大优势。因此，产业生态化发展要依靠“绿水青山”这一生态优势，吸引更多的优质资本，从而实现生态优势与优质资本“郎才女貌”式的结合。这要求我们做到以下几点。一是提高环境准入门槛。坚决淘汰高耗能、高污染、低效率的产业，积极发展优质高效的产业，杜绝降低环境准入标准换得高额投资。二是强化生态优势。积极做好植树造林，修复和治理污染的环境，提升自身的相对优势，发展生态潜力。三是大力创新人才科技政策。注重生态与技术对接，技术与产业对接，产业与资本和人才对接，实现区域经济的可持续发展。

我们要按照落实科学发展观的要求，以生态文明建设的目标为指导，以可持续发展为主线，以现代科技为支撑，以循环经济为驱动，把加快推进产业生态化步伐作为缓解经济发展和生态保护矛盾的重要抓手，构建社会主义生态文明。

三、全面促进资源节约

节约资源是保护生态环境的根本之策。党的十八大报告对全面促进资源节约做出了具体部署，明确了全面促进资源节约的主要方向，确定了全面促进资源节约的基本领域，提出了全面促进资源节约的重点工作。要把这些部署全面贯彻落实到经济社会发展的各个方面和各个环节，确保全面促进节约资源取得重大进展。

（一）牢固树立节约资源理念

节约资源涉及社会的方方面面，也需要全社会的共同努力。牢固树立节约资源理念是全面促进资源节约最重要的一步。只有从根本上转变了生产方式、生活方式、消费方式，才能彻底解决资源浪费等问题。作为参与市场经济活动的经济人，在考虑个人需要的同时，更应考虑社会的需要和环境的承载能力。有些资源能源不但是有限的，而且是不可再生的，今天多消费就必然降低明天消费的机会。因此，要牢固树立节约资源光荣、浪费资源可耻的观念，从一点一滴做起，从小事做起，“勿以恶小而为之，勿以善小而不为”，逐步形成节约资源的社会氛围，加快推进资源节约型、环境友好型社会建设。

（二）推动资源利用方式根本转变

资源利用方式决定了资源的利用效率，资源的利用效率又决定了经济发展的质量。因而，从根本上转变资源利用方式，不但能够提高资源的利用效率，而且是经济可持续发展的重要保证。

（1）树立资源节约观必须充分认识资源的稀缺性，从宣传教育、法制建设、政绩考核、财税体制、标准规范等各个方面贯彻节约资源和保护环境的基本国策，强化节约资源理念。长期以来，政府部门偏重资源的数量管理，忽视质量和生态管理，降低了资源的综合承载能力和产出能力，资源数量、质量和生态并重的整体观念尚未形成。同时，过分强调资源的自然（资源）属性，忽视了资源的经济社会（资产和资本）属性，降低了资源的综合利用效益。因此，要树立整体观念，充分认识资源是数量、质量和生态三者的有机统一，由偏重资源的数量管理向数量、质量、生态综合管理转变。必须树立资源效益观，适应市场经济要求，推进资源、资产、资本三位一体管理，建立健全统一、竞争、开放、有序的矿业权市场，发挥市场在资源配置中的基础性作用，促进资源要素流动，全面提高资源综合利用效益。

（2）以构建保障和促进科学发展新机制为主线，加强顶层设计，搞好工作布局，统筹保障发展、保护资源、生态建设。全面落实节约优先战略，以总量控制倒逼节约集约、以严格标准促进节约集约、以政策法规保障节约集约、以试点示范带动节约集约，提高资源综合利用效率；进一步推进找矿突破战略行动，着力打造以市场为导向的制度平台；全面加强陆海统筹，大力发展海洋经济，优化海洋资源开发布局，有序开发海底矿产资源；大力推进国土综合开发整治，优化国土开发空间布局。

（3）加快制度供给，深化资源有偿使用制度改革，充分发挥市场在资源配置中的基础作用。加快建立能够反映所有者权益、市场供求关系、资源稀缺程度、环境损害成本的资源价格形成机制；深化矿产资源管理体制改革，进一步加大行政审批制度改革力度；建立资源出让收益全民共享机制，资源开发收益更多地向资源产地倾斜。

（4）改革资源管理方式，从重视行政配置、项目审批、微观管理向重视市场调节、制度设计、宏观管理转变。既要加强监管和服务，严格资源数量管控，完善资源管理制度和标准，建立健全评价、考核和监管体系；又要重点加强矿产资源综合利用，大力推进矿山环境恢复治理和地质灾害防治，发展资源领域循环经济，发挥资源生态服务功能。

（三）推动能源生产和消费革命

能源消费是资源消费中的重要组成部分，因而，节约能源是节约资源的重中之重。我国长期以来经济发展的碳锁定导致我国经济发展过多地依靠能源消费，再加上我国能源储量不足，这些都决定了节约能源对于我国而言更加紧迫。

推动能源生产和消费方式革命应努力实现六个转变。一是在从着力提高能源保障能力转变到着力提高能源保障能力的同时，更加注重用战略和开放的眼光构建能源安全体系；二是从敞口式消费能源转变到科学管理能源消费，“调结构，转方式”，节约能源资源，提高能源效率，遏制能源消费总量过快增长；三是从过度依赖传统化石能源转变到优化能源结构，努力实现能源清洁化利用，增加新能源和可再生能源的比重；四是从依靠高耗能支撑经济快速发展转变到更多依靠科技创新和体制创新，提高能源发展质量和效益，实现以较少的能源消耗支撑更多的经济增长；五是从主要关注能源对经济发展的贡献转变到更加关注能源对民生改善的作用，努力提高普遍服务水平，让能源发展成果更多地惠及全国人民；六是从重能源开发利用，转变到开发与保护并重，促进能源绿色转型，实现与经济、社会、生态环境协调发展。

（四）加强耕地、水、矿产等资源保护

1. 完善最严格的耕地保护制度

完善最严格的耕地保护制度，其首要任务是划定土地红线，控制用地规模，明确各种土地的用地标准，对耕地要处理好占与补的关系，做到占补均衡。一是开展节约集约用地评估，制定促进土地节约集约利用的措施、途径和政策。

二是加强土地利用规划和计划调控。做好土地利用总体规划与城乡建设、区域发展、产业布局、基础设施建设、生态环境建设等相关规划的衔接和协调，落实规划确定的用地规模、结构和布局安排，强化建设用地空间管制。三是建立符合生态文明要求的目标体系和考核奖惩机制。制定推进土地节约集约利用，落实单位国内生产总值建设用地下降的政策措施和技术方法，等等。四是把握发展速度与效益关系，严格控制建设用地规模，优化土地利用结构和布局。五是完善土地利用机制，扩大土地资源市场配置程度。进一步完善土地使用制度，扩大土地有偿使用范围，完善土地招拍挂制度，积极开展征地制度改革，合理确定建设用地取得成本和占用、使用成本，完善资源价格形成机制，发挥地价和土地税费调控土地利用的作用。六是大力拓展建设用地空间。积极推进土地综合整治、城乡建设用地增减挂钩试点、低丘缓坡荒滩土地开发、工矿废弃土地复垦试点；加大盘活存量建设用地力度，开展城镇闲置土地清理和利用，鼓励城镇建设用地二次开发和地下空间开发利用，全面提高土地资源的利用效率，促进各类建设少占地、不占或少占耕地，推进土地利用方式转变和经济发展方式的转变。

2. 完善最严格的水资源管理制度

完善水资源管理制度就要针对水源地、用水总量、江河流域水量的分配进行控制和管理。一是用水总量控制。做好水资源的统一调度，划定水资源使用的红线，提高水资源的循环利用程度，合理分配流域和区域间的用水总量，探索实施取水许可证，在规划时应对水资源的规划进行严格的论证，切实保护好地下水总量，加快完善水资源有偿使用制度。二是用水效率控制制度。制定相应的水资源利用效率红线，严格监控废水排放的达标率，倡导全社会实施节水，鼓励企业实施节水技术改造，逐步提高工业用水效率，做好生活用水“一水多用”的宣传和政策引导。三是水功能区限制纳污制度。对水功能区要严格限制排污，做好水源地的修复和保护，控制河流排污总量。四是水资源管理责任和考核制度。依据各地水资源的丰富程度和水资源的质量，实施不同的考核标准，把水资源开发利用、节约和保护纳入考核体系，明确主要负责人的责任，以及实施责任终身追究。

3. 加强矿产资源勘查、保护、合理开发

针对不同的矿产资源品种制定相应的保护政策，采用现代化先进技术对矿产资源综合勘查与综合开采，加强共伴生、低品位矿产资源的综合开发利用水平，不断提高矿产资源开采回采率、选矿回收率，重点整治高投入、低效率的小矿产，注重对开采中固体废弃物的循环利用，实现矿产资源废弃物的资源化。

四、创新生态环境保护技术

工业技术对生态造成的负面影响主要包括对自然资源的破坏性及过度使用、对生态环境的污染两个方面。其中，对生态环境的污染按受污染对象的不同主要分为两大类。第一类是工业技术对生产流程内部要素的污染，称为内污染。比如，生产过程离不开高温、高湿、高压的条件，而且有毒气体的排放和强噪声的产生不可避免。这些都会严重影响生产者的健康以及生产设备的正常运转。第二类是工业技术对生产流程之外的生态环境的污染，称为外污染。比如，工业生产排放的废弃物对公众生活的环境如空气、水资源的污染都属于此类。在生态环境越来越恶劣的情况下，任何以破坏环境为代价的经济利益都是短暂的，不可能持久。因此，在生态负效应日趋严重的今天，我们应该创新自己的思维观念，努力发展环境友好型工业技术，而生态技术正是具有生态正效应的新型技术体系。

（一）深刻把握生态技术的基本内涵

生态技术是指那些与生态环境和谐发展不相冲突的生产性技术。1989 年，联合国环境规划署工业与环境计划活动中心（UNEPIE/PAC）制订了“清洁生产计划”。至此，清洁生产被正式写入《21 世纪议程》。工业生产中做到清洁的途径可分为两大类：第一类是在生产过程中做到清洁，主要包括生产原材料和能源的节约使用，有毒材料的避免使用以及排放物在数量和毒性上的控制；第二类是对生产产品的清洁，主要从产品的整个生命周期着手减轻其对人类健康和生态环境的负面影响。人们越来越清楚地认识到，经济与环境的可持续发展不能只是片面地着眼于控制生产中的某一个环节的污染，而应在产品设计、制造、消费及后续的处理过程中，将环境保护问题充分考虑进来。换言之，生态技术以产品生产技术的具体形式得到贯彻和落实。

环保技术的发展侧重于末端处理，即在污染物质形成之后才进行处理。低碳技术侧重于对温室气体排放有效掌握的新技术，有三种类型：第一类是减碳技术，是指高能耗、高排放领域的节能减排技术，煤的清洁高效利用、油气资源和煤层气的勘探开发技术等；第二类是无碳技术，如核能、太阳能、风能、生物质能等可再生能源技术；第三类是去碳技术，典型的是二氧化碳捕获与埋存（CCS）。绿色技术可分为以减少污染为目的的“浅绿色技术”和以处置废物为目的的“深绿色技术”。循环利用技术则侧重于减量化、再利用、资源化。综上可知，生态技术和绿色技术基本相同，它们的内涵比低碳技术和循环利用技术要大。因而，这里所讲的生态环境保护技术是生态技术和绿色技术。

1. 生态技术的本质特征是与生态环境相协调

生态技术源于人们在思想和实践中对生态负效应的重视，为的是让生产技术与生态环境协调发展。在生产中运用的生产技术不仅不破坏环境，还要能优化环境。

2. 生态技术的创新目标是追求生态－经济效益

生态技术的生态－经济效益应是内、外部生态与经济效益的统一。过去，经济效益是我们一切创新的出发点和终点。随着环境的不断恶化和人们对环境问题越来越重视，单纯追求经济利益的创新思维亟待转变。从发展和联系的观点看，生态效益也是一种经济效益。就当前看，我们的环保技术还是初级的、不成熟的，这一点从我们无法明显看到当前环保技术的内部经济效益可以体现出来，因为成熟生态技术的内部效应是显著的。众所周知，我们生产的资源来源于环境、生产过程中和生产后的废弃物排向环境，更重要的是，生态环境也是我们生产者赖以生活的场所；如果生态环境被破坏，那么会影响整个生产，从而影响企业的经济效益。即使不对本企业的生产产生明显影响，也会对其他生产活动产生不良影响。

3. 生态技术的实现形式是低投入、高产出

众所周知，我们大多数传统工业运用的技术都是高投入、低产出的，是以不可更新资源为基础的。与此相反，生态技术是低投入、高产出的，是以可更新资源为基础的。具体从两个方面加以说明。一方面，就低投入来说，生态技术以可更新资源为基础。也就是说，只要我们把资源的使用控制在其再生能力范围内，我们的资源供应就是可持续的。比如，现在运用比较广泛的太阳能，不但使用数量多，而且价格便宜。另一方面，就高产出来说，生态技术是在模拟生态系统基础上。通过循环生产，使资源投入最大限度地转化为有效的产品输出，产出趋向极大化。

（二）实现生态技术创新的四大路径

1. 培育生态技术创新主体

生态技术创新包括在技术层面和管理层面这两个方面。但是，不管是哪一种层面的创新，都离不开企业这一经济社会的基本单元来实施。企业不仅是生态技术创新活动的主要参与者，还是主要投入者、实施者，更是创新收益的直接受益者，对生态技术创新的有效实施、培育企业创新主体起到举足轻重的作用。但是，按照传统西方经济学“理性经济人”假设，企业发展的根本带动力

是对其自身利益的不断追求，企业的最终目标也是经济利益最大化。如果仅仅是期望通过使企业放弃其最终目标，甚至是通过牺牲一定的经济利益实现生态经济综合效益，恐怕更是难上加难。所以，我们需要更多的时间和精力将企业培育成生态技术创新主体。一方面，要将科学发展观与企业文化和价值观融为一体，并将科学发展潜移默化地转化成企业家、工程师的生态价值意识，从而使他们的技术创新行为发生改变，改变以前以经济、商业为价值标准的意识，逐步转向以社会、生态和人文价值标准的意识，逐渐将生态利益转变为企业技术创新行为的内在驱动力，从而将企业打造成不仅看重经济效益更看重生态效益的有机统一体，为推进生态技术创新和谐有序发展奠定基础。另一方面，政府和社会两者应该站在企业的立场，从实际出发，鼓励企业积极地进行生态技术创新，引导企业认清短期利益、个体利益与长远利益、整体利益的辩证统一关系，从而协助企业拥有符合生态技术创新规律的管理模式；同时，要注重对企业生态技术创新过程的伦理控制的加强。伦理可以从设计阶段的伦理评估、试验阶段的伦理鉴定、应用阶段的伦理立法、推广阶段的伦理调整这四个方面实现对生态技术创新的控制。

2. 完善生态技术创新制度

促进生态技术创新的重要因素之一就是要有完善的制度，可以运用禁止性规范排除或减少对生态技术创新实施上的不利因素，还可以运用激励措施促进生态技术创新实施上的有利因素。所以，我们应该从生态技术创新自身的发展规律和要求出发，使政策逐步趋向生态化，制定一系列的经济、法律政策和一些奖惩措施保证和支持生态技术创新。还要大力运用财政、税收和金融等手段，引导和激励企业在生态层面做出努力。例如，完善各项法律法规，对那些做出生态技术创新显著成效的企业给予鼓励和奖励，对那些不重视生态技术创新、造成环境巨大污染的企业给予严厉的惩罚；对积极发展生态技术创新的企业给予一定的政策和贷款优惠；建立项目约束和风险约束机制；在人才、资源、信息方面为企业进行生态技术创新开辟绿色通道；等等。只有不断完善制度机制，才能不断为生态技术创新提供更有力的保障和支持，从而推动生态技术创新的不断进步与发展。

3. 营造生态技术创造新环境

生态技术发展的选择环境与一般技术相比具有以下几个方面的特点：人们环境意识的提高和对工业生态化的需求并不能马上带来对生态产品购买的欲望；在现有选择环境中，生产的清洁化和生态化和企业的盈利目标达不成统一；生态技术的创新与采用更需要消费文化、组织结构、价值观念的变化；等等。营造有利于生态技术发展的技术选择环境对有效促进生态技术创新具有重大的意义。

技术内涵可将生态技术的创新划分为三种类型：末端技术的创新、产品导向型技术创新和工艺导向型技术创新。不同类型生态技术对选择环境的要求以及它与现实环境的差距由于技术进化程度的不同是有差异的。

第一，为有效促进末端技术的创新，应该重点从以下三个方面进行。一是加强环境宣传与教育，它作为具有深远影响的文化激励措施，对促进末端治理技术创新意义重大。二是改变外部成本内部化的阈值。外部成本内部化须足够大（大于阈值），也就是说要保证创新投资的净收益大于0。三是健全信息传递机制，有效信息传递网络的建立是降低创新学习成本的必要条件。

第二，为有效促进工艺导向技术的创新，主要应从三个方面入手。一是完善主要由市场决定价格体系。长期以来，“资源无价，原材料廉价”是导致我国资源大量浪费、开采效率不高、污染严重的重要根源，也直接影响生态工艺导向型技术的创新发展。因此，完善主要有市场决定的价格体系，才能真正地反映环境成本和社会成本，有效地促进工艺导向型技术的创新。二是与其他创新不同的是，生态工艺导向型创新以大量的知识储备和技术技能为基础，它具有明显的前期“投入大、收益低”的特征，当知识储备达到一定程度之后，技术相当成熟时，才会带来大规模的经济效益和生态效益。因而，工艺导向型新技术的扩散需要有一个通过“干中学”“用中学”提高技术工人的操作技能并完善技术的过程。三是注重社会文化环境的匹配。生态工艺导向型创新需要相匹配的生态社会文化氛围，需要全社会形成“再循环、再利用、资源化”的生态发展理念，认识到垃圾等传统“污染资源”和原材料一样是一种生产要素，提高人们对生态工艺导向型创新的认识。

第三，有利于生态产品导向型创新的技术环境至少还应涉及以下几个项内容。一是“污染者付费”原则的深化。一方面，要把该原则由生产者扩大到消费者。消费者的消费偏好是对市场最大的引导，因而让消费者认识到自己的环境责任，必将有利于生态产品的研发和消费，有利于生产、生活中的节能减排，从而实现经济社会生态可持续发展；另一方面，要把该原则由生产过程扩展到产品，明确生产者对产品消费产生的不可利用废弃物的环境责任，从而提高生产者在产品生产中的生态环保意识。二是消费文化的改变。消费文化的改变对生态产品导向型创新具有决定性作用，良好的消费文化能够很好地引领生产者进行生态工艺创新。三是消费者的环境意识与支付能力。在社会中，每个人都是作为理性经济人存在的。因而，消费者也有“搭便车”的心理，也会为了少支付或不支付实现自身利益最大化，也就会导致生态产品这种在前期开发中“质次价高”的环境友好产品无法生存，产生“劣币驱逐良币”的效应。因此，要注重消费者环境意识的提高，注重在不同经济发展阶段开发消费者支付能力之内的生态产品。

4. 创新生态技术创新机制

生态技术创新是一个涉及经济、社会、人口、生态、环境等多领域发展的综合系统，要全面开展这项工作，必须进行机制创新。生态技术创新的组织方式可以采用产学研联合的形式，降低生产的成本和风险；在资金投入上，以政府扶持、企业投入、社会参与的形式展开，拓宽资金融通的渠道；在人才、资源、信息方面，可以采用共建共享方式，提高资源的使用效率；还可利用经济、法律、市场等杠杆引导生态技术的创新。

第三节　美丽中国在生态政治文明建设方面的实践路径

生态问题已经不是一个简单的环境保护问题，而是一个重大的政治问题。当前，国际主流政治的“绿化”大趋势已不可阻挡，环境问题正逐渐被道德化、政治化和全球化。政府和政治家们必须确立可持续发展战略，用更多的财力、物力、人力维护生态环境的持续发展，以此促进政治、经济、社会发展与全球生态环境协调发展。在此形势生态政治的概念应运而生。“五位一体”中的生态文明不仅是我国全面小康社会建设的内容之一，还是各项建设和改革发展的新背景和新趋势。政治文明建设必须与生态文明建设相结合。政治文明建设既要为生态文明建设提供坚实的政治制度保障、良好的制度和管理环境；也要按照生态文明建设的根本要求和发展趋势推进政治制度改革，建设中国特色的生态政治制度，构建生态政府体制，并积极完善各项管理制度体系。

一、建设生态政治制度

生态文明建设对我国基本政治理念和政治制度建设提出了新的要求。建设生态政治制度需要提高理念认识，树立新的生态政治理念，促进政治文明与生态文明的有机结合；另外，需要积极主动构建现代生态政治制度，突出生态公平与正义价值，重视和加强生态民主，构建生态政治秩序，同时注意树立国际生态政治观念。

（一）树立生态政治理念

1. 生态政治的内涵

生态政治可以表述为：围绕生态环境价值及与之相关的生态环境利益问题展开的一系列政治现象、政治思想、政治行动的总和，包括由生态利益与经济利益冲突引发的政治矛盾和冲突，以及为解决这些冲突而产生的政党政治、政策制定、政治思想等。生态政治的目的也主要是要运用政治力量和途径解决人类与生态环境之间的利益矛盾与冲突，以及以生态环境为中介的人与人之间的利益矛盾与冲突，从而实现人类的可持续发展。[1]在生态政治中，生态是前提，它突出了我们探讨的政治是与生态相关、具有生态学视野的政治；政治是核心性内容，它突出了我们探讨的生态是上升到政治的高度、需要运用政治力量才能得到解决的生态。生态政治也可以称为环境政治或绿色政治。

生态文明不仅是党和政府“五位一体”的治国内容之一，是中国梦的组成部分，还是中国政治现代理念的重要表现和中国政治未来越来越关注的重要议题。

2. 生态文明必然要与政治文明相结合

首先，生态文明是政治文明可持续发展的前提。生态文明的核心是人与自然的协调发展，进而是社会、经济、文化、资源、环境的可持续发展，这是政治文明可持续发展的前提。“社会主义的物质文明、政治文明和精神文明离不开生态文明，没有良好的生态条件，人不可能有高度的物质享受、政治享受。没有生态安全，人类自身就会陷入不可逆转的生存危机。”生态文明是物质文明的基础和前提，是精神文明的重要内容，为政治文明的发展提供物质基础、精神动力和智力支持。

其次，生态文明建设有赖于良好的政治文明保障。其一，政治制度的性质、完善程度决定了生态文明建设的性质、价值取向和力度。社会主义性质的政治制度决定了生态文明建设是为了全体人民的根本利益和长远利益，是为全体人民利益服务的，它能真正代表全体人民的意愿和要求，制定执行正确的路线、方针、政策，加大生态环境保护和生态文明建设的力度。其二，日益完善的政治制度是生态文明建设的制度保障，表现在国家制度、法律制度和政党制度分别为生态文明建设提供了根本制度保障、法律保障和组织保障。其三，理性化程度不断提高的政治权威和不断扩大的政治参与，是生态文明建设的重要

[1] 张斌．基于生态文明的生态政治简论[J]. 安阳工学院学报，2012，11（5）：5.

保障。生态文明建设既需要权威的、强有力的政治体系，尤其是各级政府，需要有专门负责生态文明建设的政治机关，又需要有广大社会成员的积极参与。

第三，政治文明促进生态文明建设。其一，不断进步的政治文化是推动生态文明建设的强大动力。参与型政治文化是指社会成员对政治体系的输入和输出都有认知、情感和评价，这有利于政治行为主体积极参与各种政治行为，包括参与生态环境保护等，从而促进生态文明建设。其二，良好的政治参与习惯和健全的权利诉求途径可使社会成员自觉或不自觉地参与到各级政权体系及其决策系统中去，促使政治体系民主和科学地决策，从而有效保护和改善生态环境，促进生态文明建设。其三，政府的广泛宣传、教育及各种生态环保标记，可鼓励人们积极参与生态环境保护，从而促进生态文明建设，从而产生特定的政治心理效应和定式。权威的理性化本身就意味着越来越多的社会成员承认、接受、认可和支持，促进社会成员参与生态环境保护和生态文明建设，从而促进生态文明建设。其四，健全的生态环境保护专门机构是促进生态文明建设最直接的制度保障和组织力量。

由此可以看出，生态文明必然要与政治文明相结合。一方面生态环境问题日益进入政治领域，保护和改善生态环境日益成为政治活动和政治关系的重要内容，政治活动根据生态文明建设的要求推动政治文明建设；另一方面，政治行为主体及其政治关系和政治活动日益关注生态环境问题，日益用政治文明建设的过程及其成果来保障和促进生态文明建设，使政治日益生态化。[1]

3. 生态政治理念表现

先进的生态文明理念是生态文明制度的先导。我们应该弘扬生态文明理念并切实贯穿政治建设、经济建设、文化建设、社会建设各方面和全过程，使生态文明理念深入人心，营造全社会推进生态文明建设的良好氛围。把生态文明理念体现在政治方面就是生态政治理念，生态政治理念表现在几个方面。

一是生态优先的执政理念。执政党和政府的创新首要表现价值观的根本变革，以生态文明取向超越传统理念应该是当前最大进步表现。这就要求执政党和政府秉承生态优先的价值目标。当经济效益、社会效益、生态效益三种效益发生矛盾冲突时，应该力主生态价值标准优先，保护生态利益，坚决抵制破坏自然的行为，扮演生态环境的保护神。

二是全面和谐的关系理念。生态文明的内在要求在于彻底转变人类“掌控

[1] 蔡明干．论生态文明与政治文明的辩证关系[J]．经济研究导刊，2009（24）：252.

自然”的固有思维方式，积极倡导人与自然、人与人和谐相处的绿色经济、绿色消费理念。

三是绿色 GDP 的政绩理念。生态环境问题的日趋严峻与治理的无效密切相关，生态环境遭到破坏与错误的政绩观念不无联系。生态文明取向的政府创新要求政府在自身绩效评价中摒弃传统的片面追求经济增长的政绩观，要求政府关注社会幸福、环境治理效果作为考核官员和评价政绩的重要依据。

四是维系公平的社会管理理念。生态文明所蕴含的公平是一种广义的公平，包括人与自然之间的公平、当代人之间的公平、当代人与后代人之间的公平。政府在制定社会发展规划时，既要综合考虑当代人的需要，又要考虑后代人的需要，将可持续的生态环境和社会环境留给子孙后代。

五是民主参与的善治理念。建设生态文明，不仅仅是政府的事，更是全社会、所有民众的大事。生态文明建设必然要扩大民众政治参与，壮大非政府环保组织，加强政府与社会的合作。

（二）构建现代生态政治制度

坚持政府在当前我国生态文明建设中的主导地位，应着力于加快中国特色的生态政治制度建设。生态政治制度是一个包括生态政治组织机构、生态政治制度形式、生态政治运行机制等方面内容的有机系统。生态政治制度是确保生态文明建设有序性、连续性、公正性的一种定型化和规范化的制度创新。当前我国生态政治制度建设已取得较大实质性成就，但总体上还有待进一步健全和完善。

1. 构建生态政治秩序

“既然生态政治把生态问题提到了政治的高度，那么这种政治模式要解决环境问题就要以生态法则为前提，即政治过程生态化要遵循自然生态法则。”在生态政治时代，执政党和政府除了要追求和实现传统政治目的，即形成平等、正义、和谐的社会秩序之外，还必须遵循“环境正义”的“理治社会”，构建生态政治秩序。生态政治秩序就是遵循环境正义原则以形成人与自然、人与人双重和谐的“理治社会”。

2. 突出生态公平与正义价值

环保有社会正义的一面，生态文明也包含公平与正义的内容。生态政治必须体现和坚持生态公平价值和正义价值。生态环境的恶化肯定是强者的责任大，因为他们消耗着大量以环境为代价的商品；生态福利的享有肯定也是强者占优，因为他们有财力和闲暇时间旅游观光，体验美妙风光，有权力和实力规避环境污染，或转嫁环境破坏。因此，富人应比穷人对生态环境负有更多的责任，富国应比穷国在全球环境保护与治理上承担更多的责任。在各种类型的生态功能区，生态建设和环境保护往往是以牺牲当地发展利益为代价，带来的就是当地的贫穷地区和与富裕地区越来越大的差距。维护生态功能区社会民众权益，保障整个社会的公平正义，必须靠政府的生态公平政策调整和生态正义的法律来保障。在这方面，生态政治应发挥利益调整与规范的功能，坚持生态公平正义的原则，实现环境权利和义务的平衡。

3. 重视和加强生态民主

民主既是一种体制和制度，也是一种原则和运作方式。民主制度的真正确立和真实运行需要许多条件和因素。其中，民众的基本理念、能力素质、直接利益关系和需求迫切程度是重要的社会基础。生态文明建设涉及每个人的工作、生活、健康和幸福，构成公民权益一项最为直接的内容（有的人称之为“生态权”或者“环境权”），利益诉求也最为迫切，民主参与的内在动力非常强，对生态环境方面的知情权、表达权、参与权和监督权有最直接的要求。因此，生态文明建设的民主参与成为民主化进程的重要切入点。

4. 重视生态国际政治

生态文明不仅是国内的政治问题，也是国际政治中越来越重要的问题。生态国际政治成为各国国际关系和外交事务中的重要内容。从 1992 年在巴西里约热内卢联合国环境与发展大会通过的《21 世纪议程》，到 2012 年的联合国可持续发展大会的里约峰会，20 年来各方一直围绕环境问题在争吵和博弈中逐步达成共识，引人关注，成为当代国际政治中越来越重要的事件。生态国际政治的目标是建立国家、地区间平等、和谐、和平共处的国际环境正义新秩序。建立国际环境正义新秩序旨在关注和解决事关人类根本利益与长远利益的全球环境问题与国际环境非正义问题。环境问题和生态危机是生态运动兴起的客观原因，生态运动及各国环保组织的成立发展成为生态政治产生发展的现实基础；反过来，各国在国内和国际两个层面上的政治生态化也将成为解决当今环境问题和生态危机，促进世界政治、经济、文化、环境协调、持续发展的重要措施和途径。生态国际政治并不奢求在短时间内建立某种统一的全球环境治理部门，而是通过决策制度和经济关系的生态化，促使各国采取有利于生态的治理方式。生态国际政治对一个国家外交和内政都会产生重要的影响。

（三）加强生态法制建设

有环境学者指出，我国“环保欠账”问题总是无法解决，并且有加剧趋势，其中，一些重要原因有立法不健全，执法不力，企业违法成本低，缺乏有效监管机制以及追究政府责任不够，等等。可以说，中国“环境赤字账单”的形成，法律不健全难辞其咎。[1]

法律制度是行为规范，体现了最基本的价值导向。法制建设在解决生态环境问题上具有举足轻重的作用。政府通过制定政策、法令、规章制度等既可以对环境保护进行直接干预，又可以对经济发展模式、公众行为形成约束间接影响生态环境的保护。它可以把各种权利、手段有效结合起来，提高公众的环境意识、科学素质，改变和规范人们的行为方式，培育全新的生态法制观。

1. 以生态文明理念指导推进立法进程

以生态文明理念为导向和以可持续发展为目标的法律生态化理论对法律价值提出了新的要求。一方面要将实现人与自然的和谐共处纳入法律的工具性价值之中，以此缓解人与自然的紧张关系；另一方面在目的价值中要积极吸纳环境公平、环境正义、代际公平、生态优先等等，以彰显人与自然和谐共处的价值理念和原则。只有这样，法律生态化才能真正地凸显生态法制建设的真正内涵。

我国现行有关法律均表现出经济优先的倾向。因此，要尽快制定体现生态优先的综合性生态保护法律。健全的生态法律制度不仅是建设生态文明的标志，而且是保障生态文明的最后屏障。我国当前尽管已有这方面的立法，如《中华人民共和国环境保护法》，但还是存在体系性欠缺的现象。所以，要继续立新法，还要尽快修订与生态相关的法律法规，明确界定环境产权，并建立独立的不受行政区划限制的专门环境资源管理机构，克服生态治理中的地方保护主义行为。改革开放以来，我国逐步建立了一大批生态环境方面的法律，生态环保法律制度不断完善。目前，我国已制定了关于水污染防治、海洋环境保护、大气污染防治、环境噪声污染防治、固体废物污染环境防治、环境影响评价、放射性污染防治在内的环境保护法律 9 部，自然资源保护法律 15 部，以及清洁生产、可再生能源、农业、林业、畜牧业等与环境保护关系密切的法律，为生态文明建设奠定了坚实的基础，创造了条件。但是随着形势的发展，生态文明建设不但要致力环保法律制度“量”的覆盖，而且更要重视对环保法律制度的“质”进行深入审视。环境立法仍然存在诸多空白，已有的环保法律制度已经显露出它的不足之处。有的法律迟迟不见颁布，如 2006 年有关专家就起草了《环

[1] 宋慧斌，张庆生，许立华．论建设生态文明中的法律保障 [J]. 中共山西省委党校学报，2008，31（2）：103.

境保护公众参与办法》，却是“只闻楼梯响，不见人下来”。有的法律规定不够具体，内容要求不够明确。例如，2006年制定的《环境影响评价公众参与暂行办法》中对公众的主体地位规定不明确，对选定公众的标准规定不明确。这很容易导致公众权利和义务的虚化，使法律演化为建设单位和环境行政主管部门的行为规则，公众无法主动和真实地参与环境影响评价。对公众意见法律效力的规定不足。根据规定，公众对公众意见是否得到采纳无权处置，意见征询采纳完全是环境保护行政主管部门组织和审批机关的职权。

加强生态文明建设，要坚持把生态文明观下的大环境法体系融入经济社会发展的大局中统筹进行。根据生态文明建设背景下的环境法制目标与发展要求，需要形成一套科学的环境立法体系。一是宪法中明确规定公民环境权作为公众参与环境管理的立法依据，并将环境民主与环境法制有机结合起来，以落实公民道德与自然权利相关的一项基本人权，推进环境法治进程。二是继续保持《中华人民共和国环境保护法》作为综合性环境基本法，克服某些立法缺陷，突出生态文明建设的立法宗旨，增加有关生态保护与资源保护的原则性规定，明确环境保护主体的权利义务、环境保护基本政策、主要对策，补充环境资源管理体制与管理机构的权责规定以及涉外环境法的原则性规定，等等。三是整合完善作为传统环境法基本内容与在现代环境法中依然重要的污染防治法，梳理其中与环境基本法重复的条款，强化程序性与实施性的规定，吸收既定且已付诸贯彻的各类规章中的主要环境标准使之法律化，补充制定针对有毒废弃物、化学危险物品、核安全、放射性物质污染防治的法律规范。四是整合生态环境建设领域内的单行法律法规，着力解决目前相关立法各部门由于条块分割而产生的不利于生态系统保护的问题。五是加大刑罚介入力度。应在刑法中增设新的罪种，对破坏大气、土壤、自然遗迹等自然环境犯罪，违法捕杀、贩卖、经营受国家保护一、二级野生动物犯罪等行为从重处罚。另外，进一步重视生态环境法治建设，建立清晰的生态产权制度，包括生态产权界定、配置、流转、保护的现代产权制度。

2. 严格依法行政，加强生态执法

在生态文明建设和环境保护的执法环节中，政府在行政许可、行政处罚和行政强制等方面都存在一些问题。首先，环境行政许可把关不严。目前，我国行政机关对待环境行政许可并未做到恪尽职守。现行环境行政许可的实施状况非常严峻。其次，环境行政处罚量化不足。我国环境行政机关在处罚方面享有过大的裁量权，以《中华人民共和国大气污染防治法》为例，该法规定“有下列行为之一的，由县级以上人民政府环境保护行政主管部门责令限期建设配套设施，可以处二万元以上二十万元以下罚款”。罚款最高额是最低额的10倍。这种可自由裁量的法律规定容易导致裁判不公，进而降低环境行政处罚的公信力。最后，环境行政强制力度不够。我国环境行政机关缺少必要的强制执行权，《中华人民共和国环境保护法》规定：“当事人逾期不申请复议，也不向人民法院起诉，又不履行处罚决定的由做出处罚决定的机关申请人民法院强制执行。”据此规定，环保机关若准备强制执行，需要行政相对人不去提起复议或者诉讼，并获法院批准。这些条件大大削弱了环境行政强制执行力度。

根据存在的问题，加强生态文明建设中的依法行政，推动生态文明建设法制化，需要采取若干有效措施。

一是严格行政许可。要加强主管机关的生态文明意识，树立法制生态化价值理念，用科学发展观武装头脑，坚持“五位一体”，保障经济社会发展与生态文明的和谐发展。同时，要加强生态环境的责任机制建设，对于失职的相关人员，除党纪政纪处分外，还要给予行政处罚。二是量化行政处罚。针对我国环境行政处罚中自由裁量权过大的问题，有必要对行政处罚法进一步详细划分，细致规范环境行政机关的自由裁量权。三是强化环境行政强制，加强监控力度。对于执法中查出的问题要依法严格追究责任，决不搞以罚代法。针对我国环境行政强制执行力度不够的问题，有必要对环境行政强制执行权的行使重新加以分配，赋予环保机关的独立地位，使其与公安机关、税务机关一样，拥有独立的强制执行权。同时，调整与法院强制执行权的关系，“对有关人身重大财产的应由人民法院审查强制执行，其他的应由环境行政机关执行。具体来说，诸如拘留、大额罚款、责令停业关闭等由人民法院实施强制执行，而小额罚款及没收财产的收兑、变卖、划拨、扣缴与责令安装使用治理设施等可由环境行政机关实施”。四是要加大执法监督。人大要经常组织生态文明建设的专项执法检查活动，有关执法部门要经常组织联合执法活动，坚决杜绝行政不作为现象。

3. 加强生态文明中的公民环境权保障

“环境权”这一概念的提出是在20世纪60年代。随着环境的急剧恶化，人类生存面临环境危机，在各种环境保护运动的推动下，人们逐渐意识到保护环境的重要性，并把每个人享有其健康和福利等要素不受侵害的环境权利和当代人传给后代人的遗产应当是一种富有自然美的自然资源的权利作为一种基本人权在法律体系中确定下来。环境权简单地讲就是指公民在不被污染和破坏的环境中生存及利用环境资源的权利，具体内容包括环境使用权、环境知情权、环境参与权、环境请求权等。

一是保障公民的环境知情权。由于环境损害的隐秘性以及一些公民自身的原因，许多公民在环境问题的信息占有上严重不对称。例如，对于城市的规划和土地征收没有参与的机会，对于城市和乡镇工业规划的不知情，等等，都妨碍了公民参与环境治理和建设权利的有效行使。所以，必须通过法律赋予公民对环境问题的知情权，并且基于公民的弱者地位规定政府和企业等相应的义务保障公民知情权的实现。对于可能对环境造成损害的决策或者其他措施，政府有必要事先通知那些可能会受到影响的群体，不仅有义务通报有关公共和私人的所有相关信息，同时有义务不干涉公众从国家或私人机构获得信息的行为。

二是保障公民的环境参与权。公民环境参与是民主制度的内在要求。我国一些主要的环境法律、法规都有公众参与的条款。如《中华人民共和国水污染防治法》和《环境噪声污染防治法》均规定："环境影响报告书中应当有该建设项目所在地单位的意见"。1996 年出台的《国务院关于环境保护若干问题的决定》强调："建立公众参与机制，发挥社会团体的作用，鼓励公众参与环境保护工作，检举揭发各种违反环境保护法律法规的行为。"

三是保障公民的诉求权和补偿权。完善环境诉讼制度。环境权益的公共性以及环境法的社会法属性，环境诉讼体系具有综合性，既有传统的民事诉讼、行政诉讼、刑事诉讼，还有符合自身特征的公益诉讼。要鼓励和支持公民和环保组织依法提起环境公益诉讼，及时受理，公正裁决。要建立具体的生态资源的有偿使用和赔偿机制。另外，要建立环境保护的司法救济制度。总之，法律要为生态文明建设撑开法律的保护伞！

二、构建生态政府体制

政府管理是生态文明建设最直接、最具体的活动，因而。政府体制需要根据生态文明建设的要求不断调整和改革。要增强生态文明建设职能，加强生态文明相关机构改革，理顺关系，推进生态文明治理运行顺畅，并积极创新生态文明建设中的政府管理方式。

（一）推进生态文明建设中的政府体制改革

党的十八大报告提出，我国行政体制改革的目标是"建设职能科学、结构优化、廉洁高效、人民满意的服务型政府"，其中就包含生态文明建设内在要求。促进和加强生态文明建设既是政府体制改革的重要背景，也是改革创新的一项检验标准。从宏观上讲，生态文明建设必然会促进政府管理理念的创新和治理模式的变革。比如，治理核心理念由发展效率至上转变为更加关注生态公平；政府治理目标由GDP至上转变到民生GDP和绿色GDP，大力建设美丽中国、美丽城市、美丽乡村；治理方式由管制为主转变到扩大民主参与；等等。从微观上讲，生态文明建设必然会在政府职能转变、政府机构改革、关系理顺以及管理方式创新等方面体现出来。

1. 加快政府职能转变，增强生态文明建设职能

一方面，必须减少政府职能的越位、缺位和错位。地方政府主导的经济增长模式、官员政绩冲动及地方政府间权力和利益竞争使得地方政府职能普遍存在越位和缺位，导致许多地方政府片面追求当地短期利益，片面地注重经济指标，轻视环境生态指标，以牺牲社会效益、环境效益、生态效益换取经济效益的提高；在生态环境上，保护不力、监管不严、投入不够、组织力量薄弱，地位不高，甚至充当了环境生态的破坏者。

另一方面，加强政府职能的转变和科学定位，实现正位、回位和补位。政府职能的总体定位就是按照建设服务型政府的要求，向创造良好发展环境、提供优质公共服务、维护社会公平正义转变。根据生态文明建设的要求，政府职能转变应该表现如下。一是要加强服务职能，切实加强生态文明建设的职能，做到在服务中实施管理，在管理中体现服务，为社会公众在环境保护方面创造良好的环境，扮演保驾护航的角色。各级政府要为社会和公众制定科学的生态政策；加强政务公开，及时提供生态环境动态信息，保障公民的生态知情权；扩大公民的参与，维护生态利益诉求；加强环境治理，为公众的生活、工作提供良好的自然环境，确保公众“喝上干净的水、呼吸清新的空气，有更好的工作和生活环境”。二是要加强监管职能，设置严格的准入制度。政府在资源环境这一公共产品使用过程中要设置严格的准入制度，杜绝生产者过度开发资源环境而造成私人成本低于社会成本等乱象。通过加强市场监管和改革绩效评估，避免地方政府政绩冲动与利益争夺造成的公共服务角色失位。让生态环境管理的资源进一步向基层倾斜，提高基层政府的装备能力，逐步建立和完善对危害公众健康和环境安全的监控体系。三是要增强新的职能。建立和完善生态保护制度、资源有偿使用和补偿制度、生态问责制度、绿色GDP考评制度等一系列新的制度体系；建立有利于绿色技术研发的制度体系，在推动传统产业结构向现代绿色产业体系的升级过程中，也亟须地方政府在推进科技进步、产业转型升级、加强政策引导以及建立健全资源环境立法体系等方面发挥应有的功能作用。

2. 积极推进机构改革，加强生态文明机构建设

当前地方政府管理中存在多头执法、重复执法以及行政管理责任无人承担的现象。所以，调整政府管理体制，首先就要构建一个与生态文明建设相配套的能源资源和环境管理综合协调机构以代替具有过渡性质的机构，进而理顺政府各部门关系，减少体制上的摩擦，缓和机构间矛盾。

一是要稳步推进大部门制改革。整合生态治理和环境保护相关的部门职能，建设综合性的生态治理和环境保护部门，从根本上杜绝生态环境管理政出多门的问题。

二是需要进一步增强地方资源环境部门的独立自主性，提高执法能力。地方政府对环保部门在人事权和财政权方面的绝对支配地位使得地方资源管理部门和环保部门往往陷于听命于地方政府及官员和忠实履行环保职责的两难境地。因而，建立一个权威性的综合管理机构不仅可以避免过渡性质的职能机构的行政级别较低而造成协调无力甚至无法协调的情况，而且该机构并不存在与其他机构的利益相关问题，可以站在公平公正的角度调节各机构间的矛盾，从而大大提高协调的有效性。2013 年的机构改革实行简政放权，加强了对投资活动的土地使用、能源消耗、污染排放等管理，这是符合生态文明建设要求的正确选择。

3. 进一步理顺关系，推进生态文明治理运行顺畅

一是理顺横向职能部门之间的关系，整合职能，减少职能交叉，减少相互扯皮现象，促进职责权限的统一。这也是加强生态文明建设的表现。实践证明，监管部门越多，监管边界模糊地带就越大，既存在重复监管，又存在监管盲点，难以做到无缝衔接，监管责任难以落实。多个部门监管，监管资源分散，每个部门力量都显薄弱，资源综合利用率不高，整体执法效能不高。执法模式由多头变为集中，强化和落实了监管责任，有利于实现全程无缝监管，提高监管整体效能。

二是理顺中央与地方政府之间职权关系。加强生态文明建设是各级政府的共同职责，具体职能有分工，但目标是一致的，即共同建设美丽中国，实现中国梦。首先，解决地方保护主义问题，避免中央热、地方冷，避免上有政策，下有对策。2008 年 7 月发布的《全国生态功能区划纲要》划分了 216 个生态功能区，在此基础上我国开展了生态功能区的保护与建设工作。生态功能区的建设与保护是我国生态文明战略实施的关键，然而生态功能区划与传统行政功能区划的矛盾需要地方政府协同配合解决，以生态利益保护为职责，共同发展。其次，创新生态功能区的管理体制。生态功能区是落实国家主体功能区战略的重要体现，也是加快推进生态文明建设的控制性节点。积极探索建立生态功能

区的横向协同、纵向统筹的管理体制，强化上级政府对跨地区综合性环境事务的宏观调控能力。最后，加强地方环保职能部门职权和能力，改革财政体制，保障地方政府职责权限和财力的平衡。尤其是加大对生态保护区的专项转移支付和财力支持，增强地方政府支持生态文明建设的内在动力。

三是在管理经济事务过程中，地方政府要处理好政府与资源性企业、政府与社会环境、经济发展与公共服务之间的关系，理顺经济发展、环境保护、社会和谐的关系。

（二）创新生态文明建设中的政府管理方式

重视和加强生态文明建设必然对传统政府体制和治理模式带来挑战，促进政府体制改革和治理方式的创新。政府管理活动包括一系列的环节，如制定公共政策、决策、用人、执行、监督与控制、沟通协调、宣传与教育等，有的内容在别的章节有所论述，不再重复。本节侧重论述政府管理活动与管理方式的创新。

1. 构建生态文明取向的综合决策机制

一是将生态文明建设纳入经济和发展规划的综合决策，并贯穿于社会经济发展全过程。这需要增强生态文明建设在决策理念中的作用，需要提高资源、环保、生态等相关部门在政府宏观规划中的地位。积极推进规划环评、政策环评、战略环评，在城市规划、能源资源开发利用、产业结构调整和土地开发建设等重大决策过程中，让环境影响评价进入综合决策。规范环境影响评价的内容和程序，完善环境影响评价制度，增强环境影响评估的权威性，保证环境评价单位在环境影响评价中的独立性，确保环境影响评价机构不受非技术因素的干扰。

二是建立多方参与的政策制定机制。首先，各级政府内部在制定宏观经济政策时，要有资源、环保、生态部门和其他有关部门共同参与，确保各个层次的经济发展总体战略、规划和政策充分考虑生态环境因素。其次，加强民主决策。公众参与决策的目的在于增进决策者与公众之间的相互了解、相互信任，取得集思广益的效果。其实质就是通过一定的方法与程序，让社会成员能够参加到那些与他们的生活环境息息相关的政策和规划的制定及决策过程中，使他们自觉地参与美好家园的建设中，促使地方管理决策更加民主化、科学化和法制化，更加具有可操作性。2006 年，《环境影响评价公众参与暂行办法》颁布施行。该办法的立法目的是推进和规范环境影响评价活动中的公众参与，有利于综合决策的科学化、民主化。

三是建立生态优先的权衡机制。政府部门在出台相关政策时应优先考虑生态环境的承载能力，充分评估可能产生的环境影响，对可能产生重大环境影响的城市建设和社会经济发展重大决策行使环保一票否决权，避免出现对生态环境造成破坏性影响的决策失误。当经济发展与生态环境建设相冲突的时候，要坚持生态环保的优先地位，让经济发展服从于生态环境建设。

2. 加强生态文明建设中沟通协调机制

生态文明建设的核心问题是建立人与自然的和谐关系，它本身是一个庞大复杂的系统工程，涉及每一个社会成员，需要充分动员和有效扩大社会各界公众参与。因而，政府在生态文明建设中必须转变传统的行政管理方式，由行政命令为主的强制方式向扩大民主协商、沟通协调方式转变；由管制式为主的方式向服务为主的方式转变；由政府为主大包大揽的方式向扩大民众参与、社会多元主体的方向转变。

一是完善环境信息发布和重大项目公示制度和听证制度。有关生态文明建设的事项要走群众路线，初步规划与方案要向社会公开，征求社会群众意见，保障公众的知情权、参与权、决策权和监督权。成立生态文明建设专家咨询委员会，重大的决策要充分听取专家意见，切忌暗箱操作。2003 年 9 月 1 日开始实施的《中华人民共和国环境影响评价法》在推行环境决策民主化上意义深远。它规定政府机关对可能造成不良环境影响并直接涉及公众环境权益的专项规划，应当在审批前通过举行论证会、听证会等形式，征求有关单位、专家和公众对环境影响报告书的意见。

二是积极推进沟通协商机制。注意对重大问题开展深入的调查研究，力求全面、准确地了解社会民众的心理和意愿。结合地方实际，积极创新社会协商有效形式。高度重视当前具有强大影响力的网络媒体，积极利用网络平台，推行网络问政。一方面通过网络及时发布生态文明建设信息，形成网民积极关注、广泛参与生态文明建设的网络舆论格局；另一方面要完善政务网互动功能，增强对网络民意的回应。政府应重点加强与民众沟通，及时回应民众质疑，鼓励网络公众监督资源和环境相关政策的制定，解决民众通过网络渠道发布的资源环境问题，以互联网发展为契机，建设政府与网民的对接新渠道。

3. 建立政府主导、市场运作、社会协同的合作机制

生态治理的制度设计可以有三种：一是政府主导、行政运作的方式，二是政府主导为主、市场运作的方式，三是市场运作为主、政府为辅的方式。[1] 如果

---

[1] 姜裕富．生态文明建设中的政府治理创新 [J]. 环境保护与循环经济，2011，31（3）：19.

政府和社会之间的目标、利益和手段等方面存在偏差，就容易导致公民环境权益遭受侵犯，使环境治理结果出现不确定性，生态治理实际效果就会大打折扣。因而，生态文明建设必须在多元合作治理模式理念的指导下，建立政府主导、市场运作、社会协同的合作机制。政府主导强调了生态建设是政府的职能，政府扮演生态治理的制度供给者、实施者、监督者的角色，对于生态环境的破坏，政府应该承担相应的责任。市场运作认为生态治理由政府主导并不意味着政府完全按照行政权力运作模式治理生态，而是要充分发挥市场机制的作用，政府在产权制度、纠纷裁决制度等方面的创新是市场运作的关键。社会协同看到了政府失灵与市场失灵的可能，个人或社会组织作为环境好坏承受者介入生态治理。在治理过程中，各方利益主体就共同的目标进行协商，以实现公共利益的最大化，避免政府失灵与市场失灵。

多元合作治理模式因多元主体的参与而产生优势互补效应，能够突破传统环境保护以政府为主导的局限性，促进政府生态治理体制的建构和完善。

三、完善生态制度体系

党十八大报告指出，“保护生态环境必须依靠制度”，并且提出了一系列具体的制度要求，形成生态文明建设的制度体系。

（一）建立生态文明取向的绿色 GDP 考核评价体系

GDP 指标被称为“世纪性杰作”，是国民经济核算体系（SNA）中一个重要的综合性指标，是衡量国民经济发展规模、速度、结构和水平的核心指标，是监测整体经济状况的重要数据，反映宏观经济的发展状况。因而，在发展是第一要务的政绩考核体系中，GDP 一直是我国各级政府和官员绩效考核中最重要、最核心的指标。但是，GDP 并非衡量福利的完美指标，传统的 GDP 指标在诸多方面存在不足，环境质量、收入分配、公民幸福感等都不能够从 GDP 中得到反映。从现行的 GDP 评价体系中只能看出经济产出总量或经济总收入的情况，却看不出背后的环境污染和生态破坏；核算使用的中间投入仅限于国民经济核算体系涉及的货物及服务，未能反映经济生产活动对自然资源消耗和对环境造成污染的代价，也不能反映日益严重的贫富差距和收入分配不公问题，不能反映国民生活的真实质量等。

因此，完善 GDP 评价体系，使它能够更加真实地反映社会经济发展，必须坚持科学发展观，加入生态文明指标。推行绿色 GDP 评价体系对生态文明建设有着直接的推动作用。目标考评体系是地方政府活动和领导干部工作的指挥棒，直接引导地方政府行为方向。推行绿色 GDP 评价体系，加入生态文明的考核指标，既可以强制性推动地方政府、领导真正重视节能减排、优化产业结构、减少资源浪费，也可以激励各级官员切实关注生态文明建设，将经济发展的着力点放到提高经济增长质量和综合效益上来，从而加快“美丽中国”建设进程。

1. 绿色 GDP 的基本内涵

1993 年，联合国统计署（UNSD）出版的《综合环境经济核算手册》正式提出绿色 GDP 的概念。绿色 GDP 有两层含义：一是产品生产和经济发展要在良好的自然资源和生态环境下进行，合理、有效地开发利用自然资源，并符合经济可持续发展要求；二是产品生产和经济发展应该在满足人们物质生活极大丰富的同时，保障生存环境的良好循环和生活质量的不断提高。

关于绿色 GDP 的核算，目前一般是基于传统 GDP 的调整方法，即绿色 GDP=GDP- 固定资产折旧 - 资源环境成本或绿色 GDP=GDP- 资源环境成本。绿色 GDP 评价体系是对传统 GDP 评价体系的完善，不仅能衡量经济中所有人的总收入和用于经济生产的物品与劳务产出的总支出，也能看出环境污染与生态破坏所造成的损失。

绿色 GDP 是科学发展的“增加值”，它衡量经济发展最真实的水平，是实实在在、没有水分的 GDP；它正视环境资源的有限性，是生态环保、资源节约的 GDP；它瞄准新的经济增长机制，是创新驱动增长的 GDP；它着眼民众长远福祉，是可持续增长的 GDP。

2. 建立绿色 GDP 指标体系

绿色 GDP 评价指标体系（表 7-1）的建立可围绕经济发展层、社会进步层、资源节约层、环境友好层建立 28 个绿色发展规划评价体系[1]。

[1] 朱海玲，施卓宏．“两型社会”建设中绿色 GDP 评价体系的建立与实施机制研究 [J]. 湖南社会科学，2011（4）：99.

表7-1　绿色GDP评价指标体系

总目标	准则层	具体指标与单位	备　注
绿色GDP评价体系	经济发展层	人均 GDP（万元 / 人） GDP 增长率（%） 高新技术产业增加值占 GDP 的比重（%） 科技成果转化率（%） 外贸依存度（%）	作为目前描述经济增长情况指标
绿色GDP评价体系	社会进步层	城镇化率（%） 人均住房面积（平方米 / 人） 恩格尔系数（%） 社会基本保险参保率（%） 城镇登记失业率（%）	反映环境损失和环境改善对人民生活质量的影响
	资源节约层	能耗强度（ECI）（吨标煤 / 万元） 水耗强度（WRI）（立方米 / 万元） 土地资源消耗强度（RRI）（立方米 / 万元） 物质消耗强度（TMI）（吨 / 万元） 单位规模工业增加值能耗（吨标煤 / 万元） 能源消费结构（RER）（%） 三废综合利用贡献率（%） 房屋空置率（%） 土地产出率（%）	反映经济增长对资源的信赖程度和利用水平，表明绿色发展的水平
	环境友好层	人均耕地面积（平方米 / 人） 人均绿地面积（平方米 / 人） 森林覆盖率（%） 主要饮用水质达标率（%） 城镇生活垃圾无害化处理率（%） 环保投资占 GDP 的比重（%） 污染物排放强度（PPI）（%） 温室气体排放强度（CO_2/GDP） 建设项目“三同时”执行合格率（%）	综合反映经济增长给生态环境带来的压力，表明绿色发展的水平

3. 推进绿色 GDP 考核指标体系实施

当前，各地积极响应“生态文明”建设和“美丽中国”号召，纷纷提出“美丽城市”“美丽乡村”等概念，并积极引进和探索绿色 GDP 指标体系。例如，2012 年，河南省政府提出绿色 GDP 要成主要政绩指标。河南省十一届人大常委会第二十八次会议分组审议《河南省减少污染物排放条例（草案）》。条例规定，治污、节能减排成绩将成考核官员政绩新标准。县级以上人民政府对行政区域内减少污染物排放工作负责，淘汰落后产能，建设污染防治减排设施，并实施减少污染物排放工作目标责任制和行政问责制，定期对所有有关部门和下级人民政府进行考核，将考核结果作为有关负责人政绩的重要内容。2013 年，湖北省委省政府提出把民生 GDP 和绿色 GDP 作为核心 GDP，强调湖北要提升经济发展的质量和效益，要建设美丽湖北、幸福湖北，把绿色作为核心追求。2013 年，湖南已经初步完成了《绿色 GDP 评价指标体系》，并在长沙、株洲、湘潭三市（长沙、株洲、湘潭以及下辖县市区）全面试行绿色 GDP 评价体系，把评价指标纳入该省绩效考核，实施考评。这套指标体系是在湖南省 14 个市（州）2008 年至 2010 年间的数据测算情况基础上提出的，包括经济发展、资源消耗、环境和生态 3 个层面，分别按照 40%、30%、30% 的比例进行考核核算，共计 22 个指标。

从传统到绿色，转型无疑相当艰难。绿色 GDP 核算在当前还存在许多理论和实践上的困难与障碍。绿色 GDP 付诸实践，发展内涵与衡量标准都会随之发生变化，扣除了环境损失成本，或许会使一些地区的经济增长数据下降。如果不把唯数字论的政绩观扭转过来，不把只重增长不看质量的机制扭转过来，搞花架子、形式主义的形象工程、政绩工程就还有空间，绿色发展就难以坚实持久、甚至难以生根发芽。

确立绿色 GDP 的“核心”地位，如何核算只是技术问题，最根本的是要将绿色 GDP 从计算方式的变革，引导出干部考核制度的变革，确立其在新的政绩评价体系中的核心地位。以此为基础，加快形成转方式、调结构的倒逼机制，引导地方积极节能减排、淘汰落后产能，推动地方主动探索无污染、高质量的经济增长点，实现政府职能的转变，实现“绿色发展、低碳发展、循环发展”。

（二）建立和完善资源有偿使用和生态补偿制度

环境资源的外部性、生态建设的特殊性、环境保护的迫切性共同决定了建立生态补偿机制的重要性和紧迫性。我国生态环境形势严峻，除经济发展阶段的特殊性等客观因素外，廉价或无偿的生态环境使用制度以及由此造成的生态环境补偿机制缺失是环境污染加剧的重要原因。生态环境作为一种重要的稀缺资源，应和资本、劳动等生产要素一样按市场方式有偿使用。只有这样，才能实现环境成本和效益的合理分配，才能真正解决环境污染外部化问题。建立健全资源有偿使用制度与生态环境补偿机制，有利于城乡之间、区域之间的统筹协调，为生态脆弱和经济欠发达地区提供有力的政策支持和稳定的补偿渠道；有利于确立资源环境的价值观念，推进资源环境有偿使用的市场化运作；有利于促进清洁生产，发展循环经济，实现经济增长方式的根本转变；是撬动经济和环境“双赢”的有力杠杆。

1. 建立健全资源有偿使用制度

资源有偿使用是建立在资源有用、有限、有价基础上的，使用资源的主体应该根据环境资源的价值和稀缺程度承担必要的费用。资源有偿使用意味着取得资源使用权应该付出一定的代价或费用：在使用环境资源的过程中，相关主体应该承担维持和维护环境质量和生态系统平衡的费用；在利用环境资源时，应该尊重生命、热爱自然、维护环境利益，依法承担必要的实现人与自然和谐相处等的费用。

一是建立真实反映资源稀缺程度、市场供求关系、环境损害成本的价格机制，推进价格改革，理顺价格形成机制，建立反映市场供求、资源稀缺程度的资源性产品价格形成机制，建立资源性产品交易机构，积极开展交易试点，形成由政府主导的有利于促进资源节约和环境保护的资源性产品价格体系。应该按照维护自然资源可持续利用的原则要求，构建合理的自然资源价格的差比价关系，正确处理自然资源与资源产品、可再生资源与不可再生资源、土地资源、水资源、森林资源、矿产资源等各种不同资源价格的差比价关系；纠正原有的价格体系不完全所造成的资源价格扭曲，将资源自身的价值、资源开采成本与使用资源造成的环境代价等均纳入资源价格体系。通过完善资源价格体系结构，为资源有偿使用制度的实施提供体制保障。

二是严格执行资源开采权有偿取得制度。石油、煤炭、天然气和各种有色金属等都是不可再生的宝贵资源，因此资源开采者必须向国家缴纳相应的税费以获得开采权。应彻底取消自然资源一级市场供给（行政无偿出让和有偿出让）的双轨制，使企业通过招标、拍卖等市场竞争手段公平地取得资源开采权。对于此前无偿或廉价占有资源开采权的企业，应进行清理。

三是积极探索和推行交易制度。首先，全面推行排污权交易制度。基于废弃物排放的总量控制制度，全面推行初始排污权有偿使用制度，全面推行排污权在行业之间、企业之间的交易制度，优化配置稀缺的环境容量资源，提高环境容量资源效率。其次，积极探索碳权交易制度。在温室气体从强度减排转向总量减排的过程中，积极探索初始碳权有偿使用制度，积极探索碳权在区域之间、产业之间和企业之间的交易制度，优化配置稀缺的温室气体容量资源，提高碳效率。

四是发挥财政职能，做好资源有偿使用收入的管理工作。发挥财政的配置职能，形成合理的资源成本分摊机制，将资源自身价值及开采费用、开采资源造成的环境恢复费用、资源开采生产的安全费用等共同成本合理地分摊到资源开采、资源产品和产品服务等产业链条之中；发挥财政的调节职能，将资源有偿使用的收入进行有效的分配，在中央与地方按比例分成的基础上，实行“专款专用”；发挥财政的监督职能，依据财政制度促使使用资源的经济成分准确、及时、足额地缴纳有关税费，同时对造成资源有偿收入的税源和费源“跑冒漏损”现象进行检查验证。积极推进资源税费改革。统筹各种资源税费和环境税费改革，实现“从量计征”到“从价计征”，建立统一的资源税费和环境税费体系，加快推进资源性产品有偿使用制度和生态补偿制度的建立和完善。

五是加强资源开发管理和宏观调控。营造公平、公开、公正的资源市场环境，形成统一、开放、有序的资源初始配置机制和二级市场交易体系，建立政府调控市场、市场引导企业的资源流转运行机制，通过市场对资源的有序配置，提高资源的利用效率，改变人们利用与消费资源的传统方式，以资源的永续利用保障经济社会的可持续发展。

2. 建立健全生态环境补偿机制

生态环境补偿机制是综合运用政府、法律和市场手段落实生态文明的重要路径，是指对损害生态环境的行为或产品进行收费，对保护生态环境的行为或产品进行补偿或奖励，对因生态环境破坏和环境保护而受到损害的人群补偿，以激励市场主体自觉保护环境，促进环境与经济协调发展。生态环境利用的不可逆性是生态环境补偿的自然要求和生态学基础；环境资源价值理论是生态补偿的价值基础和确定补偿标准的理论依据。

近些年来，我们提出建立生态环境的有偿使用制度和补偿机制，并且逐步建立了一些相应的制度与机制。但是由于长期以来对生态环境的认识缺失和制度缺失，当前生态环境补偿机制还存在一些问题。一是财政转移支付体现生态补偿要求还不够清晰。现行的财政转移支付制度虽然在一定程度上体现了对经济欠发达地区的扶持倾斜，但未能充分反映生态补偿的要求。比如，财政收入分配虽然实行了差别待遇政策，但对重要生态功能区域的生态补偿倾斜不够明显，多数财政转移支付受惠项目的生态补偿指向并不明确，财政资金获得与该地区承担的生态环境保护和建设任务有待进一步联系。二是资源环境价值与生态补偿偏低的矛盾比较突出。资源环境领域的价值规律还没有引起各级政府的足够重视，资源有偿使用制度不够完善，对自然资源和生态环境保护的投入基本不计成本。在价格形成机制上，资源产品价格还没有充分反映自然资源本身价值，造成资源产品价格低下，与实际使用价值严重背离。三是"谁损害谁付费，谁受益谁补偿"的原则没有充分体现。相关地区的广大人民群众为了保护当地的资源环境做出了很大的牺牲。他们在环境保护生态建设上加大了投入，但在产业发展上受到了制约，给当地的经济社会发展产生了深刻的影响。如果由此造成的经济损失完全由当地承担，而不是由资源消耗者或损害环境者承担。这不但与"谁损害谁付费，谁受益谁补偿"的原则相悖，还可能加剧区域发展的不平衡和区域间的利益冲突。四是生态补偿工作还未走上制度化和规范化轨道。

生态环境补偿机制的实施重点如下。

一是建立健全生态环境补偿的长效机制。生态环境补偿机制的制度化、规范化、市场化需要通过法律法规进行约束和支持。我们应在借鉴国际经验的基础上，按照"谁开发谁保护，谁受益谁补偿"的原则，尽快出台符合我国国情的生态环境补偿条例和生态环境补偿法，在取得试点经验的基础上全面推开，以实现生态环境的"善治"与可持续发展。

二是逐步推进环境税收制度和生态补偿保证金制度。根据我国的具体情况，可先将各种废气、废水和固体废弃物的排放确定为环境税的课征对象，同时将一些高污染产品以环境附加税的形式合并到消费税中。对新建或正在开采的矿山、林场等，应以土地复垦、林木新植为重点建立生态补偿保证金制度，企业需在缴纳相应的保证金后才能取得开采许可，若企业未按规定履行生态补偿义务，政府可运用保证金进行生态恢复治理。

三是建立符合主体功能区划的财政转移支付制度。要提高一般性转移支付对生态环境补偿的规模和比例，优化转移支付结构，进一步规范分配办法，细化转移支付测算级次，更加科学、准确、合理地反映地方生态建设和环境保护情况。在此基础上，通过进一步提高转移支付系数等方式，加大对国家级禁止和限制开发区域的转移支付力度，对限制开发区域和禁止开发区域予以相应的政策倾斜，满足这些地区基本公共服务的标准支出需求，引导当地政府工作重心转向科学发展与改善民生。

四是整合优化财政支出结构。合理确定财政支出投向，充分体现生态补偿的要求和对欠发达地区、重要生态功能区的倾斜和扶持，进一步明确用于生态补偿的项目和标准，重点扶持相对落后地区的生态示范项目。对生态重点工程和重点领域，进一步加大财政支持力度，更加清晰地体现生态补偿的要求。进一步加大政策扶持力度。通过规划引导、项目支持等方式，扶持和培育生态脆弱和经济欠发达地区新的经济增长点，重点加强欠发达地区和重要生态功能区投资环境的改善，支持欠发达地区特别是重要生态功能区大力发展生态型、环保型产业；通过政策倾斜和实施差别待遇，激发这些地区保护资源环境、发展生态产业的主动性和积极性。

五是形成生态保护职责和生态补偿对称的评估体系。首先要划分清楚中央政府和地方政府的权责。中央政府主要负责国家重点生态功能区、重要生态区域、大型废旧矿区和跨省流域的生态补偿；地方各级政府主要负责本辖区内重点生态功能区、重要生态区域、废旧矿区、集中式饮用水水源地河流流域、海域的生态补偿。将生态补偿列入各级政府预算，确保补偿资金及时足额发放。其次，建立科学的生态环境评估体系。环境效益的计量、环境资源的核算等技术层面的问题决定着生态环境的补偿标准、计费依据以及如何横向拨付补偿资金等一系列问题。因此，应加快建立科学的生态环境评估体系，推动生态环境由定性评价向定量评价转变，为生态环境补偿机制有效地完成实施目标提供相应的技术保障。

除此之外，生态补偿机制的建设还应该积极探索多元化补偿方式。未来将引导和鼓励开发地区、受益地区与生态保护地区、河流上游与下游通过自愿协商建立横向补偿关系，采取资金补助、对口协作、产业转移、人才培训、共建园区等方式实施横向生态补偿。逐步建立生态补偿统计信息发布制度，将生态补偿机制建设工作成效纳入地方政府的绩效考核；加强对生态补偿资金分配使用的监督考核；提升全社会生态补偿意识等。

（三）建立和完善生态环境责任追究制度

2013年5月24日，中共中央政治局就大力推进生态文明建设进行第六次集体学习。习近平总书记在主持学习时强调，决不以牺牲环境为代价去换取一时的经济增长。在生态环境保护问题上，不能越雷池一步，否则就应该受到惩罚。只有实行最严格的制度、最严密的法治，才能为生态文明建设提供可靠保障。

最重要的是完善经济社会发展考核评价体系，建立责任追究制度。现有的政治激励和财政约束往往导致地方政府在环境监管中出现无动力和无能力的局面，导致环境保护责任的缺失，主要表现在以下几个方面。一是环境监管动力不足。以 GDP 为重的干部绩效考核机制和以生产型增值税为主的税收体制激励着地方政府对产值大、利税高的重工业格外偏爱。地方政府为了增加地方税收和财力，为了满足政绩考核，往往姑息纵容产值大、利税高的污染企业，在环境监控上软弱无力，或者睁一只眼闭一只眼，甚至保护污染企业，有意无意地躲避环境保护的责任。二是责任追究不严。许多地方出现了地方政府不顾群众反对意见，一意孤行上污染项目的情况。有的地方出现了后果严重的环境事件和责任事故，但地方官员并没有受到责任追究，甚至得到提拔。因而，必须建立和完善生态环境保护责任追究机制。

1. 建立和完善生态环境保护的责任体系

《中华人民共和国环境保护法》第六条规定：“地方各级人民政府应当对本行政区域环境质量负责。”要负什么样的责任？怎么负责？总体上说就是要执行环境保护的相关法律和政策，做好环境监管，并承担因环境保护不力导致不良后果的相应责任。在发生重大环境污染和破坏事故时，理应追究地方政府环保第一责任人的责任；而目前，我国还欠缺相关法律规定，没有明确的责任主体、责任标准、责任程序、责任后果等。

一是要明确责任主体、形式和标准。明确生态环境保护的责任主体。按照生态环境保护权责相统一原则，将生态环境保护责任落实到承担领导和管理责任的政府部门及其官员。明确承担生态环境保护的责任形式，构建包括政治责任、行政责任、民事责任、刑事责任和道义责任在内的严密责任体系，让对生态环境造成损害的责任主体承担不利的后果。生态环境保护事件和其他公共事件一样，如果出现了程度不同的责任事故，各级政府及其相关负责人必须承担相应的责任。问责的具体情形应该明确分出等级。我国目前已经建立了一系列具体的责任追究制度，如《党政领导干部选拔任用工作责任追究办法（试行）》《国务院关于特大安全事故行政责任追究的规定》《安全生产监管监察职责和行政执法责任追究的暂行规定》等，但是，还没有专门的“生态环境保护责任追究制”，对相关的问责内容与标准、对象、方式、程序等的规范还不够明确。

二是要健全责任程序。各级政府要依次签订环保责任书，这是问责的前提。例如，每年生态环境部都要和除港、澳、台外的全国 31 个省区市签订环境保护减排目标的责任书。建立完备的责任台账制度、重大生态环境保护事故责任追踪溯源制度和危险废物污染责任终身追究制度。还需要建立完善环境影响评价制度，这样既可以提前评价让政府的环境决策更加科学和民主，保证政府以及企业对开发利用环境资源行为的正当性，预防可能产生的环境风险；又可以对环境事件的后果进行评价，作为责任追究的客观依据。

三是要健全合法、合理、科学的责任方式与落实制度。责任方式应该包括责令做出书面检查、责令道歉、通报批评、行政告诫、停职检查、调离工作岗位、责令辞去领导职务和免职等。

2. 加强生态环境监督控制力度

一是改革地方政府环境监管体制。建立以环保组织等社会组织监管为主导、政府监管为引导、公众监督为补充的环境监管体制。首先，加强环保部门的独立自主性。现行地方政府环保部门由于仅是地方政府的职能部门，其行政权、财权、人事任免权等均不能独立于地方政府，在环境监管上难以发挥其应有的作用。因而，需要改革创新，打破地方政府对环保部门的不当制约，使环保部门独立于地方政府，让环保部门真正能实现自己的环保职能。其次，加强和发挥社会组织的监督作用，建立健全包括行政监察部门、司法机关和社会舆论等多点发力的生态环境保护责任追究启动机制，充分发挥外部监督作用，通过环保组织、舆论媒体、社会公众等途径监督政府的行为，对错误的行为及时通过各种渠道反映给政府相关部门，及早纠正政府对环境不利的行为。

二是建立审批长效监管机制。建立适应投资体制改革的审批行为评议考核制度，完善建设项目环境保护“三同时”（环保工程和主体工程同时设计、施工和投入使用）过程监管和后评估制度，建立健全公众参与机制。加强环评队伍管理，加强评价单位的定期考核和管理，加大责任追究力度，建立与国际接轨的执业资格制度和竞争机制。

三是探索推行生态审计机制。在地方领导即将离任时，上级有关部门对其辖区的山地、林地、草地、沿海、沙滩、江河等进行考察和检查，考察生态环境在地方领导任职期间是否遭受污染和破坏，考察地方领导在任职期间出台的各项经济决策和本人政绩是否以牺牲生态环境为代价。可以从以下四个方面制定生态审计的考核指标，即耕地保护、矿区复垦、生态林保护及环境污染治理。生态审计能反映一个地方是否全面发展，衡量领导干部的综合政绩，是考核干部政绩不可缺少的重要指标。生态审计制度可以有效遏制地方领导急功近利的冲动，是一把衡量为官者政绩的“生态尺子”。

3. 严格执行责任追究，加大惩罚力度

一是加大经济惩罚力度。对于未按重点生态功能区环境保护和管理要求执行的地区和建设单位，上级有关部门要暂停审批新建项目可行性研究报告或规划，适当扣减国家重点生态功能区转移支付等资金，环境保护部门暂停评审或审批其规划或新建项目环境影响评价文件。对生态环境造成严重后果的，除责令其修复和损害赔偿外，将依法追究相关责任人的责任。

二是加大法律处罚力度。健全最严格的环境执法体系，提高环境违法成本，依靠强有力的法制调节和规范社会行为。

第四节 美丽中国在生态社会文明建设方面的实践路径

生态文明社会是一种高级的社会形态，是生态和谐与社会和谐二者的结合与统一。生态和谐社会建设关系人与自然的和谐相处，关系社会民众的身体健康和民生福祉，关系社会的公平正义与和谐稳定，是美丽中国建设的应有之义。

一、政府与生态和谐社会建设

生态和谐社会建设，就政府而言，就是通过生态文明建设解决生态环境领域影响公平正义与社会和谐稳定的问题；就是通过深化政府行政体制改革，健全和完善涉及自然资源保护、环境保护、生态建设的政府体制机制，推动政府职能向生态文明制度创建、生态产品供给、生态公平正义维护转变。同时，把生态文明的理念融入传统的社会建设领域，加强传统社会建设部门的各方面和全过程的生态和谐化。

（一）政府推进生态和谐社会建设的总体思路

政府推进生态和谐社会建设的总体思路：以保障和改善民生为重点，以全面深化改革为动力，以社会参与为主要途径。

1. 以保证和改善民生为重点

生态和谐社会建设，是通过生态文明建设促进社会和谐稳定的重要保证。一是必须从维护最广大人民生态利益的高度，加快健全生态环境领域基本公共服务体系，重视、加强和创新涉及生态环境领域的社会管理工作。二是必须以保障和改善生态环境领域的民生基础设施为重点，不断满足人民群众日益增长的生态环境质量需求。要通过生态文明建设多谋民生之利，多解民生之忧，解决好人民最关心、最直接、最现实的生态利益问题，努力让人民喝上更干净的水，呼吸清洁新鲜的空气，吃上卫生、安全的食品，享有良好的居住和生活环境。要坚持以增进人民福祉为目的，牢牢把握生态和谐社会建设的历史使命，通过生态和谐社会建设让人民能更好地享受发展成果，享受天蓝、地绿、水净的美好生活；切实增加生态产品的生产能力，提高人居环境的舒适度，不断增加群众幸福感。

2. 以全面深化改革为动力

要建设生态和谐社会，必须加快政府生态环境管理体制改革与社会体制改革的协同推进。一是加快政府生态环境管理与社会管理的职能整合和政府行动的协同配合。二是加快中国特色社会主义社会管理体系与生态环境管理体系的整合与完善，要在党委的统一领导下，加强政府机构协同负责，整体推进生态和谐社会建设的能力。三是政府要通过法治保障和体制机制建设在生态文明建设领域和传统社会建设与社会管理领域推动社会协同、公众参与，加快形成政府主导、覆盖城乡、可持续的生态环境基本公共服务体系，加快形成政社分开、权责明确、依法自治的现代社会组织体制，加快形成源头治理、动态管理、应急处置相结合的生态领域社会管理机制。

3. 以社会参与为主要途径

生态和谐社会建设，要坚持以维护人民群众利益为重要目标，着力解决人民群众关心的突出环境问题，提高环保领域的政府公信力和执政水平，不断增强广大人民群众对改善环境的信心和参与热情；坚持依靠人民群众的方针，鼓励公众参与环境保护，充分发挥人民群众的创造力和主动性，推动环境管理和决策公开透明，建立健全公众参与的体制和机制，使公众真正成为环境保护的重要力量；坚持维护社会公平正义的基本准则，切实维护公民环境权益，加强环保法制、体制、机制建设，及时化解环境问题引起的各类社会矛盾和纠纷，建立完善生态补偿和污染损害赔偿机制，强化民事和司法救济途径，体现环境公平，切实维护人民群众的合法环境权益。

总之，要运用统筹兼顾的方法，处理好环境保护（资源节约）与社会（和谐）进步的关系，坚持以环境补偿促进社会公平、以生态平衡推进社会和谐、以环境文化丰富精神文明，努力建设以人与自然和谐为重要内容的生态良好、生活富裕的文明社会。

（二）政府推进生态和谐社会建设的重点领域

政府推进生态和谐社会建设的重点举措：一是生态文明教育要从娃娃抓起；二是要统筹推进城乡绿色社会保障体系建设；三是要贯彻落实国家环境与健康行动计划；四是要建立社会稳定风险评估机制。

1. 生态文明教育要从娃娃抓起

现代生态环保意识和可持续发展理念是现代人才素质的基本方面，也是时代赋予学校教育的重要责任与使命。生态文明教育要从娃娃抓起，要把生态文明的理念、节约和环保的意识贯穿于学前教育、中小学教育和高等教育与终身教育的全过程，贯穿于学校教育办学的各个方面，营造学校教育内容、教学设施、教学办公的节能化、低碳化、循环化。学校要通过各种方式引导学生学习绿色科技知识、开展绿色环保实践活动和环保知识竞争与创新行动。教育行政部门与环保行政部门要协同推进绿色幼儿园、绿色校园和绿色大学计划，研究制定不同教育阶段的生态文明教育的目标、内容和考核办法，并提高相应的师资力量。

同时，要通过政策引导，鼓励和促进生态环保领域人才的培养，鼓励和促进生态环保专业人才充分就业，对生态环保企业、社会组织和政府机构人才实施相应的收入补贴。

2. 统筹推进城乡绿色社会保障体系建设

党的十八大报告强调，要通过“绿色发展、循环发展、低碳发展，形成节约资源和保护环境的空间格局、产业结构、生产方式、生活方式，从源头上扭转生态环境恶化趋势，为人民创造良好生产生活环境”。

生态文明建设实践中，社会经济结构的调整与优化，生态环境规制政策的加强，一方面将大大缓解生态环境压力，另一方面可能引发各种社会矛盾和社会经济问题，特别是对一部分群众和一些特定区域的群众的生产、生活会造成暂时的困难。为此，必须构建城乡一体化的绿色保障体系，形成环境治理的社会经济“安全网”和“减震器”，确保结构调整、生态环境移民和环境政策的有效推进与实施。

在充分考虑政府需求、居民意愿与区域产业发展要求的前提下，需要统筹推进包括生态补偿体系、绿色技术推广服务体系、绿色资金保障体系、环境移民的绿色服务体系在内的城乡一体化绿色社会保障体系建设，从而充分保证生态主体功能区、环境脆弱区、自然保护区和为生态环境保护做出牺牲的居民或弱势群体共同享有社会经济发展的成果。

3. 关注环境与健康问题

习近平总书记在十八届中央政治局第六次集体学习时强调：“环境保护和治理要以解决损害群众健康突出环境问题为重点，坚持预防为主、综合治理，强化水、大气、土壤等污染防治”。可见，加强污染防治是生态和谐社会建设的重要举措。

针对我国环境与健康领域存在的突出问题，各级政府有以下具体工作亟待加强。

第一，建立健全环境与健康法律法规标准体系。一是制定完善环境与健康相关法律法规的总体方案。围绕强化环境污染的法律责任，完善环境污染损害赔偿的相关法律法规，研究环境污染损害程度鉴定、赔偿程序、范围和法律援助的具体实施办法。环境影响评价要着重把环境对健康的影响作为完善评价办法的重要内容。加强饮用水安全、环境影响健康、室内污染和应急管理保障法研究。二是制定环境与健康重点领域急需的基础标准。

第二，形成环境与健康监测网络。开展实时、系统的环境污染及其健康危害监测，及时有效地分析环境因素导致的健康影响和危害结果，掌握环境污染与健康影响发展趋势，为国家制定有效的干预对策和措施提供科学依据。一是要建立饮水安全与健康监测网络；二是要建立空气污染与健康监测网络；三是要建立土壤环境与健康监测网络；四是要建立极端天气气候事件与健康监测网络；五是要建立公共场所卫生和特定场所生物安全监测网络。

第三，加强环境与健康风险预警和突发事件应急处置工作。有效实施风险评估、风险预警和突发事件应急处置，提高风险预测和突发事件应急处置能力，避免或降低严重的环境与健康危害。一是开展环境与健康风险评估工作；二是加强环境与健康风险预警工作；三是加强环境与健康突发事件应急处置能力建设，切实维护受害人生命健康权益。

第四，建立国家环境与健康信息共享与服务系统，完善环境与健康技术支撑建设，加强社会宣传和教育工作，积极开展国内和国际交流，学习新技术与新方法，不断提高我国环境与健康工作水平。

第五，建立保障机制。环境与健康工作是涉及生态和谐社会建设的一项系统工程，也是一项“打基础、管长远”的工作，需要多部门广泛参与、多学科积极支持、多方面协调配合，在立法、制定政策和执行层面采取切实有效的措施，提高环境保护和健康保护两个方面的成效。一是要将环境与健康列入政府优先工作领域；二是要设立国家环境与健康组织机构；三是要建立环境与健康工作协调机制，建立国家环境与健康工作领导小组例会制度、国家环境与健康工作秘书机构工作制度、部门间协调地方工作制度以及考核与责任追究制度，保证国家环境与健康工作全面有效落实。

总之，推进生态和谐社会建设，既要坚持贯彻落实科学发展观，按照构建社会主义和谐社会的基本要求，解决与人民群众利益密切相关的突出问题，加强社会风险和污染损害健康风险的防控，提高处置与服务的能力和水平，保护人民群众身体健康和生命安全，促进发展、环境、健康的和谐统一，为经济社会可持续发展提供有力保障，推进生态和谐社会建设；又要贯彻预防为主的政策与理念，切实提高环境与健康的监测与防范水平，实现源头控制。注重推动城乡一体化发展，逐步推进公共服务均等化，突出有效治理。以改善居民环境与健康为重点，完善环境与健康工作的法律、管理和科技支撑，全面建立环境与健康工作协作机制，有效实现环境因素与健康影响监测的整合以及监测信息共享。完善环境与健康风险评估和风险预测、预警工作，实现环境污染突发公共事件的多部门协同应急处置。

4. 建立和完善社会稳定风险评估机制

“十二五”规划纲要提出，“建立重大工程项目建设和重大政策制定的社会稳定风险评估机制”，这是推进生态和谐社会建设的一项重要制度措施。社会稳定风险评估工作，一般说来，大体可分为六个程序。一是责任部门先期自行评估。决策做出部门、政策提出部门、项目报审部门（单位）、改革牵头部门、工作实施部门是社会稳定风险评估工作的直接责任部门，应在提出决策和开展工作之前对决策事项的合法性、合理性、科学性以及安全性、适时性等先期自行组织评估。二是主管部门进行审查。责任部门自行评估后形成自评报告，送主管部门审定。主管部门可邀请维稳、法制等有关部门以及重大事项直接责任部门参与评估。三是主管部门确定实施意见。主管部门根据评估情况，将重大事项涉及的相关情况形成综合评估报告。该报告应对评估事项提出实施、部分实施、调整实施、暂缓实施、不实施等意见。四是维稳部门进行备案。主管部门综合评估完成后，在将评估意见反馈给责任部门之前应把评估报告送同级党委维护稳定工作领导小组备案。五是责任部门落实措施。在重大事项出台实施后，责任主体根据分析评估情况，严格落实化解不稳定因素、维护稳定的具体措施，有针对性地做好相关工作。六是维稳部门和主管部门进行跟踪督导。重大事项实施过程中，主管部门应指定监管部门全程跟踪了解，及时掌握动态信息，确保各项工作措施落实到位。

二、社会组织与生态和谐社会建设

党的十八届三中全会提出，要激发社会组织活力。这对于确保我国社会组织建设和发展的正确方向，引导社会组织健康有序发展，在全面建成小康社会中发挥更加积极的作用具有重要意义。

环保社会组织是社会组织和生态和谐社会建设中的一支重要的力量。环保社会组织是以人与环境的和谐发展为宗旨，从事各类环境保护活动，为社会提供环境公益服务的非营利性社会组织，包括环保社团、环保基金会、环保民办非企业单位等多种类型。它们肩负着创新社会发展、参与公共服务、化解社会矛盾的责任，同时接受社会伦理与公民价值观的洗礼；在促进社会主义民主政治、搭建政府与公众之间的桥梁等方面发挥着积极的作用，尤其在沟通、咨询、社会服务、社会调剂等方面发挥着越来越有效的功能，通过社会互济互助活动，实现社会资源的有效整合和利用。

（一）社会组织在生态和谐社会建设中的作用

近年来，环保社会组织通过与各级环保部门合作或自发在社会上开展了大量以保护环境、维护公众环境权益为目标的环保活动，在提升公众的环保意识、促进公众的环保参与、改善公众的环保行为、开展环境维权与法律援助、参与环保政策的制定与实施、监督企业的环境行为、促进环境保护的国际交流与合作等方面发挥了重要作用，已成为连接政府、企业与公众之间的桥梁与纽带，构建和谐社会，推动环保事业发展的重要力量。

1. 保护生态环境

保护生态环境是环保组织的先天职能。近年来，中华环境保护基金会通过广泛动员企业和社会力量，先后栽植生态林超过 20 万株，在青藏高原生态脆弱地区试种牧草 5 000 亩。以中国青少年发展基金会、中国绿化基金会、民间组织“绿色生命”等为代表的社会组织，通过开展“保护母亲河”“绿色公民行动计划”“百万植树防沙”等项目，在内蒙古沙化区域、黄河沿岸及城镇绿化空白等地植树造林、美化环境、防沙治沙，有效地防止了水土流失和生态进一步恶化，为保护生物多样性和大熊猫、华南虎、野生红豆杉等珍稀物种做出了重要贡献。环保 NGO 组织“绿色江河”，连续多年在青藏高原开展冰川雪线退化调查和长江源头生态保护站建设，通过警示教育和动员社会公众参与，为应对气候变化、保护长江冰川遗迹、保护长江源头生态环境、缓解母亲河源头的生态压力做出了积极努力；同时，通过对在阻止野生生物制品贸易工作中做出突出成绩的人员进行资助和奖励，鼓励专业机构阻断国际野生生物制品贸易通道，一定程度上遏止了对野生生物的杀戮。

2. 决策咨询服务

我国环保非政府组织在协助、参与政府对重大环保法规、政策制定前期的调研论证，促进政府部门信息公开，参与公共决策等方面发挥了拾遗补阙的作用。环保组织发源于公众，汇集了许多专家、学者的参与，能够协助和参与重大环保政策方针制定前的调研论证工作，使政策更能反映公众对环境的要求，适应社会发展的需要。在《中华人民共和国环境保护法》修改的过程中，环保社会组织对其中涉及信息公开和公众参与及公益诉讼主体等方面的内容提出了有价值的建议，促进了立法过程的民主化。以公众环境研究中心为代表的环保社会组织，通过对各类公开发表的环境信息、数据的整理分析，定期发布污染企业违规排放信息的“中国水污染地图”和城市环境信息公开结果，督促企业改变违规行为，促进政府推进环境信息公开的进程等。另外，在我国重大工程项目的建设过程中，环保社会组织通过对项目环评工作的关注和参与听证等，促使有关部门对工程立项的环境影响做出更科学的评价和审批。

3. 直接参与社会建设

我国大部分的环保组织都组织或参与了面向社会开展的多种形式的公益项目和活动，走进社区、走进学校、走进农村，围绕应对气候变化和节能减排、垃圾分类、环保扶贫、饮水安全等方面开展培训、资助和工程示范等项目。这些活动对建设环境友好型、资源节约型社会以及呵护自然环境起到了积极的作用。

在城市，许多环保社团按照保护环境的要求，组织“节能减排”“垃圾分类”进社区、进学校的活动，把专业知识、操作方法、工具设施带进了这些地方，并通过培训形成机制，有效地引导公众、学生的环保行为。

在农村，北京地球村环境中心以灾区重建为契机，在四川彭州等市县实施“乐和家园”项目，围绕乡村的生态建设，打造乡村生态民居，发展乡村生态经济，完善村民参与机制，实施乡村环境管理，探索中国生态文明乡村的可持续发展模式，且已经形成了样板，并逐步开展推广工作。

4. 宣传教育

环保组织在生态文化建设中的作用主要表现在以下两个方面。第一，开展环保宣传教育，提高公众环保意识。环境宣传教育是环保民间组织长期开展的工作，90% 以上的组织都开展过环境保护宣传。其宣传对象覆盖广泛，包括不同年龄段和身份的人群。同时，其宣传内容也不断拓展。这些宣传活动通过灵活多样的宣传方式，在传播环保知识和理念、提高公众环保意识的同时，也在一定程度上引导着公众的环保行为。第二，通过各种环保公益活动的开展，培养公众参与环保的自觉意识和志愿服务精神。

总之，不同于政府制定政策与实施行政行为的全局性，也不同于企业遵循社会行为的利益性，环保民间组织的非政府组织性质决定了其实施环保行为和促进文明提升的方式的灵活性、自主性和多样性。作为中国民间建设生态文明的积极力量，环保社会组织在这一事业中发挥作用的途径十分丰富。

（二）政府要促进社会组织自身建设

随着我国政府职能转变和可持续发展战略的实施，社会组织发展较快，在推动社会经济和环境保护事业发展中的积极作用不断增强。与此同时，社会组织的发育还不够成熟，组织能力弱小，不能满足我国构建和谐社会、推进生态文明建设的需要。因此，需要加强社会组织的自身发展与建设。

根据《关于培育引导环保社会组织有序发展的指导意见》（环发〔2010〕141号），我国环保社会组织发展的总体目标是积极培育与扶持环保社会组织健康、有序发展，促进各级环保部门与环保社会组织的良性互动，发挥环保社会组织在环境保护事业中的作用。力争在“十二五”时期，逐步引导在全国范围内形成与“两型”社会建设、生态文明建设以及可持续发展战略相适应的定位准确、功能全面、作用显著的环保社会组织体系，促进环境保护事业与社会经济协调发展。

我国环保社会组织发展的总体目标包括以下三个方面。一是坚持积极扶持，加快发展。准确把握环保社会组织在建设“两型”社会与生态文明建设中的功能定位，为环保社会组织的生存发展和发挥作用提供空间；改革创新环保社会组织培育发展的机制，制定有利于扶持引导环保社会组织发展的配套措施。二是加强沟通，深化合作。加强环保部门与环保社会组织之间的沟通与合作，构建经常性的沟通交流平台，形成积极互动、相互支持、密切配合的局面。三是坚持依法管理，规范引导。进一步解放思想，坚持培育发展与规范引导并重，在培育中规范，在规范中引导，在引导中发展。严格依法行政，在法治框架下对环保社会组织的行为进行指导和规范，增强对公众的影响力。

当前我国社会组织在能力建设、自律意识以及国际交流与合作等方面要加强自身建设；同时，政府要加大促进社会组织自身建设的扶持措施。

首先，社会组织要制定人才培养教育发展规划，可以通过环保宣教中心或委托大专院校、培训中介机构对环保社会组织的负责人或骨干进行相关法律法规、环保专业技能、组织与项目管理等方面的知识培训，定期组织环保社会组织到企业、社区进行学习考察；相关部门为环保社会组织自身的学习培训活动提供宣传资料、活动场所或其他形式的帮助，提高环保社会组织的政策、业务水平和参与环境保护事业的能力。

其次，要加强对环保社会组织的规范引导，促进环保社会组织的自律。各级环保部门要加强环保社会组织的思想政治建设，建立各项管理制度和工作机制，指导其树立诚信意识，养成良好的职业道德，促进环保社会组织规范运作，在推进环境保护事业发展进程中发挥积极作用。环保社会组织与境外非政府组织开展合作项目，要根据相关规定报外事部门审批。

最后，促进环保社会组织的国际交流与合作。环保部门要积极为环保社会组织开展国际交流与合作进行政策指导、搭建平台等。鼓励环保社会组织积极开展国际交往，通过国际民间环境交流合作的渠道宣传中国政府的环境政策和工作成效，努力维护中国的环境形象。

（三）政府要处理好与社会组织的关系

制定培育扶持环保社会组织的发展规划。坚持政府扶持、社会参与、民间自愿的方针，推动环保社会组织健康、有序发展。地方各级环保部门应根据本地实际制定利于促进环保组织发展的规划，鼓励环保社会组织积极开展相关活动，参与环境保护。

转变思想观念，拓展环保社会组织的活动与发展空间。各级环保部门要解放思想，高度重视环保社会组织的发展和管理，进一步转变思想观念，努力为环保社会组织的公益活动提供力所能及的支持。

建立政府与环保社会组织之间的沟通、协调与合作机制。拓展环保社会组织的参与渠道，建立环保部门与环保社会组织之间定期的沟通、协调与合作机制。各级环保部门在制定政策、进行行政处罚和行政许可时，应通过各种形式听取环保社会组织的意见与建议，自觉接受环保社会组织的咨询和监督。

表彰典型，广泛宣传。各级环保部门应注意了解当地环保社会组织的活动情况，总结评估环保社会组织开展工作的成效与经验，对优秀的环保社会组织与个人及时进行奖励或表彰。

三、社会公众与生态和谐社会建设

生态和谐社会建设既要促进人与自然的和谐共生，也要促进人与人、人与社会的和谐。因为人与自然之间的关系是否和谐，也将影响人与人关系、人与社会关系的和谐。现阶段，我国的公众参与还处于起步阶段，还不能适应构建生态和谐社会的进程和需求，公众参与的责任意识、权利意识和公众参与的机制建设都需要不断加强。

（一）树立人人共建共享的责任意识

生态和谐社会建设需要人人参与，主要有两个方面的内涵：一方面，公众是作为责任主体参与生态和谐创新，即生态和谐社会建设，人人有责，需要人人参与；另一方面，公众作为权利主体，通过参与生态和谐社会建设，维护自己合法的社会权益和生态环境权益。

每一位社会成员都应意识到，维护社会和谐、节约资源、保护环境是大家共同的社会责任和义务。因此，社会公众、家庭和社区要在日常的家庭生活、社区生活中形成良好的生活方式和消费方式，从源头上，从一点一滴、一言一行中保护环境、节约资源、维护社会和谐，促进人与自然的和谐。

面对严重的环境污染，很多人心里都不免会有这样那样的想法，有的人埋怨企业，有的人埋怨政府，这些都是可以理解的。但是大家往往忽略了这样一个事实：我们每个人既是良好生态的享有者，也是环境污染的制造者。看一看下面的事实就不难发现，环境污染其实人人都有份。

先看看我们的居家生活。随着生活条件的好转，各种各样的消费品也日益增多，一方面满足了我们吃喝拉撒睡的需求，另一方面也在产生大量的生活垃圾。据统计，全国 2/3 的城市都处于垃圾包围之中。这些堆积如山的垃圾严重污染着土壤和地下水，释放了大量有害气体，给我们的生存环境带来了严重危害，被称为潜伏在城市里的巨型“炸弹”。

再看看我们的出行。现在很多人习惯出门就开私家车，觉得这样既方便又体面。殊不知方便舒适之时，也是污染加重之时。如果大家都能够做到少开车、多坐公共交通工具，就可以大大减少汽车尾气的排放，降低对空气的污染。

最后来看看人们在工作中造成的污染。很多办公场所，即使大白天光线充足，也依然灯火通明；下班后空调照转，电脑照开，耗电多少没人在意。除此之外，废旧纸张、废弃电脑等对环境的影响也不容小视。

众人拾柴火焰高。扭转环境恶化的趋势，是政府和企业的责任，更需要全社会“同呼吸，共奋斗”，需要每一个人从自身做起，从小事做起。能不能自觉做到垃圾分类、不随意丢弃？能不能少开一天车，自觉做到绿色出行？能不能实行无纸化办公，自觉做到少用一张纸？能不能出门关灯关空调，自觉做到少用一度电？……我们相信，每个人的一小步，都是迈向生态和谐的一大步。

（二）维护公众参与的各项权利

社会公众是生态和谐社会的建设者，也是受益者，当然也是生态和谐社会政策的参与者。政府通过构建公众参与机制，既有利于促进公众与政府之间的良性互动，增强公众对政府的满意度；也有利于增强公众参与生态和谐社会建设的积极性、主动性和主人翁精神，培育和激发社会公众知情、参与、监督的需求与活力，形成人人为我、我为人人的良好局面，形成生态和谐人人共建共享的和谐社会氛围。这也是政府推进生态和谐社会建设的重要途径和手段。因此，需要通过制度建设保障社会公众对社会建设和生态文明建设领域事务的知情权、监督权和参与权。

以环境保护为例，环境恶化首先受害的便是社会公众，因为公众对环境问题有着更加切身和直接的感受，他们往往能更及时有效地发现环保工作中的各类问题，并做出最直接和激烈的反应。当这种参与变得广泛和深入时，就会形成一种社会力量来实现对政府环保工作的有效监督，才能在最大范围内避免“市场失灵”和“政府失灵”的现象。

公众知情权是实现公众有效参与环境事务的必备前提。没有这一点，就失去了公众参与的起码支撑。要让老百姓知道我们的环境状况究竟怎么样，要让老百姓知道排污企业的排污情况。

公众监督权包括对违法排污、超标排污、恶意排污的监督，对破坏生态环境行为的监督，监督的方式也有许多，包括举报、通过媒体曝光等。比如，实行对环境污染举报人进行奖励的制度，这也是运用激励的方式推动公众行使环境监督权。

公众参与权的内容较为丰富，如在建设项目环评过程中，公众可以提出意见，可以参加项目听证会、论证会等；在环境立法工作中，草案提出后一般通过网上公示等方式征求公众意见；在政府大的决策前，一旦涉及可能对环境造成影响的政策出台，都会通过一定的方式征求公众的意见和建议。

总体而言，公众参与既是生态和谐社会建设的重要机制、手段和途径，也是我国基层民主建设的重要方面，涉及物质文明、政治文明和精神文明建设的各方面和全过程。

（三）完善公众参与制度

提升公众参与的效能，促进公众的全面参与和科学参与，促进公众参与形式的多样化是完善公众参与制度的主要内容。

1. 提升公众参与的效能

提升公众参与政策制定的效能，一是要进一步提升公众的参与意愿和参与能力，通过对公众民主意识、法治精神的教育，提升公众参与的主动性；遵循公共利益目标，为公众参与政策制定提供保障和服务，通过对公众的积极回应提高公众参与的效能。二是要推进与扶持公众组织化建设，深化改革社会组织的登记管理制度，增强公众以组织为依托，形成对公共政策的理性参与和深度影响。三是为保障不同利益群体享有平等的参与权利，需要对农民、农民工、失业者等相对弱势的群体，搭建更便于进行利益诉求表达的制度平台。

2. 促进公众的全面参与

要实施全过程公众参与，即从建设项目立项、环评、施工建设、试生产、竣工验收到正式投入生产运营的全过程实施公众参与。西南欠发达地区可以在学习借鉴发达省份先进做法的基础上，结合当地地域特色、民族风俗、文化特点，适时出台针对这一地区关于公众参与建设项目环境保护工作的指导意见，具体规定公众参与的程序和规则，使公众参与真正具有区域代表性和可操作性，使公众意见及时得到解释和答复，保证公众意见调查的完整性和有效性。

3. 促进公众的科学参与

针对不同社会阶层采取多样的方式，推动深入参与，使调查群体均匀分布。在选择公众参与对象时，要考虑到各方面的影响因素，包括单位、专家、个人等。例如，在环境影响范围内受到直接或间接影响的单位（包括居委会、村委会等基层组织）以及环境影响范围内与建设项目有关的社会团体（如工会、妇联等）。专家方面包括环境问题专家、社会问题专家、经济学家、公共卫生专家、熟悉建设项目所属行业的技术和管理专家等。个人主要是一些不同年龄、民族、党派、不同受教育水平、职业的群众。在选择参与对象时，需要特别关注弱势群体。同时，民间组织 NGO 的参与力量也不容忽视。

完善公众参与调查的内容设计，重视反馈信息的合理处理。在公众参与调查设计中，需要充分考虑当地公众的数量和特点，如民族宗教、文化背景、管理体制以及对环境知识的了解程度等。在执行公众参与调查过程中，需要准确表述调查内容，尤其是对技术性、专业性信息要用通俗易懂的语言表达，使大众易于理解。同时，要提升调查者的组织能力、沟通技巧，提高讲解水平和对特殊方法的掌握程度。在西南地区开展调查工作时，一定要充分考虑当地的民风习俗、文化习惯。最后，要认真对待公众反馈的意见。对公众意见应进行综合、全面整理和分析，有针对性地吸取或采纳公众提出的合理、建议性意见，研究和制定出相应的解决对策，并采取污染防治措施。对公众意见所作处理的说明，不仅要报送审查组织，还应向公众公开，以便公众监督。

4. 促进公众参与形式的多样化

广开渠道，采用多种参与形式。要鼓励公众参与，首先要公开环境信息。信息公开、信息交流是公众参与的基础和核心。要解决信息不对称问题，只有让公众及时、准确地了解项目概况，以及拟建项目对环境的影响，公众参与才能有效开展。公众参与的方式应是灵活多样的，可依据建设项目规模以及影响程度、范围来确定。除常见的发放问卷调查，还可以采用召开专家咨询会、座谈会，公众意见论证会、听证会、环境信息发布会，使用电话热线、电子信箱等多种形式来征询公众意见及建议。在西南少数民族边远山区，还可以采取一些特殊的信息公开方式，如召开部族家族集会等❶。

优化公众参与政策制定的渠道。这主要应该做好两个层面的工作。一是进一步健全现有的听证会制度，充分发挥其最大效力。可逐渐扩大听证会的适用范围，保证听证会成为政策制定过程中的常态流程；优化听证程序及规则，切实实现听证的公开和透明化运作；完善听证会代表的遴选机制，保证参与者能够代表大多数公众，能够在听证会上有实质性的参与；明确听证会功能定位，建立回应和公示制度来保障公众参与作用落实到位。二是要进一步拓宽公众参与渠道，可以借鉴西方国家比较成熟有效的民意调查、政策研讨等方式，保证公众的利益诉求能够及时畅通地反映到决策体制之内；完善公众接待日、政府热线、信访、恳谈会等现有参与平台，整合、优化公众利益表达的渠道结构，引导公众在政策制定过程中发挥更有效的作用。

建构网络化的参与平台。网络技术的发展突破了传统媒体信息传播的时空限制，既可以把公众的利益诉求快速传递给政府，也可以建构公众与政府对话交流的平台，为公众参与政策制定带来了革命性的变化。网络化背景下完善公众参与，首先，可以借助网络平台推进政务公开，为公众参与政策过程提供足够的信息。真实、及时、便捷的信息是决定公众有效参与和深度参与的前提条件。在这个意义上，应该深入推进电子政府建设，加快政务信息的公开程度，降低公众获取信息的成本，把凡是可以在网上公开的文件、规定和可以在网上办理的政务、公务全部实现网络化。其次，要借助网络信息平台拓宽公众政策参与的机会和渠道。在这方面，网络的开放性、及时性和平等表达的特性，有助于公众快速获取政策信息，增强平等、独立参与的意愿。他们可以通过民意调查、网络投票等方式快速表达利益诉求，影响政府决策。

---

❶ 程为．全面推进建设项目环保公众参与[N]．中国环境报，2012-08-15（2）．

参考文献

[1] 艾斯勒．圣杯与剑“男女之间的战争”[M].2 版．程志民，译．北京：社会科学文献出版社，1995.

[2] 布朗．建设一个持续发展的社会 [M]. 祝友三，译．北京：科学技术文献出版社，1984.

[3] 蔡明干．论生态文明与政治文明的辩证关系 [J]. 经济研究导刊，2009（24）:182-183, 252.

[4] 蔡守秋．深化环境资源法学研究，促进人与自然和谐发展 [J]. 法学家，2004（1）:26-30.

[5] 陈敏豪. 生态文化与文明前景 [M]. 武汉：武汉出版社，1995.

[6] 陈泉生．论科学发展观与法律的生态化 [J]. 福建法学，2006（4）:2-10.

[7] 程为．全面推进建设项目环保公众参与 [N]. 中国环境报，2012-08-15（2）.

[8] 丁吉林．生态文明——构筑人类共同的家园 [J]. 理论参考，2012（5）:5-6.

[9] 杜宁．多少算够——消费社会与地球的未来 [M]. 毕聿，译．长春：吉林人民出版社，1997.

[10] 方世男．美丽中国生态梦：一个学者的生态情怀 [M]. 上海：上海三联书店，2014.

[11] 郭沫若．青铜时代 [M]. 北京：人民出版社，1954.

[12] 国家环境保护局 .21 世纪议程 [M]. 北京：中国环境科学出版社，1993.

[13] 国家统计局．中国统计年鉴 2018[M]. 北京：中国统计出版社，2018.

[14] 侯洪，周军．中国新闻传播中的生态传播现状及思考 [J]. 西南民族大学学报（人文社科版），2009,30（9）:122-126.

[15] 姜裕富．生态文明建设中的政府治理创新 [J]. 环境保护与循环经济，2011,31（3）:17-19.

[16] 蒋国保，周亚洲．生命理想与文化类型——方东美新儒学论著辑要 [G]. 北京：中国广播电视出版社，1992.

[17] 李继冉．“中国梦”引领下的生态文明建设研究 [D]. 杭州：浙江理工大学，2018.

[18] 李约瑟．中国科学技术史：第二卷 科学思想 [M]. 付兆武，李天生，胡国强，等，译．北京：科学出版社，1990.

[19] 刘德海. 绿色发展 [M]. 南京：江苏人民出版社，2016.

[20] 刘红梅 . 世界稻作寻根 中外学者探源——第二届农业考古国际学术讨论会综述 [J]. 农业考古 ,1998（1）:1-3.
[21] 刘军会，邹长新，高吉喜，等 . 中国生态环境脆弱区范围界定 [J]. 生物多样性 ,2015,23（6）:725-732.
[22] 刘小勤 . 当代中国生态伦理思潮理论探源 [J]. 贵州大学学报（社会科学版）,2003,21（4）:25-29, 56.
[23] 吕春生 . 适应形势推动生态环保工作发展 [N]. 中国环境报 ,2018-09-18（3）.
[24] 梅多斯, 兰德斯, 梅多斯 . 增长的极限——罗马俱乐部关于人类困境的报告 [M]. 李宝恒，译. 成都：四川人民出版社 ,1983.
[25] 梅学芹 . 环境史学与环境问题 [M]. 北京：人民出版社 ,2004.
[26] 欧阳志云 . 我国生态系统面临的问题与对策 [J]. 中国国情国力, 2017（3）6-10.
[27] 普洛格，贝茨 . 文化演进与人类行为 [M]. 吴爱明 , 邓勇 , 译 . 沈阳：辽宁人民出版社 ,1988.
[28] 史丹，王俊杰 . 基于生态足迹的中国生态压力与生态效率测度与评价 [J]. 中国工业经济 ,2016（5）7-23.
[29] 舒马赫 . 小的是美好的 [M]. 虞鸿钧 , 郑关林 , 译 . 北京：商务印书馆 ,1984.
[30] 宋慧斌 , 张庆生 , 许立华 . 论建设生态文明中的法律保障 [J]. 中共山西省委党校学报 ,2008,31（2）:102-103.
[31] 汤因比 . 历史研究：上册 [M]. 2 版 . 素麦维尔，节录；曹未风，译 . 上海：上海人民出版社，1966.
[32] 汤因比 . 人类与大地母亲：一部叙事体世界历史 [M]. 徐波 , 等 , 译 . 上海：上海人民出版社 ,2016.
[33] 田树洋 . 基于马克思主义社会 - 国家原理的当代中国社会治理研究 [D]. 济南：山东财经大学，2016.
[34] 王浩田 . 大气污染治理形势及其存在问题和建议 [J]. 低碳世界 ,2018（12）:9-10.
[35] 游修龄 . 中华农耕文化漫谈 [M]. 杭州：浙江大学出版社 ,2014.
[36] 辛格 . 动物解放 [M]. 孟祥森 , 钱永祥 , 译 . 北京：光明日报出版社 ,1995.
[37] 张斌 . 基于生态文明的生态政治简论 [J]. 安阳工学院学报 ,2012,11（5）:5-8.
[38] 张立文 . 中国文化的精髓——和合学源流的考察 [J]. 中国哲学史 ,1996（21）:43-57.

[39] 张孟闻 . 李约瑟博士及其《中国科学技术史》[M]. 上海：华东师范大学出版社 ,1989.

[40] 章海荣 . 生态伦理与生态美学 [M]. 上海：复旦大学出版社 ,2006.

[41] 赵林飞 . 产业生态化的若干问题研究 [D]. 杭州：浙江大学 ,2003.

[42] 郑玄 , 贾公彦 . 周礼注疏 [M]. 彭林，整理 . 上海：上海古籍出版社 ,2010.

[43] 朱海玲 , 施卓宏 . “两型社会”建设中绿色 GDP 评价体系的建立与实施机制研究 [J]. 湖南社会科学 ,2011（4）:98-100.

[44] 中华人民共和国生态环境部 .2017 年中国生态环境状况公报 [R/OL].（2018-05-22）[2018-05-31]. http://www.huanjing100.com/p-4248.html.

后　　记

中国古人所说的“智者乐水、仁者乐山”与马克思所说的“人的实现了的自然主义和自然界的实现了的人道主义”都表达了一个重要思想，即自然与人之间具有内在联系以及人与自然和谐的思想，也间接地道出了美丽中国生态梦与中华民族伟大复兴梦之间的内在逻辑关系。

美丽中国梦就是绿色中国梦，美丽中国的复兴之路即生态文明建设之路。建设美丽中国是我国发展进入新阶段的迫切需要，为提高生活质量和拓展生存空间提供了新的战略导向。美丽中国梦是中国人对生态环境的美好理想，是中国人对工作生活环境的美好盼望，是中国人对绿色中国梦的美好期待。

建设生态文明，实现美丽中国梦，必须坚持和开拓生态文明道路，坚持和丰富生态文明理论，坚持和完善生态文明制度。其中，生态文明道路是美丽中国梦的根本途径，生态文明理论是实现美丽中国梦的行动指南，生态文明制度是实现美丽中国梦的根本保障，三者统一于中国特色社会主义生态文明实践中。我们要及时将成功的生态文明实践上升为理论，以科学的生态文明理论指导新的实践，把实践中初见成效的方针政策上升为生态文明制度。生态文明建设过程就是生态文明道路不断开拓、生态文明理论不断丰富、生态文明制度不断完善的过程，也就是美丽中国梦实现的过程。

本书从中国传统生态伦理观的阐释出发，探讨中国传统生态伦理观在美丽中国建设中的当代价值。但局限于笔者的研究程度，现有研究仍存在诸多不足，笔者将在后续的研究中进一步拓展研究范围与深度，以期取得更多的成果。

许士密
2019 年 2 月 15 日